煤炭行业特有工种职业技能鉴定培训教材

瓦 斯 检 查 工

（初级、中级、高级）

煤炭工业职业技能鉴定指导中心　组织编审

煤 炭 工 业 出 版 社

·北　京·

内 容 提 要

本书是煤炭行业特有工种职业技能鉴定培训教材，由煤炭工业职业技能鉴定指导中心组织编审。以瓦斯检查工国家职业标准为依据，分别介绍了初级、中级、高级瓦斯检查工职业技能考核鉴定的知识和技能方面的要求。具体包括瓦斯检查工应掌握的基本知识、瓦斯检测仪器仪表、矿井瓦斯检查、通风瓦斯管理与隐患处理、矿井防灭火管理、矿井通风、瓦斯超限及积聚处理、矿井火灾及粉尘防治等。

本书是初级、中级、高级瓦斯检查工职业技能鉴定的培训和自学教材，也可作为各级各类技术学校相关专业师生的参考用书。

本书编审人员

主编　齐茂功　张文明

编写　翟　伟　姜海斌　郭占胜　谢　增　杨　志
　　　　张东生　张双山　宋福海　沈浩天　贺艳涛
　　　　张瑞江　阎云汇　姚志勇　于祝伟　李永泉
　　　　李跃辉

主审　李　光

审稿　（按姓氏笔画为序）
　　　　王维良　闫进蒙　乔荣强　李月奎　李景余
　　　　侯若恒　徐振虹　商学保

前　言

为了进一步提高煤炭行业职工队伍素质，加快煤炭行业高技能人才队伍建设步伐，实现煤炭行业职业技能鉴定工作的标准化、规范化，促进其健康发展，根据国家的有关规定和要求，煤炭工业职业技能鉴定指导中心组织有关专家、工程技术人员和职业培训教学管理人员编写了这套《煤炭行业特有工种职业技能鉴定培训教材》，作为国家职业技能鉴定考试的推荐用书。

本套职业技能鉴定培训教材以相应工种的职业标准为依据，内容上力求体现"以职业活动为导向，以职业技能为核心"的指导思想，突出职业培训特色。在结构上，针对各工种职业活动领域，按照模块化的方式，分初级工、中级工、高级工、技师、高级技师五个等级进行编写。每个工种的培训教材分为两册出版，其中初级工、中级工、高级工为一册，技师、高级技师为一册。教材的章对应于相应工种职业标准的"职业功能"，节对应于职业标准的"工作内容"，节中阐述的内容对应于职业标准的"技能要求"和"相关知识"。

本套教材现已经出版35个工种的初、中、高级工培训教材（分别是：爆破工、采煤机司机、液压支架工、装岩机司机、输送机操作工、矿井维修钳工、矿井维修电工、煤矿机械安装工、煤矿输电线路工、矿井泵工、安全检查工、矿山救护工、矿井防尘工、浮选工、采制样工、煤质化验工、矿井轨道工、矿车修理工、电机车修配工、信号工、把钩工、巷道掘砌工、综采维修电工、主提升机操作工、主扇风机操作工、支护工、锚喷工、巷修工、矿井通风工、矿井测风工、采煤工、采掘电钳工、安全仪器监测工、综采维修钳工、瓦斯抽放工）和18个工种的技师、高级技师培训教材（分别是：采煤工、巷道掘砌工、液压支架工、矿井维修电工、综采维修电工、综采维修钳工、矿山救护工、爆破工、采煤机司机、装岩机司机、矿井维修钳工、安全检查工、主提升机操作工、支护工、巷修工、矿井通风工、矿井测风工、采掘电钳工）。此次出版的是9个工种的初、中、高级工培训教材（分别是：瓦斯检查工、注浆注水工、绞车操作工、单体液压支柱修理工、矿山测量工、电机车司机、钢缆皮带操作工、井筒维修工、煤矿电气安装工）和5个工种的技师、高级技师培训教材（分别是：瓦斯检查工、矿山测量工、安全仪器监测工、电机车司机、煤质化验工）。其他工种的初、中、高级工及技师、高级技师培训教材也将陆续推出。

　　技能鉴定培训教材的编写组织工作，是一项探索性工作，有相当的难度，加之时间仓促，缺乏经验，不足之处恳请各使用单位和个人提出宝贵意见和建议。

　　　　　　　　　　　　　　　　　　煤炭工业职业技能鉴定指导中心
　　　　　　　　　　　　　　　　　　2012 年 5 月

目　　次

第四部分　瓦斯检查工高级技能

第一部分
瓦斯检查工基础知识

▶ 第一章 职业道德

▶ 第二章 基础知识

第一章 职 业 道 德

第一节 职业道德基本知识

一、职业道德的含义

所谓职业道德，就是同人们的职业活动紧密联系的符合职业特点要求的道德准则、道德情操与道德品质的总和，它既是对本职人员在职业活动中行为的要求，同时又是本职业对社会所负的道德责任与义务。职业道德主要内容包括爱岗敬业、诚实守信、办事公道、服务群众、奉献社会等。

职业道德的含义包括以下8个方面：

（1）职业道德是一种职业规范，受社会普遍的认可。

（2）职业道德是长期以来自然形成的。

（3）职业道德没有确定形式，通常体现为观念、习惯、信念等。

（4）职业道德依靠文化、内心信念和习惯，通过员工的自律实现。

（5）职业道德大多没有实质的约束力和强制力。

（6）职业道德的主要内容是对员工义务的要求。

（7）职业道德标准多元化，不同企业可能具有不同的价值观，其职业道德的体现也有所不同。

（8）职业道德承载着企业文化和凝聚力，影响深远。

每个从业人员，不论是从事哪种职业，在职业活动中都要遵守职业道德。要理解职业道德需要掌握以下4点：

（1）在内容方面，职业道德总是要鲜明地表达职业义务、职业责任以及职业行为上的道德准则。它不是一般地反映社会道德和阶级道德的要求，而是要反映职业、行业以至产业特殊利益的要求；它不是在一般意义上的社会实践基础上形成的，而是在特定的职业实践的基础上形成的，因而它往往表现为某一职业特有的道德传统和道德习惯，表现为从事某一职业的人们所特有的道德心理和道德品质。

（2）在表现形式方面，职业道德往往比较具体、灵活、多样。它总是从本职业的交流活动的实际出发，采用制度、守则、公约、承诺、誓言、条例，以至标语口号之类的形式。这些灵活的形式既易于从业人员接受和实行，也易于形成一种职业道德习惯。

（3）从调节的范围来看，职业道德一方面是用来调节从业人员内部关系，加强职业、行业内部人员的凝聚力；另一方面，它也是用来调节从业人员与其服务对象之间的关系，从而塑造本职业从业人员的形象。

（4）从产生的效果来看，职业道德既能使一定的社会道德原则和规范"职业化"，又能使个人道德品质"成熟化"。职业道德虽然是在特定的职业生活中形成的，但它决不是离开社会道德而独立存在的道德类型。职业道德始终是在社会道德的制约和影响下存在和发展的；职业道德和社会道德之间的关系，就是一般与特殊、共性与个性之间的关系。任何一种形式的职业道德，都在不同程度上体现着社会道德的要求。同样，社会道德在很大程度上都是通过具体的职业道德形式表现出来的。同时，职业道德主要表现在实际从事一定职业的成年人的意识和行为中，是道德意识和道德行为成熟的阶段。职业道德与各种职业要求和职业生活结合，具有较强的稳定性和连续性，形成比较稳定的职业心理和职业习惯，以至于在很大程度上改变人们在学校生活阶段和少年生活阶段所形成的品行，影响道德主体的道德风貌。

二、职业道德的特点

职业道德具有以下几方面的特点：

（1）适用范围的有限性。每种职业都担负着一种特定的职业责任和职业义务，各种职业的职业责任和义务各不相同，因而形成了各自特定的职业道德规范。

（2）发展的历史继承性。由于职业具有不断发展和世代延续的特征，不仅其技术世代延续，其管理员工的方法、与服务对象打交道的方法等，也有一定的历史继承性。

（3）表达形式的多样性。由于各种职业道德的要求都较为具体、细致，因此其表达形式多种多样。

（4）兼有纪律规范性。纪律也是一种行为规范，但它是介于法律和道德之间的一种特殊的规范。它既要求人们能自觉遵守，又带有一定的强制性。就前者而言，它具有道德色彩；就后者而言，又带有一定的法律色彩。也就是说，一方面，遵守纪律是一种美德，另一方面，遵守纪律又带有强制性，具有法令的要求。例如，工人必须执行操作规程和安全规定，军人要有严明的纪律等等。因此，职业道德有时又以制度、章程、条例的形式表达，让从业人员认识到职业道德又具有纪律的规范性。

三、职业道德的社会作用

职业道德是社会道德体系的重要组成部分，它一方面具有社会道德的一般作用，另一方面它又具有自身的特殊作用，具体表现在：

（1）调节职业交往中从业人员内部以及从业人员与服务对象间的关系。职业道德的基本职能是调节职能。它一方面可以调节从业人员内部的关系，即运用职业道德规范约束职业内部人员的行为，促进职业内部人员的团结与合作。如职业道德规范要求各行各业的从业人员，都要团结、互助、爱岗、敬业，齐心协力地为发展本行业、本职业服务。另一方面职业道德又可以调节从业人员和服务对象之间的关系。如职业道德规定了制造产品的工人要怎样对用户负责，营销人员怎样对顾客负责，医生怎样对病人负责，教师怎样对学生负责，等等。

（2）有助于维护和提高一个行业和一个企业的信誉。信誉是一个行业、一个企业的形象、信用和声誉，指企业及其产品与服务在社会公众中的信任程度。提高企业的信誉主要靠提高产品的质量和服务质量，因而从业人员职业道德水平的提升是提高产品质量和服务质量的有效保证。若从业人员职业道德水平不高，就很难生产出优质的产品、提供优质的服务。

（3）促进行业和企业的发展。行业、企业的发展有赖于高的经济效益，而高的经济效益源于高的员工素质。员工素质主要包含知识、能力、责任心三个方面，其中责任心是最重要的。而职业道德水平高的从业人员，其责任心是极强的，因此，优良的职业道德能促进行业和企业的发展。

（4）有助于提高全社会的道德水平。职业道德是整个社会道德的重要组成部分。职业道德一方面涉及每个从业者如何对待职业，如何对待工作，同时也是一个从业人员的生活态度、价值观念的表现，是一个人的道德意识、道德行为发展的成熟阶段，具有较强的稳定性和连续性。另一方面，职业道德也是一个职业集体，甚至一个行业全体人员的行为表现。如果每个行业、每个职业集体都具备优良的职业道德，将会对整个社会道德水平的提升发挥重要作用。

第二节 职 业 守 则

通常职业道德要求通过在职业活动中的职业守则来体现。广大煤矿职工的职业守则有以下几个方面：

1. 遵守法律法规和煤矿安全生产的有关规定

煤炭生产有它的特殊性，从业人员除了遵守《煤炭法》、《安全生产法》、《煤矿安全规程》、《煤矿安全监察条例》外，还要遵守煤炭行业制订的专门规章制度。只有遵法守纪，才能确保安全生产。作为一名合格的煤矿职工，应该遵守煤矿的各项规章制度，遵守煤矿劳动纪律，尤其是岗位责任制和操作规程、作业规程，处理好安全与生产的关系。

2. 爱岗敬业

热爱本职工作是一种职业情感。煤炭是我国当前的主要能源，在国民经济中占举足轻重的地位。作为一名煤矿职工，应该感到责任重大，感到光荣和自豪；应该树立热爱矿山、热爱本职工作的思想，认真工作，培养职业兴趣；干一行、爱一行、专一行，既爱岗又敬业，干好自己的本职工作，为我国的煤矿安全生产多做贡献。

3. 坚持安全生产

煤矿生产是人与自然的斗争，工作环境特殊，作业条件艰苦，情况复杂多变，不安全因素和事故隐患多，稍有疏忽或违章，就可能导致事故发生，轻者影响生产，重则造成矿毁人亡。安全是煤矿工作的重中之重。没有安全，就无从谈起生产。安全是广大煤矿职工的最大福利，只有确保了安全生产，职工的辛勤劳动才能切切实实、真真正正的对其自身生活产生较为积极的意义。作为一名煤矿职工，一定要按章作业，努力抵制"三违"，做到安全生产。

4. 刻苦钻研职业技能

职业技能，也可称为职业能力，是人们进行职业活动、完成职业责任的能力和手段。它包括实际操作能力、业务处理能力、技术能力以及相关的科学理论知识水平等。

经过新中国成立以来几十年的发展，我国的煤炭生产也由原来的手工作业逐步向综合机械化作业转变，建成了许多世界一流的现代化矿井，特别是国有大中型矿井，大都淘汰了原来的生产模式，转变成为现代化矿井，高科技也应用于煤炭生产、安全监控之中。所有这些都要求煤矿职工在工作和学习中刻苦钻研职业技能，提高技术能力，掌握扎实的科学知识，只有这样才能胜任自己的工作。

5. 加强团结协作

一个企业、一个部门的发展离不开协作。团结协作、互助友爱是处理企业团体内部人与人之间，以及协作单位之间关系的道德规范。

6. 文明作业

爱护材料、设备、工具、仪表，保持工作环境整洁有序，文明作业；着装符合井下作业要求。

第二章 基 础 知 识

第一节 煤矿安全生产方针和法律法规

一、煤矿安全生产方针

（一）煤矿安全生产方针的含义及意义

煤矿安全生产方针就是一个国家在一定时期内为实现一定的目标、达到一定的目的而确定的指导思想和必须遵循的原则。党和国家为确保国家、集体、个人财产免受损失始终贯彻的矿山安全生产方针是"安全第一，预防为主，综合治理"。

1. 安全第一

（1）安全第一是指在安全与生产两者关系的处理上，要始终坚持安全第一。安全是生产的前提条件，是实现生产的重要保障。当生产与安全发生矛盾时，生产必须无条件服从安全，坚持"先安全、后生产，不安全、不生产"的原则。

（2）在煤矿的生产建设过程中，要把安全工作放在各项工作首位。这就要求在编制生产建设长远规划和年度建设时，首先要编制安全技术发展和安全技术措施计划。

（3）在煤矿生产建设过程中，要把职工的身体健康和生命安全放在第一位。安全生产是一切生产经营活动的前提，抓好安全生产，关系到矿井的经济发展、人民群众的生命财产安全、国家经济发展和社会稳定的大局。安全第一充分表明党和国家在煤矿生产建设中以人为本的思想，要求每名员工都要牢固树立"安全第一"的思想，作为生产建设的指导思想和行动准则。

2. 预防为主

（1）预防为主是指在事故预防与处理两者关系的处理上，要始终坚持预防为主的原则。

（2）预防为主是实现安全第一的前提条件，只有做好预防为主，才能实现安全第一。

（3）预防为主能及时把各类事故消灭在萌芽之中。预防为主实际是指煤矿整个生产、建设、经营过程中要按照客观规律办事，采取有效的事前控制措施，防微杜渐，防患于未然。

3. 综合治理

（1）综合治理指明了煤矿安全生产必须坚持标本兼治的原则。对煤矿安全生产提出了更高要求，指明了煤矿安全生产必须坚持标本兼治、重在治本的原则。

（2）综合治理指明了煤矿的安全生产要加强全面建设的原则。由于煤矿安全工作的特殊性和复杂性，因此要实现煤矿安全生产的根本好转必须从文化、科技、法制、投入等方面入手多管齐下，加强全面建设。

（3）综合治理指明了煤矿企业必须坚持"三并重"的原则。"管理、装备、培训"三并重是我国煤矿安全生产在长期实践总结出来的经验。

（二）煤矿安全生产方针的落实

1. 强化安全生产法律法规意识

我国现已具备了完善的安全生产法律法规体系。事故发生后，不仅要追究党政有关人员的行政责任、法律责任，还要追究其他人员的责任。

2. 建立健全安全生产责任制

煤矿企业必须建立健全完善的安全生产责任制，包括各级领导安全生产责任制、职能机构安全生产责任制和岗位人员安全生产责任制，并将安全生产责任制细化到每一个岗位。

3. 建立健全教育培训制度

目前我国煤矿从业人员整体素质不高，必须建立一套完善的安全生产教育和培训制度，未经教育和培训的人员不准上岗作业。

4. 坚持各级领导带班下井制度

煤矿各级领导要严格落实《国务院关于进一步加强企业安全生产工作的通知》（国发〔2010〕23号）文件精神，严格领导下井带班顶岗制度，全面掌握井下安全生产状况，及时发现和消除生产安全隐患，指导当班安全生产。

5. 贯彻落实安全生产方针的10个方面

（1）坚持把执行煤矿安全生产方针的工作情况作为选拔、任用、考核干部的重要内容。

（2）安全生产工作必须严格执行《煤矿安全规程》。

（3）思想政治工作要贯穿到全方位的安全生产工作中。

（4）有健全的安全生产责任制，层层落实，尽职尽责，并将职责的履行与奖惩联系。

（5）人、财、物优先保证安全生产需要。

（6）安全生产工作要各级人员齐抓共管，抓生产必须抓安全。

（7）坚持安全检查与自查制度。

（8）使用符合国家规定的仪器、仪表和电气设备。

（9）坚持安全办公会议制度和隐患排查制度。

（10）搞好业务保安，安全教育深入人心。

只有做好以上10个方面，才能真正贯彻落实安全生产方针。

二、煤矿安全生产法律法规

广义的法律也就是法，是指由国家认定或认可，反映统治阶级意志，并由国家强制力保证实施的行为规范总和。

法律的本质是阶级意志性和物质制约性，这是马克思主义法律观的基本观点。

（一）法律的特征表现

（1）法律是统治阶级的国家意志，是通过国家政权表现出来的统治阶级的意志。

（2）法律是由国家制定或认可的，由国家机关依据其职能范围，按照程序指定的规范性文件。

（3）法律是国家强制力保证实施的，具有普遍的约束力。

（4）法律规定了人们在一定社会关系中的权利和义务。

（二）我国煤矿安全生产法律法规体系

1. 我国煤矿安全生产法律法规体系的组成

随着依法治国、依法治矿进程的不断加快，目前我国煤矿安全生产的法律法规体系已基本形成，主要包含以下4个部分：

（1）全国人民代表大会及其常务委员会颁布的关于安全生产的法律。

（2）国务院颁布的关于安全生产的行政法规。

（3）省（自治区、直辖市）级人民代表大会及其常务委员会颁布的关于安全生产的地方性法规。

（4）国务院有关部委、省级人民政府颁布的关于安全生产的规章。

2. 我国煤矿安全法律法规体系的主要内容

（1）法律。包括《中华人民共和国劳动法》、《中华人民共和国合同法》《中华人民共和国安全生产法》、《中华人民共和国矿山安全法》等。

（2）行政法规。包括《生产安全事故报告和调查处理条例》、《安全生产许可证条例》、《煤矿安全监察条例》等。

（3）地方性法规。

（4）部门规章和地方政府规章。包括《煤矿安全规程》、《爆破安全规程》等。

（三）《中华人民共和国劳动法》

《中华人民共和国劳动法》于1995年1月1日起开始施行，有关条文如下：

第一条　为了保护劳动者的合法权益，调整劳动关系，建立和维护适应社会主义经济的劳动制度，促进经济发展和社会进步，根据宪法，制定本法。

第三条　劳动者享有平等就业和选择职业的权利、取得劳动报酬的权利、休息休假的权利、获得劳动安全卫生保护的权利、接受职业技能培训的权利、享受社会保险和福利的权利、提请劳动争议处理的权利以及法律法规规定的其他劳动权利。

劳动者应当完成劳动任务，提高职业技能，执行劳动安全卫生规程，遵守劳动纪律和职业道德。

第十九条　劳动合同应当以书面形式订立，并具备以下条款：

（1）劳动合同期限；

（2）工作内容；

（3）劳动保护和劳动条件；

（4）劳动报酬；

（5）劳动纪律；

（6）劳动合同终止条件；

（7）违反劳动合同的责任。

劳动合同除前款规定的必备条款外，当事人可以协商约定其他内容。

第二十一条　劳动合同可以约定试用期。试用期最长不得超过六个月。

第五十二条　用人单位必须建立、健全劳动安全卫生制度，严格执行国家劳动安全卫生规程和标准，对劳动者进行劳动安全卫生教育，防止劳动过程中的事故，减少职业危害。

第五十三条　劳动安全卫生设施必须符合国家规定的标准。新建、改建、扩建工程的劳动安全卫生设施必须与主体工程同时设计、同时施工、同时投入生产和使用。

第五十四条　用人单位必须为劳动者提供符合国家的劳动安全条件和必要的劳动防护用品，对从事有职业危害的劳动者定期进行健康体检。

第五十六条　劳动者在劳动过程中必须严格遵守安全操作规程。劳动者对用人单位管理人员违章指挥、强令冒险作业，有权拒绝执行；对危害生命安全和身体健康的行为，有权提出批评、检举和控告。

（四）《中华人民共和国合同法》

《中华人民共和国合同法》于1999年3月15日第九届全国人民代表大会第二次会议通过，自1999年10月1日起施行。该法共分为三部分，分别是总则、分则和附则。总则分别包括一般规定、合同的订立、合同的效力、合同的履行、合同的变更和转让、合同的权利义务终止、违约责任、其他规定。分则包括买卖合同，供用电、水、气、热力合同，赠与合同，借款合同，租赁合同，融资租赁合同，承揽合同，建设工程合同，运输合同，技术合同，保管合同，仓储合同，委托合同，行纪合同，居间合同。

（五）《中华人民共和国安全生产法》

《中华人民共和国安全生产法》于2002年6月29日第九届全国人民代表大会常务委员会第28次会议通过，同日由国家主席签发命令予以公布，自2002年11月1日起施行，主要内容共七章97条，有关条文如下：

第一条　为了加强安全生产管理，防止和减少生产安全事故，保障人民群众生命和财产安全，促进经济发展，制定本法。

第五条　生产经营单位的主要负责人对本单位的安全生产工作全面负责。

第六条　生产经营单位的从业人员有依法获得安全生产保障的权利，并应当依法履行安全生产方面的义务。

第二十一条　生产经营单位应当对从业人员进行安全生产教育和培训，保证从业人员具备必要的安全生产知识，熟悉有关的安全生产规章制度和安全操作规程，掌握本岗位的安全操作技能。未经安全生产教育和培训合格的从业人员，不得上岗作业。

第二十三条　生产经营单位的特种作业人员必须按照国家有关规定经专门的安全作业培训，取得特种作业操作资格证书，方可上岗作业。

第三十六条　生产经营单位应当教育和督促从业人员严格执行本单位的安全生产规章制度和安全操作规程；并向从业人员如实告知作业场所和工作岗位存在的危险因素、防范措施以及事故应急措施。

第三十七条　生产经营单位必须为从业人员提供符合国家标准或行业标准的劳动防护用品，并监督、教育从业人员按照使用规则佩戴、使用。

第四十五条　生产经营单位的从业人员有权了解其作业场所和岗位存在的危险因素、防范措施及事故应急措施，有权对本单位的安全生产工作提出建议。

第四十六条　从业人员有权对本单位安全生产工作中存在的问题提出批评、检举、控告；有权拒绝违章指挥和强令冒险作业。

第四十八条 因生产安全事故受到损害的从业人员，除依法享有工伤社会保险外，依照有关民事法律尚有获得赔偿的权利的，有权向本单位提出赔偿要求。

第四十九条 从业人员在作业过程中，应当严格遵守本单位的安全生产规章制度和操作规程，服从管理，正确佩戴和使用劳动防护用品。

第五十一条 从业人员发现事故隐患或者其他不安全因素，应立即向安全生产管理人员或者本单位负责人报告；接到报告的人员及时予以处理。

第七十条 生产经营单位发生生产安全事故后，事故现场有关人员应当立即报告单位负责人。

第九十条 生产经营单位的从业人员不服从管理，违反安全生产规章制度或者操作规程的，由生产经营单位给予批评教育，依照有关规章制度给予处分；造成重大事故，构成犯罪的，依照刑法有关规定追究刑事责任。

（六）《中华人民共和国矿山安全法》

《中华人民共和国矿山安全法》于 1992 年 11 月 7 日第七届全国人民代表大会常务委员会第 28 次会议通过，同日由国家主席以第 65 号命令公布，自 1993 年 5 月 1 日起施行，主要内容共八章 50 条，有关条文如下：

第七条 矿山建设工程的安全设施必须和主体工程同时设计、同时施工、同时投入生产和使用。

第九条 矿山设计下列项目必须符合矿山安全规程和行业技术规范：

（1）矿井的通风系统和供风量、风质、风速；

（2）露天矿的边坡角和台阶的宽度、高度；

（3）供电系统；

（4）提升、运输系统；

（5）防水、排水系统和防火、灭火系统；

（6）防瓦斯系统和防尘系统；

（7）有关矿山安全的其他项目。

第十八条 矿山企业必须对下列危害安全的事故隐患采取预防措施：

（1）冒顶、片帮、边坡滑落和地表塌陷；

（2）瓦斯爆炸、煤尘爆炸；

（3）冲击地压、瓦斯突出、井喷；

（4）地面和井下的火灾、水灾；

（5）爆破器材和爆破作业发生的危害；

（6）粉尘、有毒有害气体、放射性物质和其他有害物质引起的危害；

（7）其他危害。

第二十二条 矿山企业职工有权对危害安全的行为，提出批评、检举和控告。

第二十六条 矿山企业必须对职工进行安全教育、培训；未经安全教育、培训的，不得上岗作业。

矿山企业安全生产的特种作业人员必须接受专门培训，经考核合格取得操作资格证书的，方可上岗作业。

　　第二十七条　矿长必须经过考核，具备安全专业知识，具有领导安全生产和处理矿山事故的能力。

　　第四十四条　已经投入生产的矿山企业，不具备安全生产条件而强行开采的，由劳动行政主管部门会同管理矿山企业的主管部门责令限期改进，逾期仍不具备安全生产条件的，由劳动行政主管部门提请县级以上人民政府决定责令停产整顿或者由有关主管部门吊销其采矿许可证或者营业执照。

　　第四十六条　矿山企业主管人员违章指挥、强令工人冒险作业，因而发生重大伤亡事故的，依照刑法第一百一十四条的规定追究刑事责任。

　　（七）《煤矿安全监察条例》

　　《煤矿安全监察条例》于2000年11月7日国务院第32次常务会议通过，自2000年12月1日起施行。其立法目的是保障煤矿安全，规范煤矿安全监察工作，保护煤矿职工人身安全和健康，促进煤矿健康发展。

　　（八）《防治煤与瓦斯突出规定》

　　《防治煤与瓦斯突出规定》于2009年4月30日国家安全生产监督管理总局局长办公室会议审议通过，自2009年8月1日起施行。相关要求已贯穿在本书各有关内容中。

　　（九）《煤矿安全规程》

　　《煤矿安全规程》的修订版于2011年1月17日国家安全生产监督管理总局局长办公室会议审议通过，自2011年3月1日起施行。相关要求已贯穿在本书各有关内容中。

　　（十）生产过程中常见的违法行为及法律制裁

　　1.生产中的违法行为

　　1）违法的构成

　　不履行法定义务或者作出法律禁止的行为统称为违法。必须具备以下4个条件才能构成违法：

　　（1）必须是一种行为。

　　（2）必须侵犯了客体。

　　（3）主体必须是有责任能力的人或依法设置的法人。

　　（4）必须是行为者主观上处于过失或故意。

　　2）违法的分类

　　按性质不同，违法可以分为三类：

　　（1）刑事违法（违反刑法），构成犯罪。

　　（2）民事违法（违反民法、婚姻法等）。

　　（3）行政违法（违反行政管理法规等）。

　　2.法律制裁

　　1）法律制裁定义

　　由国家专门机关根据违法者应承担的法律责任所实施的惩罚性制裁措施称为法律制裁。

　　2）法律制裁分类

　　（1）刑事制裁。刑事制裁是指国家对触犯了刑法、实施犯罪行为的人实施的法律制裁。这种制裁是法律制裁中最严厉的一种，包括主刑和附加刑。

（2）民事制裁。民事制裁是指对民事违法者，根据其应承担的法律责任给予的强制性制裁。其制裁形式主要包括停止侵害、返还财产、赔偿损失、消除影响、恢复名誉、赔礼道歉等。

（3）行政制裁。行政制裁是指国家机关或企事业单位对违反法律法规应追究其行政责任的违法者给予的制裁。其制裁行为包括行政处罚和行政处分。

3. 犯罪

1）犯罪的定义

凡是违反刑法受到刑事处罚的称为犯罪。

2）犯罪的分类

根据犯罪的主观心态可分为故意犯罪和过失犯罪两种。

（1）故意犯罪。明知自己的行为会发生危害社会的结果，并且希望或者放任这种结果发生因而构成犯罪的，是故意犯罪。故意犯罪应当负刑事责任。

（2）过失犯罪。行为人当预见自己的行为可能发生危害社会的结果，因为疏忽大意而没有预见，或者已经预见而轻信能够避免，以致发生这种结果的，是过失犯罪。法律有规定的过失犯罪才负刑事责任。

3）犯罪的特点

（1）具有社会危害性，是一切犯罪的客观属性。

（2）刑事违法性，就是违反刑事法律的禁令。

（3）应受惩罚性。

第二节　矿井通风基础知识

矿井通风，是指利用通风动力把地面的新鲜空气由进风井送入井下，在井下经过各个用风地点后，再由回风井排到地面的完整过程。矿井通风是煤矿的一项重要任务，其基本任务如下：

（1）向井下各工作场所连续不断地供给适宜的新鲜空气。

（2）把有毒有害气体和矿尘稀释到安全浓度以下，并排出矿井之外。

（3）提供适宜的气候条件，创造良好的生产环境，以保障职工身体健康与生命安全及机械设备正常运转，进而提高劳动生产率。

（4）增强矿井的防灾、抗灾能力，实现矿井的安全生产。

一、矿井空气

（一）井下气体成分

矿井空气，是指矿井井巷内气体的总称。它包括进入井下的新鲜空气和井下产生的有毒有害气体、浮尘。矿井空气的主要来源是地面空气，但地面空气进入井下以后，要发生一系列的物理变化和化学变化，因而矿井空气和地面空气的性质和成分均有较大差别。通常把井巷中成分与地面空气成分基本相同或相差不大的、没有经过井下作业地点的风流叫做新鲜风流；经过采掘工作面和一些硐室后，成分与地面空气相比差别较大的风流叫做乏风风流，又称污浊风流。

1. 地面空气的组成

地面空气又称为大气，是混合气体，主要由氧气（O_2，20.94%）、氮气（N_2，78%）和二氧化碳（CO_2，0.04%）组成。此外，地面空气中还有数量不定的水蒸气、微生物和尘埃等。大气中除水蒸气的比例随地区和季节变化较大以外，其余化学组成成分相对稳定。

地面空气进入井下就成为矿井空气，其成分和性质将发生一系列变化。如氧气含量降低，有毒有害气体混入，固体微粒（岩尘、煤尘等）混入，气体膨胀与压缩。

1）氧气

氧气是一种无色、无味、无臭的气体，相对密度为1.105。氧气很活跃，易使多种元素氧化，能助燃。人在静止状态下的需氧量为0.25 L/min，在工作时需氧量为1~3 L/min。当氧气浓度小于17%时，人在静止状态尚无影响，但在工作时就会出现喘息、呼吸困难和心跳加快；当氧气浓度小于15%时，人就会无力进行劳动；当氧气浓度小于12%时，人就会失去知觉，有生命危险；若氧气浓度小于3%时，人就会立即死亡。《煤矿安全规程》规定：采掘工作面的进风流中，氧气浓度不低于20%。

2）二氧化碳

二氧化碳是无色、略带酸臭味的气体，相对密度为1.52，不助燃也不能供人呼吸，略带毒性，易溶于水。在风速较小的巷道中，底板附近浓度较大；在风速较大的巷道中，一般能与空气均匀地混合。

二氧化碳对人体的呼吸有刺激作用，所以在为中毒或窒息的人员输氧时，常常要在氧气中加入5%的二氧化碳，以促使患者加强呼吸。当空气中的二氧化碳浓度过高时，轻则使人呼吸加快，呼吸量增加，严重时也能造成人员中毒或窒息。《煤矿安全规程》规定：采掘工作面的进风流中，二氧化碳浓度不超过0.5%。空气中二氧化碳对人体的危害程度与浓度的关系见表2-1。

表2-1　二氧化碳中毒症状与浓度的关系

二氧化碳浓度（体积分数）/%	主　要　症　状
1	呼吸急促
3	呼吸量增加2倍，人很快出现疲劳现象
5	呼吸感到困难、耳鸣、血液流动加快
6	发生严重的喘息，极度虚弱无力
10	头晕，处于昏迷状态
10~20	呼吸处于停顿状态，失去知觉
20~25	窒息死亡

矿井中二氧化碳的主要来源有煤和有机物的氧化，人员呼吸，井下爆破，井下火灾，以及瓦斯、煤尘爆炸等。

3）氮气

氮气是无色、无味、无臭的惰性气体，相对密度为0.97，微溶于水，不助燃，无毒，不能供人呼吸。

氮气在正常情况下对人体无害，但当空气中的氮气浓度增加时，会相应降低氧气浓度，人会因缺氧而窒息。在井下废弃旧巷或封闭的采空区中，有可能积存氮气。例如：1982 年 9 月 7 日，河南省平煤集团一矿因矿井主要通风机停风，井下采空区的氮气大量涌出，致使 13 人缺氧窒息死亡。

矿井中氮气的主要来源有井下爆破，有机物的腐烂，天然生成的氮气从煤岩中涌出等。

2. 矿井空气中的有毒有害气体及其性质

在煤矿生产过程中产生或煤层中涌出的有毒有害气体主要有甲烷（CH_4）、一氧化碳（CO）、二氧化碳（CO_2）、二氧化氮（NO_2）、二氧化硫（SO_2）、硫化氢（H_2S）、氨气（NH_3）、氢气（H_2）和重烃（C_nH_m）等。

甲烷的介绍详见本章第三节。

1）一氧化碳

一氧化碳是无色、无味、无臭的气体，相对密度为 0.97，微溶于水，能燃烧，当空气中一氧化碳浓度达到 13% ~ 75% 时遇火源有爆炸性。

一氧化碳有剧毒。人体血液中的血红蛋白与一氧化碳的亲和力比它与氧气的亲和力大 250 ~ 300 倍。一氧化碳的中毒程度与中毒浓度、中毒时间、呼吸频率和深度及人的体质有关。一氧化碳中毒症状与浓度的关系见表 2 - 2。

表2-2 一氧化碳中毒症状与浓度的关系

一氧化碳浓度（体积分数）/%	主 要 症 状
0.016	数小时后有头痛、心跳、耳鸣等轻微中毒症状
0.048	1 h 可引起轻微中毒症状
0.128	0.5 ~ 1 h 引起意识迟钝、丧失行动能力等严重中毒症状
0.40	短时间失去知觉、抽筋、假死，30 min 内即可死亡

一氧化碳中毒除上述症状外，最显著的特征是中毒者黏膜和皮肤呈樱桃红色。

矿井中一氧化碳的主要来源有爆破工作，矿井火灾，瓦斯及煤尘爆炸等。据统计，在煤矿发生的瓦斯爆炸、煤尘爆炸及火灾事故中，有 70% ~ 75% 的死亡人员都是因一氧化碳中毒而导致的。

2）二氧化氮

二氧化氮是一种红褐色气体，有强烈的刺激性气味，相对密度为 1.59，易溶于水。

二氧化氮是井下毒性最强的有害气体。它遇水后生成硝酸，对眼睛、呼吸道黏膜和肺部组织有强烈的刺激及腐蚀作用，严重时可引起肺水肿。

二氧化氮的中毒有潜伏期，容易被人忽视。中毒初期仅是眼睛和喉咙有轻微的刺激症状，常不被注意，有的在严重中毒时尚无明显感觉，还可坚持工作，但经过 6 h 甚至更长时间后才出现中毒征兆。主要特征是手指尖及皮肤出现黄色斑点，头发发黄，吐黄色痰液，发生肺水肿，引起呕吐甚至死亡。二氧化氮中毒症状与浓度的关系见表 2 - 3。

表2-3　二氧化氮中毒症状与浓度的关系

二氧化氮浓度（体积分数）/%	主　要　症　状
0.004	2~4 h内不致显著中毒，6 h后出现中毒症状，咳嗽
0.006	短时间内喉咙感到刺激，咳嗽，胸痛
0.01	强烈刺激呼吸器官，严重咳嗽，呕吐，腹泻，神经麻木
0.025	短时间即可致死

矿井中二氧化氮的主要来源是爆破工作。炸药爆破时会产生一系列氮氧化物，如一氧化氮（遇空气即转化为二氧化氮）、二氧化氮等，是炮烟的主要成分。

3）二氧化硫

二氧化硫是无色、有强烈硫黄气味及酸味的气体，当空气中二氧化硫浓度达到0.0005%时即可嗅到刺激气味。它易溶于水，相对密度为2.32，是井下有害气体中密度最大的，常常积聚在井下巷道的底部。

二氧化硫有剧毒。空气中的二氧化硫遇水后生成硫酸，对眼睛有刺激作用，因此又称"瞎眼气体"。此外，也能对呼吸道的黏膜产生强烈的刺激作用，引起喉炎和肺水肿。二氧化硫中毒症状与浓度的关系见表2-4。

表2-4　二氧化硫中毒症状与浓度的关系

二氧化硫浓度（体积分数）/%	主　要　症　状
0.0005	嗅到刺激性气味
0.002	头痛、眼睛红肿、流泪、喉痛
0.05	引起急性支气管炎和肺水肿，短时间内有生命危险

矿井中二氧化硫的主要来源有含硫矿物的氧化与燃烧，在含硫矿物中爆破，从含硫煤体中涌出。

4）硫化氢

硫化氢是无色、微甜、略带臭鸡蛋味的气体，相对密度为1.19，易溶于水，当浓度达4.3%~46%时具有爆炸性。

硫化氢有剧毒。它能使人体血液缺氧中毒，对眼睛及呼吸道的黏膜具有强烈的刺激作用，能引起鼻炎、气管炎和肺水肿。当空气中浓度达到0.0001%时可嗅到臭味，但当浓度较高时（0.005%~0.01%），因嗅觉神经中毒麻痹，臭味"减弱"或"消失"，反而嗅不到。硫化氢中毒症状与浓度的关系见表2-5。

表2-5　硫化氢中毒症状与浓度的关系

硫化氢浓度（体积分数）/%	主　要　症　状
0.0001	有强烈臭鸡蛋味
0.01	流唾液和清鼻涕、瞳孔放大、呼吸困难
0.05	0.5~1 h严重中毒，失去知觉、抽筋、瞳孔变大，甚至死亡
0.1	短时间内死亡

矿井中硫化氢的主要来源有坑木等有机物腐烂，含硫矿物的水化，从老空区和旧巷积水中放出。有些矿区的煤层中也有硫化氢涌出。

5）氨气

氨气是一种无色、有浓烈臭味的气体，相对密度为 0.6，易溶于水。氨有极毒，能刺激皮肤及上呼吸道，引起咳嗽、流泪、头晕，严重时失去知觉以至死亡。当空气中氨气的浓度达到 15.7% ~ 27.4% 时具有爆炸性。氨气主要是在矿井发生火灾或爆炸事故时产生。

6）氢气

氢气无色、无味、无毒，相对密度为 0.07，是井下最轻的有害气体。当空气中氢气的浓度达到 4% ~ 74% 时具有爆炸性。

井下氢气的主要来源是蓄电池充电。此外，矿井发生火灾和爆炸事故也会产生氢气。

7）乙炔

乙炔在常温常压下为具有麻醉性的无色可燃气体。纯净的乙炔没有气味，但是在有杂质时有大蒜气味。比空气轻，能与空气形成爆炸性混合物，极易燃烧和爆炸。微溶于水，在 25℃、101.325 kPa 时，在水中的溶解度为 0.94 cm^3/cm^3。在 15℃、101.325 kPa 下，1 个容积的丙酮可溶解 25 个容积的乙炔，而在 12 个大气压下，可溶解 300 个容积的乙炔。乙炔分子分解时放出大量热，其热量足以使乙炔发生连锁反应，故乙炔在加压、加热时可能发生爆炸。乙炔的氧化反应很活跃，在空气中的爆炸极限很宽，为 2.5% ~ 80%。

很多矿在井下进行电气焊作业时，带入作业现场的就有盛装乙炔的乙炔气瓶。乙炔气瓶的颜色为白色，具有警示作用。

3. 矿井空气中有害气体的安全浓度标准

为了防止有害气体对人体和安全生产造成危害，《煤矿安全规程》中对其安全浓度（允许浓度）标准做了明确规定，其中主要有毒气体的浓度标准见表 2-6。

表 2-6　矿井空气中有害气体最高允许浓度　　　　　　　　%

有害气体名称	最高允许浓度	有害气体名称	最高允许浓度
一氧化碳（CO）	0.0024	硫化氢（H_2S）	0.00066
氧化氮（换算成二氧化氮 NO_2）	0.00025	氨（NH_3）	0.004
二氧化硫（SO_2）	0.0005	氢气（H_2）	0.5

（二）矿井空气常用物理参数

井下空气常用的物理参数有空气的密度、黏性、温度、湿度和压力。

1. 空气的密度

单位体积空气所具有的质量称为空气的密度，用 ρ 来表示，即

$$\rho = \frac{M}{V}$$

式中　ρ——空气的密度，kg/m^3；

　　　M——空气的质量，kg；

　　　V——空气的体积，m^3。

在标准大气状况下（$p = 101325$ Pa，$t = 0$ ℃，$\varphi = 0$），干空气的密度为 1.293 kg/m³。

2. 空气的压力

空气的压力是指作用在每平方米面积上的作用力。在矿井通风中对空气压力的计量，一般用帕斯卡（Pa）来表示，简称帕，1 Pa = 1 N/m²。压力较大时还有千帕（kPa）、兆帕（MPa），1 MPa = 10^3 kPa = 10^6 Pa，有的压力仪器也用百帕（hPa）表示，1 hPa = 100 Pa。

3. 矿井瓦斯等级划分

《煤矿瓦斯等级鉴定暂行办法》对矿井瓦斯等级划分的规定如下所述。

（1）具备下列情形之一的矿井为突出矿井：

①发生过煤（岩）与瓦斯（二氧化碳）突出的。

②经鉴定具有煤（岩）与瓦斯（二氧化碳）突出煤（岩）层的。

③依照有关规定有按照突出管理的煤层，但在规定期限内未完成突出危险性鉴定的。

（2）具备下列情形之一的矿井为高瓦斯矿井：

①矿井相对瓦斯涌出量大于 10 m³/t。

②矿井绝对瓦斯涌出量大于 40 m³/min。

③矿井任一掘进工作面绝对瓦斯涌出量大于 3 m³/min。

④矿井任一采煤工作面绝对瓦斯涌出量大于 5 m³/min。

（3）同时满足下列条件的矿井为瓦斯矿井：

①矿井相对瓦斯涌出量小于或等于 10 m³/t。

②矿井绝对瓦斯涌出量小于或等于 40 m³/min。

③矿井各掘进工作面绝对瓦斯涌出量均小于或等于 3 m³/min。

④矿井各采煤工作面绝对瓦斯涌出量均小于或等于 5 m³/min。

二、矿井通风系统

矿井通风系统是指矿井通风方法、通风方式、通风网络和通风设施的总称。它包括从进风到回风的全部路线。

（一）矿井通风方法

根据风流获得动力的来源不同，矿井的通风方法可分为自然通风和机械通风。根据矿井通风压力状态分为正压通风和负压通风。

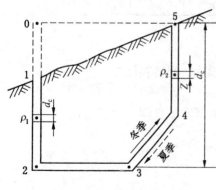

图 2-1　自然通风

1. 自然通风

利用自然因素产生的通风动力，致使空气在井下巷道流动的通风方法称为自然通风。自然风压的大小和风流方向，主要受地面空气温度变化、高差、井口的风速等影响。其实质是进、回风井的空气密度变化引起的空气流动。

采用机械通风的矿井，自然风压也是始终存在的，并在各个时期内影响着矿井通风工作。对于自然风压较大的深井，自然风压对矿井通风起着重要作用，而且它在冬、夏两季可能会出现风流的反向，这在矿井通风管理工作中，应予以充分重视。

图 2 - 1 所示为一个简化的矿井通风系统。图中 2→3 为水平巷道，0→5 为通过系统最高点的水平线。如果把地表大气视为断面无限大、风阻为零的假想风路，则通风系统可视为一个闭合的回路。在冬季，由于空气柱 0→1→2 比空气柱 5→4→3 的平均温度较低，平均空气密度较大，导致两空气柱作用在 2→3 水平面上的重力不等，其重力之差就是该系统的自然风压，它使空气源源不断地从井口 1 流入，从井口 5 流出。在夏季，若空气柱 5→4→3 比空气柱 0→1→2 温度低，平均密度大，则系统产生的自然风压方向与冬季相反，地面空气从井口 5 流入，从井口 1 流出。

2. 机械通风

利用通风机运转产生的通风动力，致使空气在井下巷道中流动的通风方法称为机械通风。根据主要通风机的工作方式不同，机械通风可分为抽出式通风（负压通风）、压入式通风（正压通风）和混合式通风 3 种。

1）抽出式通风

如图 2 - 2a 所示，抽出式通风是将矿井主要通风机安设在回风井一侧的地面上，新鲜风流经进风井流到井下各用风地点后，乏风风流再通过通风机排出地表的一种矿井通风方法。

2）压入式通风

如图 2 - 2b 所示，压入式通风是将矿井主要通风机安设在进风井一侧的地面上，新鲜风流经主要通风机加压后送入井下各用风地点，乏风风流再经过回风井排出地表的一种矿井通风方法。

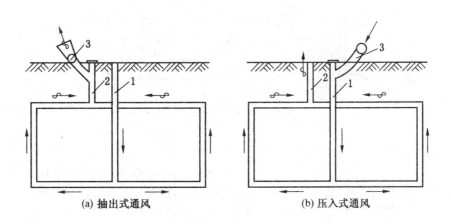

(a) 抽出式通风　　　　　　　　　(b) 压入式通风

1—进风井；2—回风井；3—主要通风机

图 2 - 2　矿井通风方法

3）混合式通风

混合式通风是在进风井和回风井一侧都安设矿井主要通风机，新鲜风流经压入式主要通风机送入井下，乏风风流经抽出式主要通风机排出井外的一种矿井通风方法。

（二）矿井通风方式

按照进、回风井之间在井田内的位置关系，通风方式可分为中央式、对角式、区域式及混合式 4 种基本形式。

1. 中央式

进、回风井大致位于井田走向中央。根据进、回风井的相对位置，又可分为中央并列式和中央边界式（中央分列式）。

1）中央并列式

进风井和回风井均布置在井田走向中央的通风方式，如图 2-3 所示。

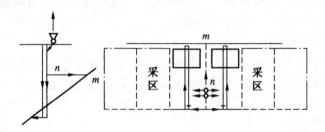

图 2-3　中央并列式通风

2）中央边界式（中央分列式）

进风井大致位于井田走向的中央，回风井大致位于井田浅部边界沿走向中央，在倾斜方向上两井相隔一段距离，回风井的井底高于进风井的井底，如图 2-4 所示。

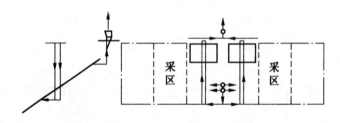

图 2-4　中央边界式通风

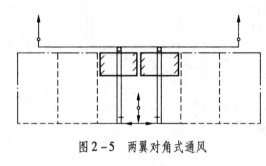

图 2-5　两翼对角式通风

2. 对角式

根据回风井服务范围的不同，对角式通风又可分为两翼对角式和分区对角式。

1）两翼对角式

进风井位于井田走向的中央，两个回风井位于井田边界的两翼（沿倾斜方向的浅部），称为两翼对角式，如图 2-5 所示。如果只有一个回风井，且进、回风井分别位于井田的两翼称为单翼对角式。

2）分区对角式

进风井位于井田走向的中央，在每个采区布置一个回风井，如图 2-6 所示。

3. 区域式

在井田的每一个生产区域开凿进、回风井，分别构成独立的通风系统，如图 2-7 所示。

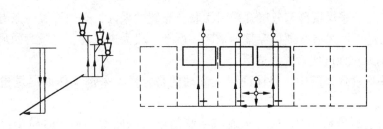

图2-6 分区对角式通风

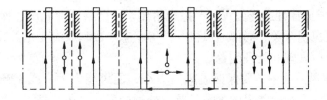

图2-7 区域式通风

4. 混合式

混合式是指由上述多种方式混合而形成的通风方式。例如，中央分列与两翼对角混合式（图2-8）、中央并列与两翼对角混合式等。

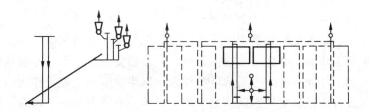

图2-8 中央分列与两翼对角混合式通风

（三）采区通风系统

采区通风系统是采区生产系统的重要组成部分。它包括采区主要进、回风巷道和工作面进、回风巷道的布置方式，采区通风路线的连接形式，工作面通风方式，以及采区内的通风设施等内容。

采区通风系统主要取决于采区巷道布置和采煤方法，同时要满足通风的特殊要求。如瓦斯大或地温高，有时是决定通风系统的主要条件。在确定采区通风系统时，应遵守安全、经济、技术先进合理的原则。

1. 采区通风系统的基本要求

（1）采区必须实行分区通风：

①准备采区，必须在采区构成通风系统以后，方可开掘其他巷道。

②采煤工作面必须在采区构成完整的通风、排水系统后，方可回采。

③高瓦斯矿井、有煤（岩）与瓦斯（二氧化碳）突出危险的矿井的每个采区和开采容易自燃煤层的采区，必须设置至少一条专用回风巷。

④瓦斯矿井开采煤层群和分层开采采用联合布置的采区，必须设置一条专用回风巷。

⑤采区的进、回风巷必须贯穿整个采区，严禁一段为进风巷、一段为回风巷。

（2）采掘工作面应实行独立通风。

（3）在采区通风系统中，要保证风流流动的稳定性，采掘工作面尽量避免处于角联风路中。

（4）在采区通风系统中，应力求通风系统简单，以便发生事故时易于控制风流和撤退人员。

（5）对于必须设置的通风设施（风门、风桥、挡风墙等）和通风设备（局部通风机、辅助通风机等），要选择好适当位置，严把规格质量，严格管理制度，保证通风设备安全运转。尽量将主要风门开关、局部通风机开停等状态参数和风流变化参数纳入矿井安全监控系统中，以便及时发现和处理问题。

（6）在采区通风系统中，要保证通风阻力小，通风能力大，风流畅通，风量按需分配。因此，应特别注意加强巷道的维护，及时处理局部冒顶和堵塞，支护良好，保证有足够的断面。

（7）在采区通风系统中，尽量减少采区漏风量，并有利于采空区瓦斯的合理排放及防止采空区浮煤自燃，使新鲜风流在其流动路线上被加热与污染的程度最小。

（8）设置消防洒水管路、避难硐室和灾变时控制风流的设施。明确避灾路线和安全标志。必要时，建立瓦斯抽采系统、防灭火灌浆系统。

（9）采区变电所必须有独立的通风系统。

2. 采掘工作面的并联通风与串联通风

井下采掘工作面是人员比较集中的作业区域，也是瓦斯涌出和煤尘飞扬比较集中的地方，因此要求采掘工作面要有良好的通风条件，实行独立通风，形成并联风路。这种通风系统可以保证采掘工作面有稳定的新鲜风流供给，网络总阻力也较工作面串联时小，采掘工作面的乏风风流直接排到采区回风巷或主要回风巷，通风更为安全可靠。此外，一旦本工作面发生事故，事故的灾害气体将直接排向回风巷，不会波及其他工作面，减少事故的危害范围。因而是一种良好的通风系统。

然而，采区通风系统往往会受许多条件的影响，如采区巷道布置、采煤方法及地质条件等。在某些特殊情况下，如果工作面之间不能形成独立通风，经申报批准，也可以采用串联通风。采掘工作面串联通风时，前工作面排出的乏风风流流入后工作面，使后工作面风流中的煤尘和瓦斯量增加，这对矿井的安全生产是不利的，前工作面一旦发生事故，将会波及后工作面，扩大灾害范围。此外，串联通风使风路长度增加，阻力增大，影响采区供风量，因此它是一种不良的通风系统。

3. 壁式采煤工作面通风系统的类型和特点

采煤工作面的通风系统是由采煤工作面的瓦斯、温度、煤层自然发火及采煤方法等所确定的，我国大部分矿井多采用长壁后退式采煤法。根据采煤工作面进、回风巷的布置方式和数量，可将长壁式采煤工作面通风系统分为 U 型、Z 型、H 型、Y 型、双 Z 型和 W 型等，如图 2-9 至图 2-14 所示。这些形式是由 U 型通风系统改进而成的，其目的是预防瓦斯局部积聚，加大工作面长度，增加工作面供风量，改善工作面气候条件。

1）U 型与 Z 型通风系统

U 型与 Z 型通风系统分别如图 2－9 和图 2－10 所示。工作面通风系统只有一条进风巷道和一条回风巷道。我国大多数矿井采用 U 型后退式通风系统。

（1）U 型通风系统。

U 型后退式通风系统（图 2－9a）。该通风系统的主要优点是结构简单，巷道施工维修量小，工作面漏风小，风流稳定，易于管理等；缺点是在工作面上隅角附近瓦斯易超限，工作面进、回风巷要提前掘进，掘进工作量大。

U 型前进式通风系统（图 2－9b）。该通风系统的主要优点是工作面维护量小，不存在采掘工作面串联通风的问题，采空区瓦斯不涌向工作面，而是涌向回风平巷；缺点是工作面采空区漏风大。

（2）Z 型通风系统。

Z 型通风系统的采空区的漏风，介于 U 型后退式和 U 型前进式通风系统之间，且该通风系统需沿空支护巷道和控制采空区的漏风，其难度较大。

Z 型后退式通风系统（图 2－10a）。该通风系统的主要优点是采空区瓦斯不会涌入工作面，而是涌向回风巷，工作面采空区回风侧能用钻孔抽采瓦斯，但不能在进风侧抽采瓦斯。

Z 型前进式通风系统（图 2－10b）。该通风系统的工作面的进风侧沿采空区可以抽采瓦斯，但采空区的瓦斯易涌向工作面，特别是上隅角，回风侧不能抽采瓦斯。

2）Y 型、W 型及双 Z 型通风系统

这 3 种通风系统均为两进一回或一进两回的采煤工作面通风系统。该类型的通风系统分别如图 2－11 至图 2－13 所示。

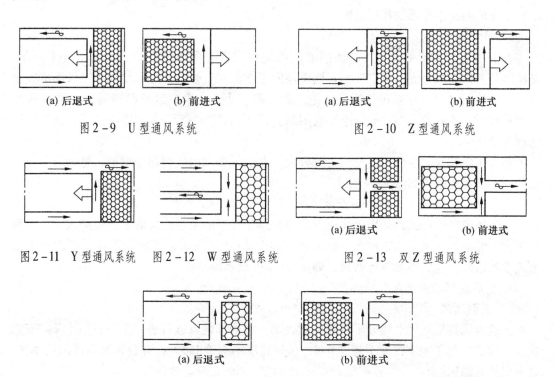

(a) 后退式　　　(b) 前进式　　　　　　(a) 后退式　　　(b) 前进式

图 2-9　U 型通风系统　　　　　　图 2-10　Z 型通风系统

图 2-11　Y 型通风系统　　图 2-12　W 型通风系统　　　(a) 后退式　　　(b) 前进式

图 2-13　双 Z 型通风系统

(a) 后退式　　　　　　　　　(b) 前进式

图 2-14　H 型通风系统

（1）Y 型通风系统。

根据进、回风巷的数量和位置不同，Y 型通风系统可以有多种不同的方式。生产实际中应用较多的是在回风侧加入附加的新鲜风流，与工作面回风汇合后从采空区侧流出的通风系统。Y 型通风系统会使回风巷的风量加大，但上隅角及回风巷的瓦斯不易超限，并可以在上部进风侧抽采瓦斯。

（2）W 型通风系统。

①W 型后退式通风系统。用于高瓦斯的长工作面或双工作面。该系统的进、回风平巷都布置在煤体中，当由中间及下部平巷进风、上部平巷回风时，上、下段工作面均为上行通风，但上段工作面的风速高，对防尘不利，上隅角瓦斯可能超限。所以，瓦斯涌出量很大时，常采用上、下平巷进风，中间平巷回风的 W 型通风系统；反之，采用由中间平巷进风，上、下平巷回风的通风系统以增加风量，提高产量。在中间平巷内布置钻孔抽采瓦斯时，抽采钻孔由于处于抽采区域的中心，因而抽采率比采用 U 型通风系统的工作面提高了 50%。

②W 型前进式通风系统。巷道维护在采空区内进行，难度大，漏风量大，采空区的瓦斯浓度也大。

（3）双 Z 型通风系统。

其中间巷与上、下平巷分别在工作面的两侧。

①双 Z 型后退式通风系统（图 2 - 13a）。上、下进风巷布置在煤体中，漏风携出的瓦斯不进入工作面，比较安全。

②双 Z 型前进式通风系统（图 2 - 13b）。上、下进风巷维护在采空区中进行，漏风携出的瓦斯可能使工作面的瓦斯超限。

3）H 型通风系统

在 H 型通风系统中，有两进两回通风系统和三进一回通风系统，如图 2 - 14 所示。其特点是工作面风量大，采空区的瓦斯不涌向工作面，气候条件好，增加了工作面的安全出口，工作面机电设备都在新鲜风流中，通风阻力小，在采空区的回风巷中可以抽采瓦斯，易控制上隅角的瓦斯，但沿空护巷困难；由于有附加巷道，可能影响通风的稳定性，管理复杂。

当工作面和采空区的瓦斯涌出量都较大，在进风侧和回风侧都需增加风量稀释工作面瓦斯时，可考虑采用 H 型通风系统。

4. 采煤工作面上行通风与下行通风

上行通风与下行通风是指进风流方向与采煤工作面的关系而言的。风流沿采煤工作面由下向上流动的通风方式，称为上行通风，如图 2 - 15a 所示；风流沿采煤工作面由上向下流动的通风方式，称为下行通风，如图 2 - 15b 所示。

5. 扩散通风与循环风

1）扩散通风

扩散通风是指利用空气分子自然扩散运动，对局部地点进行通风的方式。《煤矿安全规程》规定，如果硐室深度不超过 6 m、入口宽度不小于 1.5 m，并且无瓦斯涌出的条件，可采用扩散通风。

2）循环风

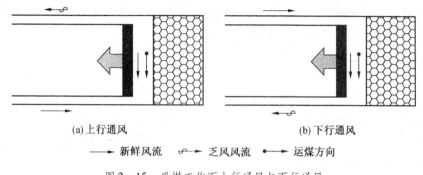

(a)上行通风　　　　　　　　　　　(b)下行通风

⟶ 新鲜风流　　⌁⟶ 乏风风流　　•⟶ 运煤方向

图 2-15　采煤工作面上行通风与下行通风

某一用风地点部分或全部回风再进入同一地点进风流中的现象称为循环风。循环风一般发生在局部通风过程中，由于局部地点的乏风风流反复返回同一局部地点，有毒有害气体和粉尘的浓度会有一定程度的增大，不仅使作业环境越来越恶化，造成安全隐患甚至出现恶性事故。

6. 井巷风速与风量

空气流动的速度称为风流速度，简称风速，以单位时间内流经的距离表示，常用单位为 m/s。井巷中实际通过的风量是指单位时间通过井巷断面的空气体积，常用单位为 m^3/min 或 m^3/s。井巷中的风流速度和通过的风量是矿井通风的主要参数之一。

7. 井下风流范围的划定

1）巷道风流

巷道风流的界定：有支架的巷道，距支架和巷底各为 50 mm 的巷道空间内的风流；无支架或锚喷巷道，距巷道顶、帮、底各为 200 mm 的巷道空间内的风流。

2）采煤工作面进风流

采煤工作面进风流是指无支架进风巷道为距巷道顶、帮、底各 200 mm 的工作面进风巷道空间内的风流。

3）采煤工作面风流

采煤工作面风流即距煤壁、顶板、底板各为 200 mm（小于 1 m 厚的薄煤层采煤工作面距顶、底板各为 100 mm）和以采空区的切顶线为界的采煤工作面空间的风流。采用充填法控制顶板时，采空区一侧应以挡矸、砂帘为界。采煤工作面回风上隅角及一段未放顶的巷道空间至煤壁线的范围空间中的风流，都按采煤工作面风流处理。

4）采煤工作面回风流

采煤工作面回风流是指距支架和巷底各为 50 mm 的工作面回风巷道空间内的风流，无支架回风巷道为距巷道顶、帮、底各 200 mm 的工作面回风巷道空间内的风流。

5）掘进工作面风流

掘进工作面风流是指掘进工作面到风筒出口这一段巷道中的风流，测定时按巷道风流划定法划定空间范围。

6）爆破地点附近 20 m 以内的风流

爆破地点附近 20 m 以内的风流即采煤工作面爆破地点沿工作面煤壁方向两端各 20 m 范围内的采煤工作面风流，或掘进工作面爆破地点向外 20 m 范围内的巷道风流。

7）电动机及其开关附近 20 m 以内的风流

电动机及其开关附近 20 m 以内的风流即电动机及其开关所处地点沿工作面风流方向的上风流端和下风流端各 20 m 范围内的风流。

（四）通风设施

1. 通风设施的种类及其用途

为了保证风流按拟定路线流动，使各个用风地点得到所需风量，就必须在某些巷道中设置相应的通风设施对风流进行控制。通风设施必须正确地选择合理位置，保证施工质量，严格管理制度。否则，会造成大量漏风或风流短路，破坏通风的稳定性。

矿井内的通风设施，按其作用不同可分为两类：一是引导风流的设施，二是隔断风流的设施。

1）引导风流的设施

引导风流的设施主要是风桥，风桥是将两股平面交叉的新鲜风流和乏风风流隔成立体交叉的一种通风设施，乏风风流从桥上通过，新鲜风流从桥下通过。风桥按其结构不同，可分为绕道式风桥、混凝土风桥和铁筒风桥 3 种。

（1）绕道式风桥。当服务年限很长，通过风量在 20 m³/s 以上时，可以采用绕道式风桥，如图 2-16 所示。这种风桥工程量较大，但不易遭受破坏，漏风小。

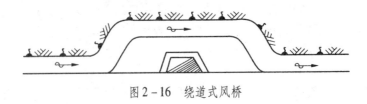

图 2-16　绕道式风桥

（2）混凝土风桥。当服务年限较长，通过风量为 10～20 m³/s 时，可以采用混凝土风桥，如图 2-17 所示。

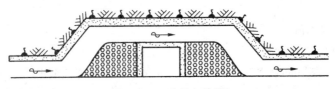

图 2-17　混凝土风桥

（3）铁筒风桥。图 2-18 所示为铁筒风桥，该风桥由铁筒与风门组成。铁筒直径不小于 750 mm，风筒壁厚不小于 5 mm，每侧应设两道以上风门。当服务年限短，通过风量为 10 m³/s 时，可以采用铁筒风桥。

2）隔断风流的设施

隔断风流的设施主要有密闭和风门。

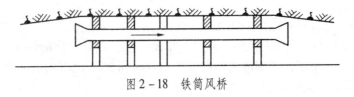

图 2-18　铁筒风桥

（1）密闭。

密闭有挡风墙和防火墙两种类型。防火墙是隔断风流的构筑物。在不允许风流通过，也不允许行人行车的井巷，如采空区、旧巷、火区及进风与回风大巷之间的联络巷道，都必须设置防火墙，将风流截断。

按用途划分，密闭可分为防火密闭、防水密闭、过滤密闭和防爆密闭等；按结构及服务年限的不同，密闭可分为临时密闭和永久密闭。

①临时密闭。一般是在立柱上钉木板，木板上抹黄泥建成临时性挡风墙。但当巷道压力不稳定，并且挡风墙的服务年限不长（2年以内）时，可用长度约1 m的圆木段和黄泥砌筑成挡风墙。这种挡风墙的特点是可以缓冲顶板压力，使挡风墙不产生大量裂缝，从而减少漏风。但在潮湿的巷道中容易腐烂。

②永久密闭。服务年限比较长（2年以上）的密闭称为永久密闭。永久密闭常用砖、石、水泥等不燃性材料修筑，其结构如图2－19所示。为了便于检查防火墙（密闭）区内的气体成分及防火墙（密闭）区内发火时便于灌浆灭火，防火墙（密闭墙）上应设观测孔和注浆孔，防火墙（密闭）区内如有水，应设放水管或返水沟以排出积

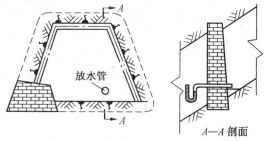

放水管

A—A 剖面

图2－19 永久密闭

水。为了防止放水管在无水时漏风，放水管一端应制成U型，利用水封防止放水管漏风。

（2）风门。

①风门的作用与设置要求：

风门的作用是隔断巷道风流，确保需风地点的风量要求；允许人员和车辆通过。

为了防止在人员和车辆通过风门时风门开启造成风流短路，需设置两道风门，保证巷道中总有一道风门（至少有一道风门）处于关闭状态。

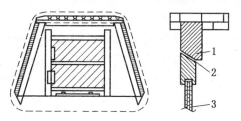

1—门框；2—沿口处；3—风门

图2－20 普通风门

②风门的种类及用途：

按其材料不同，风门的建筑材料有木材、金属材料、混合材料3种。按其结构不同，风门可分为普通风门、自动风门和反向风门3种。在行人或通车不多的地方，可设普通风门；而在行人通车比较频繁的主要运输巷道上，则应安设自动风门。

普通风门用人力开启，一般多用木板或铁皮制成，图2－20所示为一种单扇木质沿口普通风门。这种风门的结构特点是门扇与门框呈斜面沿口接触，接触处有可缩性衬垫，比较严密、坚固，一般可使用1.5～2年。门扇开启方向要迎着风流，使门扇关上后在风压作用下保持风门关闭严密。门框和门扇都要顺风流方向倾斜，与水平面成80°～85°倾角。门框下设门槛，过车的门槛要留有轨道通过的槽缝，门扇下部要设挡风帘。

自动风门是借助各种动力来开启与关闭的一种风门，按其动力不同分为碰撞式、气动式、电动式和水动式等。

　　碰撞式自动风门如图2-21所示。该风门由门板、碰撞风门杠杆、门耳、缓冲弹簧、推门弓和铰链等组成，门框和门扇倾斜80°~85°。风门是靠矿车碰撞门板上的推门弓和碰撞风门杠杆而自动打开、借风门自重而关闭的。碰撞式自动风门具有结构简单、易于制作和经济实用等优点；缺点是撞击部件容易损坏，需经常维修。故多用于行车不太频繁的巷道中。

　　气动式风门或水动式风门的动力来源是压缩空气或高压水。它由电气触点控制电磁阀，电磁阀控制气缸或水缸的阀门，使气缸或水缸中的活塞作往复运动，再通过联动机构控制风门的开闭，如图2-22所示。这种风门简单可靠，但只能用于有压缩空气和高压水源的地方。北方矿井严寒易冻的地方不能使用。

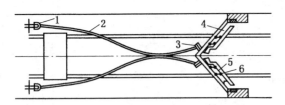

1—杠杆回转轴；2—碰撞风门杠杆；3—门耳；
4—门板；5—推门弓；6—缓冲弹簧

图2-21　碰撞式自动风门

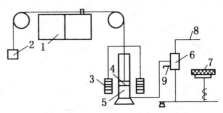

1—门扇；2—平衡锤；3—重锤；4—活塞；5—水缸；
6—三通水阀；7—电磁铁；8—高压水管；9—放水管

图2-22　水力配重自动风门

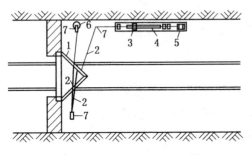

1—门扇；2—牵引绳；3—滑块；
4—螺杆；5—电动机；6—配重；7—导向滑轮

图2-23　电动风门

　　电动风门是以电动机作动力。电动机经过减速带动联动机构，使风门开闭。电动机的启动和停止可用车辆触及开关或光电控制器自动控制。电动风门应用广泛，适用性强，只是减速和传动机构稍微复杂些。电动风门样式较多，图2-23所示为其中一种。

　　在矿车主要通风巷道中设置风门处都要设反向风门。正常通风时，反向风门处于常开状态。矿井反风时，反向风门关闭来隔绝反风风流。当井下发生突出时，煤与瓦斯突出矿井中设置的一些反向风门还可起到防止灾害扩大的作用。

　　2. 防火门墙

　　1）防火门墙的用途

　　《煤矿安全规程》规定，开采容易自燃和自燃的煤层时，在采区开采设计中，必须预先选定构筑防火门的位置。当采煤工作面投产和通风系统形成后，必须按设计选定的防火门位置构筑好防火门墙，并储备足够数量的封闭防火门的材料。

　　2）防火门墙的设置要求

　　（1）用不燃性材料建筑，墙体厚度不小于600 mm。

　　（2）墙体四周应与煤岩接实，掏槽深度不小于300 mm的裙边。

　　（3）墙体平整，无裂缝（雷管脚线不能插入）、重缝和空缝，灰浆饱满，不漏风。

　　（4）防火门门口断面符合行人、通风和运输的要求。

　　（5）防火门采用"内插拆口"结构。

（6）封闭防火门所用的板材其厚度不得小于 30 mm，每块板材宽度不得小于 300 mm，拆口宽度不小于 20 mm，并要外包铁板。

（7）用于封闭防火门用的木板要逐次编号排列，摆放整齐。指定人员负责定期检查，发现变形或丢失要及时更换和补充。

三、局部通风

利用矿井主要通风机产生的全风压或局部通风机，对局部地点或掘进巷道中进行通风的方法，称为局部通风或掘进通风。局部通风可分为扩散通风、全风压通风、引射器通风和局部通风机通风 4 种。其中，局部通风机通风利用局部通风机作动力，用风筒导风把新鲜风流送入掘进工作面，是最为常用的掘进通风方法。

局部通风设备由局部通风动力设备、风筒及附属装置组成。

（一）局部通风机

1. 局部通风机简介

井下局部地点通风所使用的通风机称为局部通风机。掘进工作面要求局部通风机体积小、风压高、效率高、噪声小、性能可靠、坚固防爆。

20 世纪 90 年代，我国的新型局部通风机有了长足的发展，为了对掘进工作面进行有效的通风，保证局部通风机的连续运转，已开发研制出多种系列新型的局部通风机。包括高校节能的 FD、FDⅡ和 KDZ 型对旋式局部通风机；无摩擦火花型 FSD 系列和安全摩擦火花型 FDC 系列抽出式局部通风机，适用于井下含爆炸性物质环境作抽出式局部通风，可以抽排井下局部积聚瓦斯，也可与除尘装备联合使用排除工作面粉尘；此外，还推广了 FSQD－18.5 型矿用多功能局部通风机，其特点是在掘进通风中既可作压入式运转又可作抽出式运转，采用特殊外壳的隔爆电动机和气马达驱动，风机正常运转时，由电动机驱动，停电后，电磁阀自动打开，压缩空气进入气马达驱动叶轮继续运转供风。

2. 局部通风机消声措施

局部通风机运转时噪声很大，常达 100～110 dB，大大超过《煤矿安全规程》规定的允许标准。《煤矿安全规程》规定："作业场所的噪声，不应超过 85 dB（A）。大于 85 dB（A）时，需配备个人防护用品；大于或等于 90 dB（A）时，还应采取降低作业场所噪声的措施"。高噪声严重影响井下人员的健康和劳动效率，甚至可能成为导致人身事故的环境因素。降低噪声的措施，一是研制、选用低噪声高效率局部通风机，二是在现有局部通风机上安设消声器。

局部通风机消声器是一种能使声能衰减并能通过风流的装置。对消声器的要求是通风阻力小、消声效果好、轻便耐用。图 2－24 所示局部通风机的消声方法是在局部通风机的进、出口各加一节 1 m 长的消声器，消声器外壳直径与局部通风机相同，外壳内套以

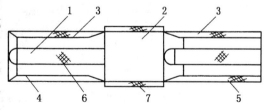

1—芯筒；2—局部通风机；3—消声器；4—圆筒；
5、6—吸声材料；7—吸声层
图 2－24 局部通风机消声装置

用穿孔板（穿孔直径 9 mm）制成的圆筒，直径比外壳小 50 mm，在微孔圆与外壳间充填吸声材料。消声器中间安设用穿孔板制的芯筒，其内也充填吸声材料。另外，在局部通风

机壳也设一吸声层。因吸声材料具有多孔性，当风流通过消声器时，声波进入吸声材料的孔隙而引起孔隙中的空气和吸声材料细小纤维的振动，由于摩擦和黏滞阻力，使相当一部分声能转化为热能而达到消声目的。这种消声器可使噪声降低 18 dB。

还有一种用微孔板制作的消声器。它是利用气流流经微孔板时，空气在微孔（孔径 1 mm）中来回摩擦而消耗能量的。微孔板消声器是在外壳内设两层微孔板风筒；其直径分别比外壳小 50 mm、80 mm，内外层穿孔率分别为 2% 和 1%。微孔板消声器的芯筒也用微孔板制作。这种消声器可使局部通风机噪声降低 13 dB。

上述两种消声器消声效果较好，但体积较大，潮湿粉尘粘在吸声材料上或堵塞微孔板时会使消声功能降低。

3. 局部通风机风电闭锁装置

风电闭锁装置就是当局部通风机停止运转时，能自动切断局部通风机供风巷道中的一切动力电源的装置。

（二）风筒的类型

掘进通风使用的风筒可分为硬质风筒和柔性风筒两类。

1. 硬质风筒

硬质风筒一般由厚 2～3 mm 的铁板卷制而成。铁风筒的优点是坚固耐用，使用时间长，各种通风方式均可使用；缺点是成本高，易腐蚀，笨重，拆、装、运不方便，在弯曲巷道中使用困难。铁风筒在煤矿中使用日渐减少。近年来生产了玻璃钢风筒，其优点是比铁风筒轻便（质量仅为钢材的 1/4），抗酸、碱腐蚀性强，摩擦阻力系数小，但成本比铁风筒高。

2. 柔性风筒

柔性风筒主要有帆布风筒、胶布风筒和人造革风筒等。柔性风筒的优点是轻便，拆装搬运容易，接头少；缺点是强度低，易损坏，使用时间短，且只能用于压入式通风。目前煤矿中采用压入式通风时均采用柔性风筒。

随着综掘工作面的增多，混合式通风除尘技术得到了广泛应用，为了满足抽出式通风的要求，也为了充分利用柔性风筒的优点，带刚性骨架的可伸缩风筒得到了开发和应用，即在柔性风筒内每隔一定距离加一个钢丝圈或螺旋形钢丝圈。此种风筒能承受一定的负压，可用于抽出式通风，而且具有可伸缩的特点，比铁风筒使用方便。图 2－25a 所示为用

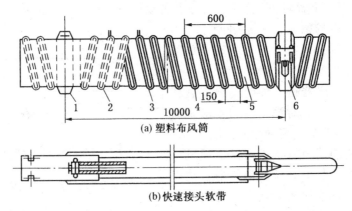

（a）塑料布风筒

（b）快速接头软带

1—圈头；2—螺旋弹簧；3—吊钩；4—塑料压条；5—风筒布；6—快速弹簧接头

图 2－25　可伸缩风筒

金属整体螺旋弹簧钢丝为骨架的塑料布风筒，图 2 - 25b 所示为快速接头软带。

第三节 矿井瓦斯防治基础知识

一、概述

(一) 瓦斯及其形成

矿井瓦斯是矿井中主要由煤层气构成的以甲烷为主的有害气体的总称。瓦斯是一种混合气体，一般情况下，含有甲烷和其他烃类（如乙烷、丙烷），以及二氧化碳和稀有气体。个别煤层内含有氢气、一氧化碳、硫化氢、氮气。在组成瓦斯的各种气体中，甲烷往往占总量的90%以上，因此瓦斯的概念有时单独指甲烷。

矿井瓦斯来自煤层和煤系地层，它的形成经历了两个不同的造气时期：从植物遗体到形成泥炭，属于生物化学造气时期；从褐煤、烟煤到无烟煤，属于变质作用造气时期。

(二) 瓦斯的性质

瓦斯通常指甲烷，分子式为 CH_4，它是一种无色、无味、无臭、无毒、微溶于水的气体。在标准状态（温度为 0 ℃，大气压力为 101.325 kPa）下，相对密度为 0.554。由于甲烷较轻，故常常积聚在通风不良巷道的顶部及顶板垮落空洞中和上山掘进工作面。甲烷有很强的渗透性和扩散性，扩散速度是空气的 1.34 倍，能很快在空气中扩散。甲烷具有燃烧性和爆炸性。

(三) 瓦斯的危害

1. 瓦斯窒息

瓦斯本身虽然无毒，但当空气中瓦斯浓度较高时，就会相对降低空气中氧气的浓度。在压力不变的情况下，当瓦斯浓度达到43%时，氧气浓度就会被冲淡到12%，人员呼吸会感到困难；如果瓦斯浓度超过57%，氧气浓度就会降低至10%以下，这时若人员误入其中，短时内就会因缺氧而窒息死亡。因此，凡井下盲巷或通风不良的地区，都必须及时封闭或设置栅栏，并悬挂"禁止入内"的警标，严禁人员入内。

2. 瓦斯的燃烧性和爆炸性

瓦斯不助燃，但与空气混合到一定浓度时，具有燃烧性和爆炸性。当瓦斯浓度低于5%时，遇火不爆炸，但能在火焰外围形成燃烧层，其燃烧时的火焰颜色为浅蓝色（空气中瓦斯含量为3% ~4%）；当瓦斯浓度为9.5%时，其爆炸威力最大（氧气和瓦斯完全反应）；当瓦斯浓度在16%以上时，失去其爆炸性，但在空气中遇火仍会燃烧，瓦斯作为民用燃气的浓度一般为30% ~35%。在无其他可燃气体混入的空气中，瓦斯的爆炸浓度为5% ~16%。

二、瓦斯爆炸及预防

(一) 瓦斯爆炸

瓦斯是一种能够燃烧和爆炸的气体，瓦斯爆炸就是空气中的氧气与瓦斯（甲烷）进行剧烈氧化反应的结果，瓦斯在高温火源作用下，与氧气发生化学反应，生产二氧化碳和水蒸气，并放出大量的热。这些热量能够使反应过程中生成的二氧化碳和水蒸气迅速膨胀，形成高温、高压并以极高的速度向外冲出而产生动力现象，这就是瓦斯爆炸。

（二）瓦斯爆炸的条件

瓦斯爆炸必须同时具备 3 个基本条件：一是一定的瓦斯浓度，二是高温火源的存在，三是充足的氧气。

1. 瓦斯浓度

在正常的大气环境中，瓦斯只有在一定的浓度范围内才能爆炸，这个浓度范围称为瓦斯的爆炸界限，其最低浓度界限叫做爆炸下限，其最高浓度界限叫做爆炸上限，瓦斯在新鲜空气中的爆炸界限一般认定为 5%～16%。当瓦斯浓度为 9.5% 时，化学反应最完全，产生的温度与压力也最大；当瓦斯浓度为 7%～8% 时，最容易爆炸，这个浓度称为最优爆炸浓度。

2. 引火温度

高温火源的存在是引起瓦斯爆炸的基本条件之一。点燃瓦斯所需的最低温度称为引火温度。瓦斯的引火温度一般认为是 650～750 ℃。瓦斯爆炸的最低点燃能量为 0.28 mJ。

3. 氧的浓度

实验表明，瓦斯爆炸界限随着混合气体中氧气浓度的降低而缩小。当氧气浓度低于 12% 时，混合气体就失去了爆炸性。

（三）瓦斯爆炸的危害

矿井发生瓦斯爆炸的主要危害是高温、高压冲击波和产生大量有毒有害气体。

1. 高温

对于煤矿井下巷道，瓦斯爆炸温度为 1850～2650 ℃，其产生的高温不仅会烧伤人员、烧坏设备，还可能引起井下火灾，扩大灾情。

2. 高压冲击波

瓦斯爆炸产生的冲击波锋面压力由几个大气压到 20 个大气压，冲击波叠加和反射时可达 100 个大气压。其传播速度总是大于声速，所到之处造成人员伤亡、设备和通风设施损坏、巷道垮塌。

3. 有毒有害气体

瓦斯爆炸后产生大量的有毒有害气体。据分析，瓦斯爆炸后的空气成分为氧气 6%～10%、氮气 82%～88%、二氧化碳 4%～8%、一氧化碳 2%～4%。爆炸后生成的大量一氧化碳是造成人员大量伤亡的主要原因。如果有煤尘参与爆炸，一氧化碳的生成量就会更大，危害就更为严重。统计资料表明，在发生的瓦斯、煤尘爆炸事故中，死于一氧化碳中毒的人数占死亡人数的 70% 以上。

（四）矿井防治瓦斯爆炸的日常管理

1. 预防瓦斯爆炸的日常管理

瓦斯爆炸事故是可以预防的。预防瓦斯爆炸，是指消除瓦斯爆炸的条件并限制爆炸火焰向其他地区传播。因为所有生产矿井井巷和工作面空气中的氧气浓度都高于 12%，因此，为防止发生瓦斯爆炸事故，日常管理中应做好以下几项工作：

（1）防止瓦斯积聚。为了防止瓦斯积聚，应加强通风，严格执行瓦斯检查制度，防止瓦斯超限，及时处理局部积存的瓦斯。

（2）防止引燃瓦斯。瓦斯爆炸的另一必备条件是要有火源。因而应杜绝火源，加强机电设备的管理和维护，采用防爆型的电气设备，加强火区管理，防止井下出现火种、火源，加强井下爆破管理，杜绝爆破引起的瓦斯爆炸事故。

2. 防止瓦斯爆炸对瓦斯检查工的要求

（1）遵章守纪，严禁瓦斯检查空班、漏检、假检；在井下指定地点交接班；严格执行《煤矿安全规程》关于巡回检查的地点和次数的规定。

（2）了解和掌握分工区域内各处瓦斯涌出状况和变化规律。

（3）对分工区域瓦斯涌出量较大、变化异常的重点部位和地点，必须随时加强检查，密切关注。对可能出现的隐患和险情，要有超前预防意识。

（4）要能及时发现瓦斯积聚、超限等安全隐患，除立即采取有效措施处理外，还要通知周围作业人员和向区（队）长、地面调度报告。

（5）对任何违反《煤矿安全规程》关于通风、防尘、爆破等有关规定的违章指挥、违章作业的任何人员，都要敢于坚决抵制和制止。

三、瓦斯涌出

（一）瓦斯涌出的概念

受采动影响的煤层、岩层遭到破坏，部分赋存在煤、岩体内的瓦斯就会均匀地向井下空间释放的现象，称为瓦斯涌出。

（二）瓦斯涌出的形式

矿井瓦斯涌出形式一般分两种，即普通涌出和特殊涌出。

1. 普通涌出

普通涌出是指瓦斯从采落的煤（岩）及煤（岩）层暴露面上，通过细小孔隙，缓慢而长时间地涌出。首先放出的是游离瓦斯，然后是部分解吸的吸附瓦斯。普通涌出是矿井瓦斯涌出的主要形式，不但范围广，而且数量大、时间长。

2. 特殊涌出

如果煤层或岩层中含有大量瓦斯，采掘过程中这些瓦斯有时会在极短的时间内，突然地、大量地涌出，可能还伴有煤粉、煤块或岩石，这种瓦斯涌出形式称为特殊涌出。瓦斯特殊涌出的范围是局部的、短暂的、突发性的，但其危害极大。瓦斯特殊涌出是一种动力现象，分出瓦斯喷出和煤与瓦斯突出两种。

四、煤与瓦斯突出

（一）与煤与瓦斯突出相关的几个概念

1. 煤层瓦斯压力

煤层瓦斯压力是指煤孔隙中所含游离瓦斯的气体压力，即气体作用于孔隙壁的压力。它是决定煤层瓦斯含量的一个主要因素，当煤吸附瓦斯的能力相同时，煤层瓦斯压力越高，煤中所含的瓦斯量也就越大。在煤与瓦斯突出的发生、发展过程中，瓦斯压力起着重大作用。

2. 瓦斯（二氧化碳）喷出

瓦斯（二氧化碳）喷出是指从煤体或岩体裂隙、孔洞、钻孔或爆破孔中大量涌出瓦斯（二氧化碳）的异常涌出现象。在 20 m 巷道范围内，涌出瓦斯（二氧化碳）量大于或等于 1.0 m³/min 且持续 8 h 以上时定为瓦斯（二氧化碳）喷出。

3. 煤（岩）与瓦斯突出

煤（岩）与瓦斯突出是指在地应力和瓦斯的共同作用下，破碎的煤（岩）与瓦斯由煤体或岩体内突然向采掘空间抛出的异常的动力现象。亦即煤矿地下采掘过程中，在极短的时间内（几秒到几分钟）从煤（岩）层内以极快的速度向采掘空间内喷出煤（岩）与瓦斯的现象。

《煤矿安全规程》中所指的"突出"是煤与瓦斯突出、煤的突然倾出、煤的突然压出、岩石与瓦斯突出的总称。

例如，某煤矿主斜井车场揭开 6 号煤层时，爆破后即可发生了煤与瓦斯突出，一股黑烟冲出井口，井口周围 5 m 内瓦斯浓度均超过 10%，突出瓦斯量 52 × 10⁴ m³，突出煤量 1600 t，堆满了 143 m 的巷道，如图 2 - 26 所示。

又如，1960 年 8 月 8 日某煤矿南 8 石门向北掘进煤巷时，煤突然压出，工作面煤壁整体向外移动 3.8 m，部分煤体被压碎，有两架支架被推倒，没有明显孔洞，压出前后瓦斯变化也不明显，压出后工作面情况如图 2 - 27 所示。

再如，某煤矿五采区二中上山掘进发生突出。该上山沿 7 号煤层掘进，煤层倾角 55°，其上部邻近层已采但留有煤柱，倾出点正位于煤柱的下方，倾出前煤壁掉渣、支架来压，倾出的煤无分选现象，孔洞沿倾斜向上延伸，孔洞倾角与煤层倾角一致，孔洞与回风巷贯通，倾出煤量 500 t，如图 2 - 28 所示。

4. 瓦斯动力现象

指煤矿井下发生的有瓦斯参与或伴随大量瓦斯涌出，且产生明显动力效应的现象。

5. 突出煤（岩）层

在矿井井田范围内发生过煤（岩）与瓦斯（二氧化碳）突出的煤（岩）层或者经过鉴定为有突出危险的煤层。

煤（岩）与瓦斯（二氧化碳）突出矿井：在矿井开拓、生产范围内有突出煤（岩）层的矿井。

6. 喷孔

钻孔施工过程中，在瓦斯压力的作用下，从钻孔短时、断续喷出瓦斯和煤粉，且喷出距离一般大于 0.5 m 的异常动力现象。

7. 地质单元

指地质特征相近、未受大的地质构造阻隔的整片煤层区域。在同一地质单元内，有基本相同的煤质和相近似的地质构造复杂程度、煤层破坏程度、软分层厚度等，区内煤层基本连续，瓦斯能够沿煤层在区内顺利流动。

（二）煤与瓦斯突出预兆

实践证明，大多数突出都有一些能为人的感官所觉察到的预兆。熟悉和掌握这些预兆，对于减小突出危害、保证人身安全有着重要的意义。

1. 有声预兆

地压活动剧烈，顶板来压，不断发生掉渣和支架断裂声，煤层产生震动，手扶煤壁感到震动和冲击，听到煤炮声或闷雷声一般是先远后近、先小后大、先单响后连响，突出时

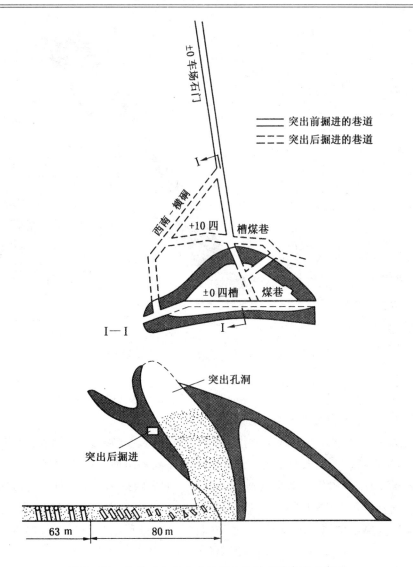

图2-26 某煤矿主斜井车场揭6号煤层时突出示意图

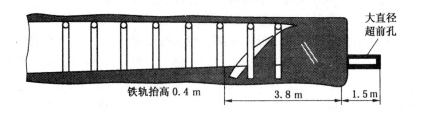

图2-27 煤巷掘进工作面煤突然压出示意图

伴随巨雷般的响声。

2. 无声预兆

工作面遇到地质变化，煤层厚度不一，尤其是煤层中的软分层变化，瓦斯涌出量增大或忽大忽小，工作面气温变冷，煤层层理紊乱，硬度降低，光泽暗淡，煤体干燥，煤尘飞

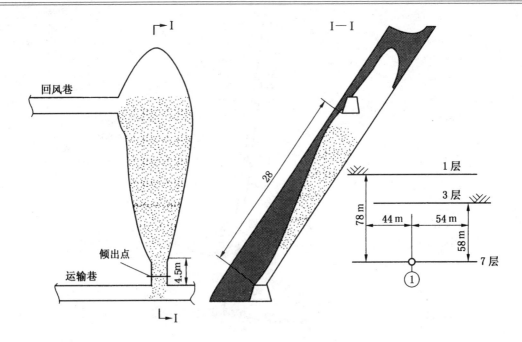

图 2-28　某煤矿五采区二中上山倾出示意图

扬，有时煤体碎片从煤壁上弹出，打钻时严重顶钻、夹钻、喷孔等。

（三）煤与瓦斯突出的危害

（1）危及井下作业人员生命安全。1971 年，六枝矿务局某矿突出煤量 2000 余吨，死亡 99 人，风流逆转，造成人员窒息，遇害人员多距离突出地点 700～800 m。1975 年 8 月 8 日天府矿务局某井 +280 m 水平（垂深 500 m）主平硐揭 K_1 煤层时，突出煤（岩）量 12700 t，喷出瓦斯量 140×10^4 m^3。这是我国所发生的最大的一次煤与瓦斯突出事例，也是世界上第二大突出事例。1999 年 12 月 26 日沈阳矿务局某矿石门揭煤时发生特大型煤与瓦斯突出，突出煤量 2000 t，瓦斯逆流 2000 多米，死亡 28 人。

（2）破坏矿井正常的生产秩序。

（3）破坏井下设备和建筑物，如摧毁支架、推倒矿车、破坏通风设施。

（4）诱发其他灾害事故，如瓦斯、煤尘爆炸，瓦斯燃烧。1879 年 4 月 17 日，比利时阿格拉波二号井上山掘进时发生了世界上第一例大强度突出，突出煤量 420 t，喷出瓦斯量 50×10^4 m^3 以上，喷出的瓦斯流从提升井冲出地面，距井口 23 m 处的绞车房附近的火炉引燃瓦斯，火焰高达 50 m，井口建筑被烧成一片废墟，在突出 2 h 后火焰将要熄灭时，又连续发生了 7 次瓦斯爆炸，烧死 3 人，烧伤 11 人，整个事故造成 124 人伤亡，是世界上首例特大煤与瓦斯突出事故。

（5）严重影响矿井经济效益。

五、甲烷传感器安装规定

（一）采煤工作面甲烷传感器的设置

（1）长壁采煤工作面甲烷传感器必须按图 2-29 设置。U 型通风方式在上隅角设置

甲烷传感器 T_0 或便携式甲烷检测报警仪，工作面设置甲烷传感器 T_1，工作面回风巷设置甲烷传感器 T_2；若煤与瓦斯突出矿井的甲烷传感器 T_1 不能控制采煤工作面进风巷内全部非本质安全型电气设备，则在进风巷设置甲烷传感器 T_3；低瓦斯和高瓦斯矿井采煤工作面采用串联通风时，被串工作面的进风巷设置甲烷传感器 T_4，如图 2-29a 所示。Z 型、Y 型、H 型和 W 型通风方式的采煤工作面甲烷传感器的设置参照上述规定执行，如图 2-29b 至图 2-29e 所示。

（2）采用两条巷道回风的采煤工作面甲烷传感器必须按图 2-30 设置。甲烷传感器 T_0、T_1 和 T_2 的设置同图 2-30；在第二条回风巷设置甲烷传感器 T_5、T_6。采用 3 条巷道回风的采煤工作面，第三条回风巷甲烷传感器的设置与第二条回风巷甲烷传感器 T_5、T_6 的设置相同。

（3）有专用排瓦斯巷的采煤工作面甲烷传感器必须按图 2-31 设置。甲烷传感器 T_0、T_1、T_2 的设置同图 2-29a；在专用排瓦斯巷设置甲烷传感器 T_7，在工作面混合回风风流处设置甲烷传感器 T_8。

（4）高瓦斯和煤与瓦斯突出矿井采煤工作面的回风巷长度大于 1000 m 时，必须在回风巷中部增设甲烷传感器。

（5）采煤机必须设置机载式甲烷断电仪或便携式甲烷检测报警仪。

（6）非长壁式采煤工作面甲烷传感器的设置参照上述规定执行，即在上隅角设置甲烷传感器 T_0 或便携式甲烷检测报警仪，在工作面及其回风巷各设置一个甲烷传感器。

（二）掘进工作面甲烷传感器的设置

（1）煤巷、半煤岩巷和有瓦斯涌出岩巷的掘进工作面甲烷传感器必须按图 2-32 设置，并实现甲烷风电闭锁。在工作面混合风流处设置甲烷传感器 T_1，在工作面回风流中设置甲烷传感器 T_2；采用串联通风的掘进工作面，必须在被串工作面局部通风机前设置掘进工作面进风流甲烷传感器 T_3。

（2）高瓦斯和煤与瓦斯突出矿井双巷掘进甲烷传感器必须按图 2-33 设置。甲烷传感器 T_1 和 T_2 的设置同图 2-32；在工作面混合回风流处设置甲烷传感器 T_3。

（3）高瓦斯和煤与瓦斯突出矿井的掘进工作面长度大于 1000 m 时，必须在掘进巷道中部增设甲烷传感器。

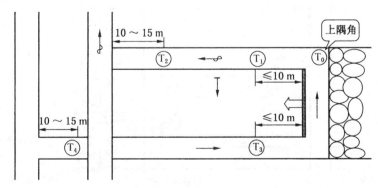

(a) U 型通风方式

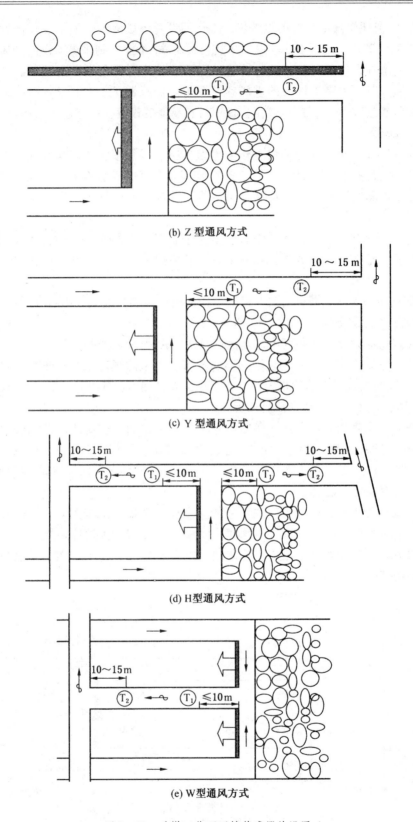

(b) Z 型通风方式

(c) Y 型通风方式

(d) H 型通风方式

(e) W 型通风方式

图 2-29　采煤工作面甲烷传感器的设置

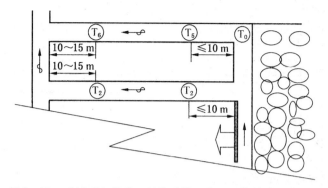

图 2-30 采用两条巷道回风的采煤工作面甲烷传感器的设置

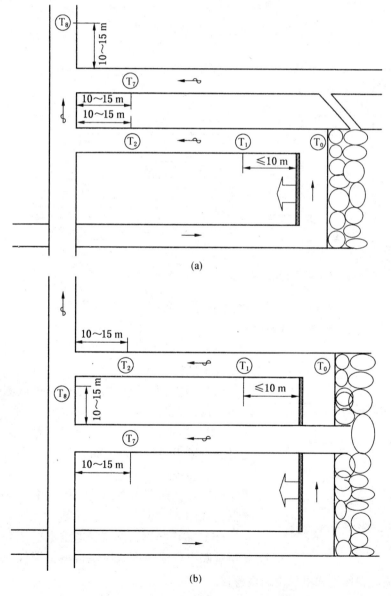

(a)

(b)

图 2-31 有专用排瓦斯巷的采煤工作面甲烷传感器的设置

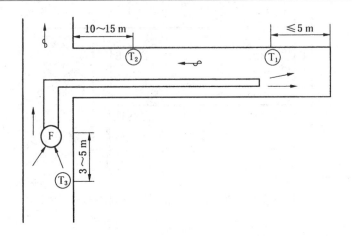

图 2-32 掘进工作面甲烷传感器的设置

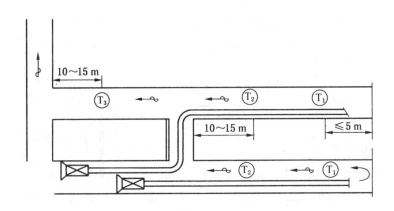

图 2-33 双巷掘进工作面甲烷传感器的设置

（4）掘进机必须设置机载式甲烷断电仪或便携式甲烷检测报警仪。

（三）其他位置甲烷传感器的设置

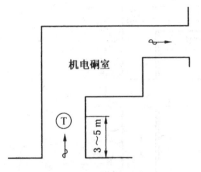

图 2-34 在回风流中的机电硐室
甲烷传感器的设置

（1）采区回风巷、一翼回风巷、总回风巷测风站应设置甲烷传感器。

（2）设在回风流中的机电硐室进风侧必须设置甲烷传感器，如图 2-34 所示。

（3）使用架线电机车的主要运输巷道内，装煤点处必须设置甲烷传感器，如图 2-35 所示。

（4）高瓦斯矿井进风的主要运输巷道使用架线电机车时，在瓦斯涌出巷道的下风流中必须设置甲烷传感器，如图 2-36 所示。

（5）矿用防爆特殊型蓄电池电机车必须设置车载式甲烷断电仪或便携式甲烷检测报警仪，矿用防爆型柴油机车必须设置便携式甲烷检测报警仪。

（6）兼作回风井的装有带式输送机的井筒内必须设置甲烷传感器。

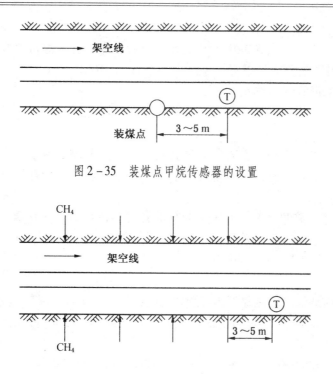

图 2 - 35　装煤点甲烷传感器的设置

图 2 - 36　瓦斯涌出巷道的下风流中甲烷传感器的设置

（7）采区回风巷、一翼回风巷及总回风巷道内临时施工的电气设备上风侧 10～15 m 处应设置甲烷传感器。

（8）井下煤仓、地面选煤厂煤仓上方应设置甲烷传感器。

（9）封闭的地面选煤厂机房内上方应设置甲烷传感器。

（10）封闭的带式输送机地面走廊上方宜设置甲烷传感器。

（11）瓦斯抽采泵站甲烷传感器的设置：

①地面瓦斯抽采泵站内必须在室内设置甲烷传感器。

②井下临时瓦斯抽采泵站下风侧栅栏外必须设置甲烷传感器。

③抽采泵输入管路中应设置甲烷传感器。利用瓦斯时，应在输出管路中设置甲烷传感器；不利用瓦斯、采用干式抽采瓦斯设备时，输出管路中也应设置甲烷传感器。

第四节　防 灭 火 管 理

一、矿井火灾基础知识

（一）矿井火灾及危害

1. 矿井火灾

发生在矿井井下或地面，威胁到井下安全生产，造成损失的非控制燃烧均称为矿井火灾。如地面井口房、通风机房失火或井下输送带着火、煤炭自燃等都是非控制燃烧，均属矿井火灾。

2. 矿井火灾的危害

（1）造成人员伤亡。当煤矿井下发生火灾以后，煤、坑木等可燃物质燃烧，释放出有害气体，造成井下工作人员中毒。据国内外统计，在矿井火灾事故中遇难的人员 95% 以上是有害气体中毒所致。

（2）引起瓦斯、煤尘爆炸。火灾容易诱发瓦斯、煤尘爆炸事故，扩大灾害的影响范围。

（3）造成巨大的经济损失。矿井火灾会烧毁大量的采掘运输设备和器材，造成巨大的经济损失。封闭煤炭资源，从而造成大量煤炭冻结，矿井停产都会造成巨大的经济损失。

（4）污染环境。矿井火灾产生的大量有毒有害气体，如一氧化碳、二氧化碳、二氧化硫、烟尘等，会造成环境污染。

（二）矿井火灾分类及特点

1. 外因火灾

外因火灾是由外部高温热源引起可燃物燃烧而造成的火灾。其特点是发生突然，发展速度快，没有预兆，地点广泛，不能及时发现或扑灭就会造成大量人员伤亡和重大经济损失。

外因火灾发生在井筒、井底车场、石门及其他有机电设备的巷道内。煤矿中常见的外部热源有电能热源、摩擦热、各种明火（如液压联轴器喷油着火、吸烟、焊接火花）等。

2. 内因火灾

内因火灾是由于煤炭等可燃物质在一定的条件下，在空气中氧化发热并积聚热量而引起的火灾又称自燃火灾。自然发火时有预兆，但发生地点比较隐蔽、不易发现，即使找到火源也难以将其扑灭，火灾持续时间较长。

自燃火灾多发生在采空区，特别是丢煤多而未封闭或封闭不严的采空区，巷道两侧煤柱内及煤巷掘进冒高处等。

3. 火灾依据物质燃烧特性分类

A 类火灾：指固体物质火灾。这种物质往往具有有机物质性质，一般在燃烧时产生灼然的余烬。如木材、煤、棉、毛、麻、纸张等火灾。

B 类火灾：指液体火灾和可熔化的固体物质火灾。如汽油、煤油、柴油、原油、甲醇、乙醇、沥青、石蜡等火灾。

C 类火灾：指气体火灾。如煤气、天然气、甲烷、乙烷、丙烷、氢气等火灾。

D 类火灾：指金属火灾。如钾、钠、镁、铝镁合金等火灾。

E 类火灾：指带电物体和精密仪器等物质的火灾。

（三）矿井火灾的基本要素

矿井火灾发生的 3 个基本要素为热源、可燃物和空气。火灾的 3 个要素必须同时存在，且达到一定的数量，才能引起矿井火灾，缺少任何一个要素，矿井火灾就不可能发生。

1. 热源

具有一定温度和足够热量的热源才能引起火灾。煤的自燃、瓦斯或煤尘爆炸、爆破作业、机械摩擦、电流短路、吸烟、电（气）焊及其他明火等都可能成为引火的热源。

2. 可燃物

煤本身就是一种普遍存在的大量的可燃物。另外，坑木、各类机电设备、各种油料、炸药等都具有可燃性。

3. 空气

空气中含有一定量的氧气，才能满足氧化反应的需要。当空气中的氧气低于5%时就不能维持氧化反应。

（四）富氧燃烧和富燃料燃烧类火灾

1. 富氧燃烧

只有与地面火灾相似的燃烧和蔓延机理，称为非受限燃烧。火源燃烧产生的挥发性气体在燃烧中已基本耗尽，无多余炽热挥发性气体与主风流汇合并预热下风侧更大范围内的可燃物。燃烧产生的火焰以热对抗和热辐射的形式加热邻近可燃物至燃点，保持燃烧的持续和发展。其火源范围小，火势强度小，蔓延速度较低，耗氧量少，致使相当数量的氧剩余。下风侧氧浓度一般保持在15%（体积浓度）以上，故称为富氧燃烧。

2. 富燃料燃烧

火源燃烧时，火势大、温度高，火源产生大量炽热挥发性气体，不仅供给燃烧带消耗，还能与被高温火源加热的主风流汇合形成炽热烟流，预热火源下风侧较大范围的可燃物，使其继续生成大量挥发性气体；另一方面，燃烧位置的火焰通过热对流和热辐射加热邻近可燃物使其温升至燃点。由于保持燃烧的两种因素的持续存在和发展，此类火灾使燃烧在更大范围内进行，并以更大速度蔓延致使主风流中氧气几乎全部耗尽，剩余氧浓度低于2%。所以，此类火灾蔓延受限于主风流供氧量。

在地面火灾中，由于此类火灾仅发生在一些空间受限制或通道断面较小的情况下，故也称为受限火灾。基于其下风侧烟气氧浓度接近于零的特征，一般称之为富燃料类火灾或贫氧类火灾。这种燃烧的下风侧烟流常为高温预混可燃气体，与旁侧新鲜风流交汇后，易形成新的火源点，这种形成多个再生火源的现象称为火源发展的"跳蛙"现象。

（五）煤炭自燃

1. 煤炭自燃的基本条件

煤炭自燃需具备3个基本条件：

（1）煤炭具有自燃倾向性且呈破碎状态堆积，一般厚度要大于0.4 m。

（2）连续的通风供氧，能够维持煤炭的氧化和不断的发展。

（3）煤炭氧化生成的热量能够大量蓄积，难以及时散失。

2. 煤炭自燃倾向性及其分类

1）煤的自燃倾向性

煤的自燃倾向性是指煤炭自燃的难易程度。煤的自燃倾向性是煤自燃的固有特性，是煤炭自燃的内在因素，属于煤的自然属性。

2）煤的自燃倾向性分类

《煤矿安全规程》规定，煤的自燃倾向性分为三类：Ⅰ类为容易自燃，Ⅱ类为自燃，Ⅲ类为不易自燃。目前，我国煤矿采取以每千克干煤在常温（30 ℃）常压（101.33 kPa）条件下的吸氧量作为煤的自燃倾向分级的主要指标。

（1）Ⅰ类：容易自燃。煤样干燥无灰基挥发分≤18%时的吸氧量≥1.00 cm^3/g，含硫量≥2%，煤样干燥无灰基挥发分＞18%的吸氧量＞0.70 cm^3/g。

（2）Ⅱ类：自燃。煤样干燥无灰基挥发分≤18%，含硫量≥2%时的吸氧量＜1.00 cm^3/g，煤样干燥无灰基挥发分＞18%时的吸氧量为0.40～0.70 cm^3/g。

（3）Ⅲ类：煤样干燥无灰基挥发分≤18%，含硫量＜2%的煤样，或煤样干燥无灰基挥发分＞18%，吸氧量≤0.40 cm^3/g 的煤样。

新建矿井的所有煤层的自燃倾向性由地质勘探部门提供煤样和资料，送国家授权的相关单位作出鉴定。生产矿井延深新水平时，也必须对所有煤层的自燃倾向性进行鉴定。其目的是使防止煤层自燃的技术措施在煤层最短自然发火期内完成，防止煤炭自燃。

3. 煤炭自然发火期

1）自然发火期

自煤层被揭露（或与空气接触）之日起到自然发火为止所经历的时间，称为煤的自然发火期。自然发火期是煤炭自燃危险在时间上的量度，自然发火期越短，煤炭自燃的危险性越大。

2）最短自然发火期

煤炭最短自然发火期是指在最有利于煤自热发展的条件下，煤炭自燃需要经过的时间，以月或天为单位。

4. 煤炭自燃的早期预兆

1）煤炭自然发火的过程

煤的氧化自燃过程一般要经过潜伏期、自热期、燃烧期3个时期，也称为煤炭自然发火的3个阶段。

2）煤炭自然发火的早期征兆

根据煤炭氧化自燃过程的3个时期，发现煤炭自燃有如下早期征兆：

（1）煤炭自燃初期生成水分，使巷道湿度增加，出现雾气和水珠、煤壁"出汗"现象。

（2）煤炭从自热到自燃过程中，生成多种氢化合物，释放出煤油味、汽油味、松节油味或煤焦油味。

（3）煤炭在氧化过程中要放出热量，致使该处巷道煤壁和空气中的温度升高。

（4）煤炭在氧化自燃过程中，附近的氧气浓度会降低，释放出一氧化碳和其他有害气体，人员会感觉疼痛、闷热、精神不振、疲劳、不舒服等感觉。

二、井下灭火器材及烧焊作业

（一）矿用灭火器种类和适用范围

正确合理地配置灭火器对防治矿井火灾非常重要。

（1）扑救A类火灾可选择水型灭火器、泡沫灭火器、磷酸铵盐干粉灭火器、卤代烷灭火器。

（2）扑救B类火灾可选择泡沫灭火器（化学泡沫灭火器只限于扑灭非极性溶剂）、干粉灭火器、卤代烷灭火器、二氧化碳灭火器。

（3）扑救C类火灾可选择干粉灭火器、卤代烷灭火器、二氧化碳灭火器等。

（4）扑救D类火灾可选择粉状石墨灭火器、专用干粉灭火器，也可用干砂或铸铁屑末代替。扑救带电火灾可选择干粉灭火器、卤代烷灭火器、二氧化碳灭火器等。

相对于扑灭同一火灾而言，不同灭火器的灭火有效程度有很大差异，二氧化碳和泡沫灭火剂用量较大，灭火时间较长；干粉灭火剂用量较少，灭火时间很短；卤代烷灭火剂用量适中，时间稍长于干粉灭火剂。配置时可根据场所的重要性，以及对灭火速度要求的高低等方面综合考虑。

水、泡沫、干粉灭火器喷射后有可能产生不同程度的水渍、泡沫污染和粉尘污染等，对于贵重设备、精密仪器、电气设备等，应选用二氧化碳和卤代烷等高效洁净的灭火器，不得配置低效且有明显污损作用的灭火器；对于价值较低的物品，则无须过多考虑灭火剂污染的影响。

（二）灭火器的管理

1. 报废时间

从出厂日期算起，达到如下年限的必须报废：

（1）手提式化学泡沫灭火器，5 年。

（2）手提式干粉灭火器（储气瓶式），8 年。

（3）手提储压式干粉灭火器，10 年。

（4）手提式 1211 灭火器，10 年。

（5）手提式二氧化碳灭火器，12 年。

2. 检查与维护

灭火器应每年至少进行一次维护，每季度检查验收一次。灭火器长久存放会导致部分灭火器无法使用，因此出现以下情况的灭火器应该作报废处理：

（1）灭火器、储气瓶外表和螺纹部位发生影响强度和安全的严重锈蚀的（筒体外表面漆皮大面积脱落，锈蚀面积超过筒体外表面积 1/3 者）。

（2）由于使用不当（如严重磕碰），筒体严重变形的。

（3）经水压试验有泄漏的（不允许补焊）。

（4）水压试验后筒体变形率超过 6% 的。

（5）内机式器头没有（或无法安装）卸气螺钉和固定螺钉的。

（6）结构不合理的（如筒体平底的，储气瓶外置而进气管从筒体进入筒身内部的干粉灭火器）。

（7）公安部或省级消防部门明令禁止销售、维修和使用的。

（8）没有取得生产许可证的厂家生产的，以及无生产厂名称和出厂年月的。

（三）井下烧焊作业防火措施

1. 井下烧焊作业的管理

《煤矿安全规程》规定，井下和井口房内不得从事电焊、气焊和喷灯焊接等工作。如果必须在井下主要硐室、主要进风井巷和井口房内进行电焊、气焊和喷灯焊接等工作，每次必须制定安全措施。

2. 井下烧焊作业防火措施

因为工作需要，井下常常会使用电焊、气焊或喷灯焊接工作。为了保证点火烧焊的安全，井下烧焊作业应采取以下主要防火措施：

（1）指定专人在场检查和监督。

（2）电焊、气焊和喷灯焊接等工作地点的前后两端各 10 m 的井巷范围内，应使用不燃性材料进行支护，并应有供水管路，有专人负责喷水。上述工作地点应至少备有两个灭火器。

（3）在井口房、井筒和倾斜巷道内进行电焊、气焊和喷灯焊接等工作时，必须在工作地点的下方用不燃性材料设施接收火星。

（4）如果进行气焊工作时，各类气瓶要距明火 10 m 以上；乙炔瓶与氧气瓶的距离大于 7 m，且乙炔瓶的位置要放在气焊工作地点的下风侧。

（5）电焊、气焊和喷灯焊接等工作地点的风流中，瓦斯浓度不得超过 0.5%，只有在检查证明作业地点附近 20 m 范围内巷道顶部和支护背板后无瓦斯积存时，方可进行作业。

（6）电焊、气焊和喷灯焊接等工作完毕后，工作地点应再次用水喷洒，并应有专人在工作地点检查 1h，发现异状，立即处理。

（7）在有煤（岩）与瓦斯突出危险的矿井中进行电焊、气焊和喷灯焊接时，必须停止突出危险区内的一切工作。

煤层中未采用砌碹或喷浆封闭的主要硐室和主要进风大巷中，不得进行电焊、气焊和喷灯焊接等工作。

第五节　煤矿生产技术及灾害防治基本知识

一、矿井采掘工程

（一）矿井开拓

矿井开拓巷道在井田内的布置形式称为矿井开拓方式。包括：井筒形式、数目和位置的确定；开采水平的确定，划分采区；布置井底车场和大巷；确定开采程序和矿井延深等问题。

通常以井筒的形式表示矿井的开拓方式，因此矿井开拓方式有立井开拓、斜井开拓、平硐开拓、综合开拓和多井筒分区域开拓等。

1. 立井开拓

主、副井均为从地面垂直开凿的井硐，通过的巷道通达煤层的一种开拓方式，如图 2－37 所示。

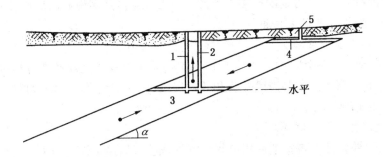

α—煤层倾角；1—主井；2—副井；3—主要运输石门；4—主要回风石门；5—风井

图 2－37　立井单水平上、下山开拓

2. 斜井开拓

主、副井均为从地面开凿的倾斜井硐，通过一系列的巷道通达煤层的一种开拓方式，如图 2-38 所示。

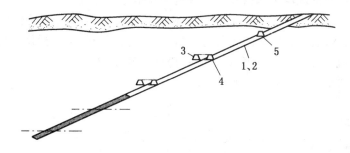

1—主井；2—副井；3—第一阶段车场；4—第一阶段运输平巷；5—第一阶段回风平巷

图 2-38 斜井开拓

3. 平硐开拓

主平硐由地面直接通达煤层的一种开拓方式，如图 2-39 所示。

4. 综合开拓

上述 3 种基本开拓方式都有各自的优缺点，为了充分发挥其优点，可以将主、副井布置成不同的井硐形式，这样用两种以上的基本井硐形式开拓井田称为综合开拓。

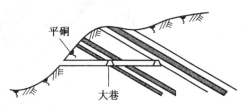

图 2-39 平硐开拓

（二）掘进基础知识

1. 巷道分类

1）按巷道的倾角和空间特征分类

（1）垂直巷道。垂直巷道有立井、管子道、暗立井和溜井等。

①立井是有直接出口通往地面的垂直巷道，又称为竖井。一般用于提升煤炭的称为主井；用于提升材料、设备、人员、矸石，亦兼作通风等用的称为副井；专门用于通风的立井称为风井。

②管子道是安装排水管或充填管专用的通道。

③暗立井是没有直接通往地面出口的垂直巷道，用于矿井的开拓延深。

④溜井也是没有直接通往地面出口的垂直巷道，用于煤炭自上而下的溜放。

（2）水平巷道。水平巷道有平硐、石门、平巷等。

①平硐是有直接通往地面出口的水平巷道。用作运煤的叫主平硐；用作运料、运矸、进风等的平硐叫副平硐；专用通风的叫通风平硐。

②石门是与煤层走向成正交或斜交的岩石水平巷道。石门可用于运煤、通风、行人、运料等。

③平巷是井下巷道的一种，它没有直接通往地面的出口，并且与煤层走向方向一致。位于岩石中的称为岩石平巷；位于煤层中的称为煤层平巷。平巷的作用是用于运输、通风和行人等。

（3）倾斜巷道。倾斜巷道有斜井、上（下）山等巷道。

①斜井是直接通往地面或井底车场的倾斜巷道。用作运煤的称为主斜井；用作下料、进风、运矸和行人等的称为副斜井；专用于回风的称为回风斜井。根据主斜井安装的设备的不同，又可以分为带式输送机斜井、箕斗斜井和串车斜井等。

②上（下）山是采区内或水平之间的主要倾斜巷道，没有直接通往地面的出口。位于开采水平以上、煤炭向下运输的倾斜巷道叫上山；反之叫下山。根据其用途不同，又可以分为带式输送机、箕斗、串车等上（下）山，轨道上（下）山，行人上（下）山等。上述各种巷道可体现在如图 2-40 所示的剖面图上。

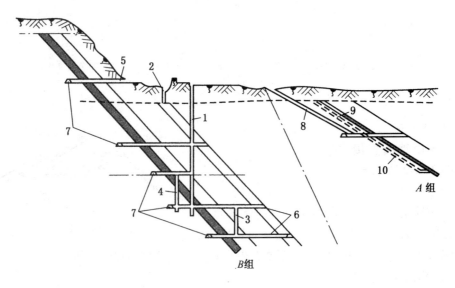

1—立井；2—立风井；3—暗立井；4—溜井；5—平硐；6—石门；7—平巷；8—斜井；9—上山；10—下山

图 2-40　矿井巷道种类

2）按巷道在煤层或岩层中的位置分类

（1）煤巷：在巷道断面中，煤层占 4/5 以上（包括 4/5 在内）。

（2）半煤岩巷：在巷道断面中，岩层占 1/5～4/5（不包括 1/5 和 4/5 在内）。

（3）岩巷：在巷道断面中，岩层占 4/5 以上（包括 4/5 在内）。

3）按巷道在生产中的重要性分类

（1）开拓巷道——为一个矿井内的一个或几个水平服务的巷道，通常包括进风大巷、回风大巷、联系各水平的斜巷以及为该矿井各水平服务的各种硐室。

（2）准备巷道——为一个采区内的一个或几个采煤工作面和掘进工作面服务的巷道和硐室，通常包括采区石门、采区上下山、区段石门、区段共用平巷以及为该采区服务的各种硐室。

（3）回采巷道——直接为一个采煤工作面服务的巷道，通常包括区段运输平巷、区段回风平巷及其辅巷和联络巷。

2. 巷道支护

巷道的支护形式取决于巷道的围岩性质、压力大小、巷道的服务年限、用途及巷道的断面形状等因素。通常采用的支护形式有木支架、料石及混凝土砌碹、装配式钢筋混凝土支架、金属支架、锚杆喷浆、喷射混凝土或喷浆支护等。

（1）木支架（俗称"棚子"）。有梯形木支架、加强木支架和异形木支架，其结构如图 2 – 41 所示。

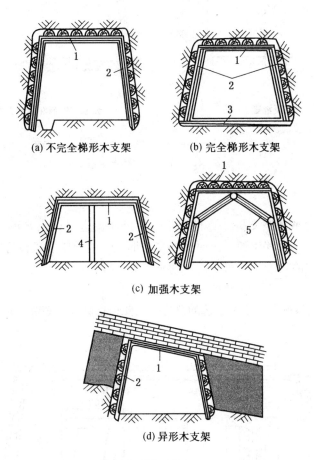

(a) 不完全梯形木支架　　(b) 完全梯形木支架

(c) 加强木支架

(d) 异形木支架

1—顶梁；2—柱脚；3—底梁；4—加强支柱；5—加强支架

图 2 – 41　木支架

（2）料石及混凝土砌碹，结构如图 2 – 42a 所示。

（3）装配式钢筋混凝土支架（图 2 – 42b），目前已有多种结构形式。我国矿山多采用的是梯形亲口木支架。

（4）金属支架。常见的有梯形和拱形两种。梯形金属支架和梯形木支架形式一样，只是梁与柱间的结合方式不同。梯形金属支架一般多用角钢和螺栓连接，如图 2 – 43a 所示；为了使支架具有可塑性，在柱腿下的柱窝内放上垫木。拱形金属支架是由数节槽钢组成的，其结构如图 2 – 43b 所示。

（5）锚杆支护。适用于梯形、拱形等各种形状的巷道断面，其结构如图 2 – 44 所示。

（6）锚喷支护。在锚杆支护的基础上，为防止岩石松动和风化，再喷射一层 100 ～ 200 mm 厚的砂浆或混凝土，即构成锚喷支护。锚喷支护适用于拱形断面的巷道，其结构

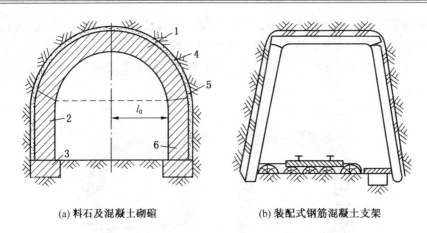

(a) 料石及混凝土砌碹　　　　　(b) 装配式钢筋混凝土支架

1—拱；2—墙；3—基础；4—充填物；5—拱基；6—柱脚

图 2-42　料石及混凝土砌碹

如图 2-45 所示。

（7）喷射混凝土或喷浆支护。是指利用喷射机向掘进暴露出来的裸体巷道喷射混凝土或砂浆予以封闭，并使其达到一定厚度的支护形式。巷道围岩条件好时，采用这种支护方式，既可达到支护的目的，又可提高井巷施工的速度。

3. 巷道掘进方法

巷道掘进方法是指掘进方法和工艺的总称，主要包括破煤、装煤、运煤和支护等工序。

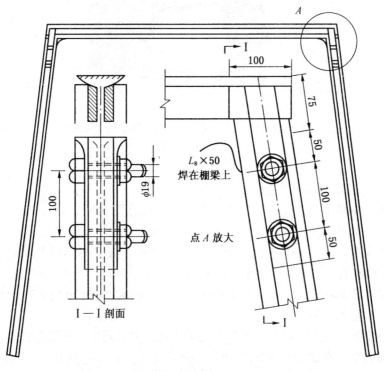

(a) 梯形金属支架

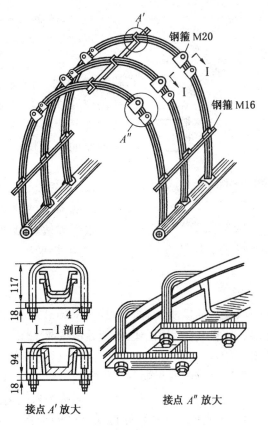

钢箍 M20

钢箍 M16

117

18　4

I—I 剖面

94

18

接点 A' 放大

接点 A" 放大

(b) 特种型钢金属支架

图 2-43　金属支架

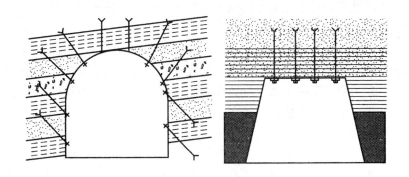

图 2-44　锚杆支护

1）钻眼爆破掘进法

钻眼爆破掘进法首先是在准备开凿巷道的岩石（煤）中，用岩石电钻或风动凿岩机（煤电钻）按作业规程的规定打出炮眼；当炮眼打好后再在炮眼里装填炸药并封好炮泥，并按作业规程规定的连线方法将雷管的脚线连接起来并准备起爆；爆破后，进行装运岩石（煤），架设临时支护及永久支护，敷设各种管道，修筑排水沟，以及铺设轨道等工作。

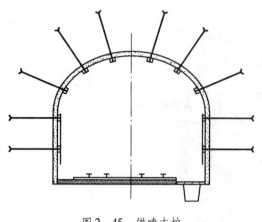

图2-45　锚喷支护

2）机械化掘进法

机械化掘进法是利用岩（煤）巷联合掘进机进行掘进的一种方法。用联合掘进机掘进巷道，由于取消了钻眼爆破工序，并使破岩（煤）和装岩（煤）平行作业，大大提高了掘进效率，提高了安全性，并使掘出的巷道周边光滑，从而使支架易架设。

（三）采煤方法和采煤工艺

1. 采煤方法的概念

采煤方法包括采煤系统和采煤工艺两部分内容。要想理解"采煤方法"的真正含义必须先了解采煤工艺、采煤系统和采煤方法3个基本概念。

1）采煤工艺

采煤工作面是直接采取煤炭的场所，有时又称为采场（工作面）。工作面内的采煤工艺包括破煤、装煤、运煤、顶板支护和采空区处理五项主要工序。把煤从整体煤层中破落下来称为破煤。把破落下来的煤炭装入采煤工作面中的运输设备内称为装煤。煤炭运出采场的工序称为运煤。为保持采场内有足够的工作空间，就需要用支架来支护采场，这种工序称为工作面顶板支护。煤炭采出后，被废弃的空间称为采空区。为了减轻矿山压力对采场的作用，保证采煤工作顺利进行，必须处理采空区的顶板，这项工作称为采空区处理。

2）采煤系统

巷道的掘进一般是超前于采煤工作面进行的，以便形成生产系统，保证把采出的煤炭运出工作面。生产系统与巷道布置在时间上、空间上的配合称为采煤系统。

3）采煤方法

采煤方法就是采煤系统与采煤工艺的总称。根据不同的矿山地质及技术条件，可以采用不同的采煤系统与采煤工艺相配合，从而构成多种多样的采煤方法。如在不同的地质及技术条件下，可以采用长壁采煤法、柱式采煤法或其他采煤法，而长壁采煤法与柱式采煤法在采煤系统与采煤工艺方面的差异很大。

2. 采煤方法的分类

我国使用的采煤方法种类较多，大体上可归纳为壁式采煤法和柱式采煤法两大体系（图2-46）。前者是以采煤工作面长度长为主要特征，后者以采煤工作面短为主要特征。这两大体系的采煤方法在巷道布置、运输方式和采煤工艺上都有很大区别，采煤机械设备也不相同。在世界各国，除美国等国家以柱式采煤法为主外，其他主要产煤国家都以壁式采煤法为主。我国主要采用长壁式采煤法。

1）壁式采煤法

壁式采煤法中主要采用长壁采煤法。其主要特征是采煤工作面长度较长，一般在60～200 m以上。每个工作面两端必须有两个出口，一端出口与回风平巷相连，用来回风及运送材料；另一端出口与运输平巷相连，用来进风和运煤。在工作面内安装采煤设备。随着

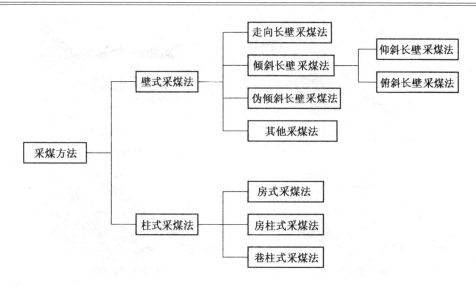

图 2-46 采煤方法的分类

煤炭被采出，工作面不断向前移动，并始终保持成一条直线（图 2-47）。

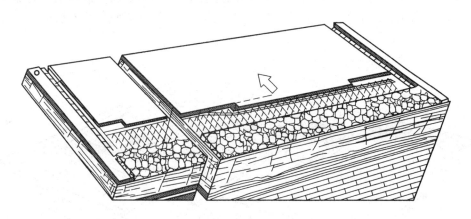

图 2-47 长壁工作面立体图

如果将长壁工作面沿煤层倾斜布置，采煤时工作面沿走向推进，工作面的倾斜角度等于煤层的倾角，称为走向长壁采煤法（图 2-48a）；如果将工作面沿走向布置，工作面呈水平状态，采煤工作面可以沿倾斜向上或向下推进，称为倾斜长壁采煤法。工作面向上推进时称为仰斜长壁采煤法（图 2-48b），向下推进时称为俯斜长壁采煤法（图 2-48c），工作面还可以沿伪倾斜方向布置（图 2-48d）。伪倾斜是指工作面倾斜方向与煤层的真倾向斜交，伪倾斜工作面的倾角比煤层的倾角小。

2）柱式采煤法

柱式采煤法可分为 3 种类型。房式采煤法和房柱式采煤法的实质是将煤层划分为若干条形块段，在每一块段内开掘一些宽为 5 ~ 7 m 的煤房，各煤房之间留有一定宽度的煤柱并以联络巷道相通，形成近似于矩形的煤柱。房式采煤法只采煤房不回收煤柱。房柱式采煤法是既采煤房，又回收房间煤柱。

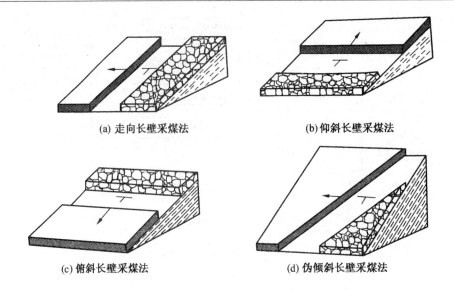

(a) 走向长壁采煤法　　　　　　(b) 仰斜长壁采煤法

(c) 俯斜长壁采煤法　　　　　　(d) 伪倾斜长壁采煤法

图 2-48　长壁工作面推进方向示意图

图 2-49 所示为巷柱式采煤法。其实质是在采区内预先开掘大量的巷道，将煤层切割成 6 m×6 m～20 m×20m 的方形煤柱。然后有计划地回采这些煤柱，采空区的顶板任其自行垮落。

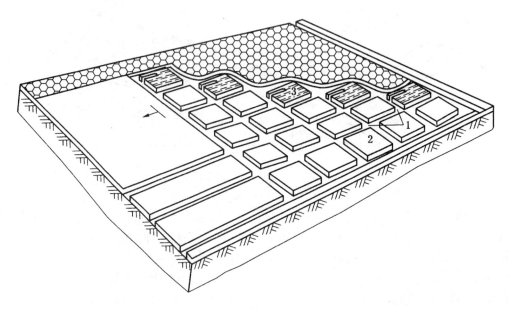

1—巷道；2—煤柱；3—开采煤柱

图 2-49　巷柱式采煤法立体图

近年来，我国引进了一些国外配套设备，提高了机械化程度。这种高度机械化的柱式采煤法作为长壁开采的一种补充手段，在我国也有一定的应用前景。

井田划分为阶段后，阶段沿走向再划分为若干个采区。在采区内布置准备巷道和回采巷道，建立完善的出煤、出矸、运料、通风、排水和供电等生产系统，称为采区巷道布置，亦称采煤系统。图2-50所示为单一薄煤层采区巷道布置图。

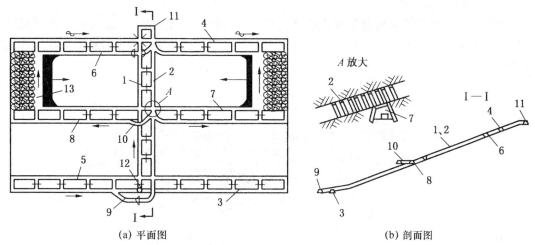

(a) 平面图   (b) 剖面图

1—运输上山；2—轨道上山；3—阶段运输大巷；4—阶段回风大巷；5—副巷；6—区段回风平巷；

7—区段运输平巷；8—下区段回风平巷；9—采区下部车场；10—采区中部车场；11—绞车房；

12—采区煤仓；13—采煤工作面

图2-50 单一薄煤层采区巷道布置图

3. 采煤工艺

我国长壁工作面的采煤工艺主要有3种类型，即爆破采煤工艺（炮采）、普通机械化采煤工艺（普采）和综合机械化采煤工艺（综采）。综采是今后的发展方向。

1）爆破采煤工艺

采煤工人用煤电钻在煤壁上钻出1~3排、深度1.0~1.5 m的炮眼（图2-51）。然后

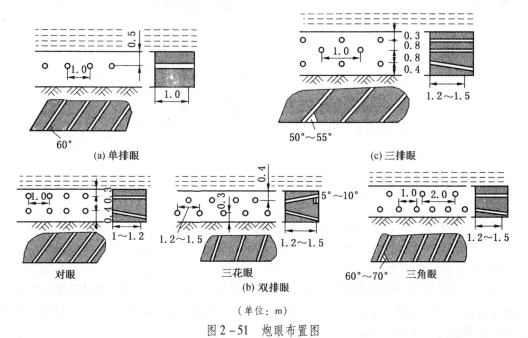

(a) 单排眼   (c) 三排眼

对眼   三花眼   三角眼

(b) 双排眼

（单位：m）

图2-51 炮眼布置图

向炮眼内安装炸药、雷管和填塞炮泥，爆破工人用专门的发爆器爆破，实现落煤。爆破后炸碎的煤堆积在煤层底板上，需要用人力装入刮板输送机运出。

2）普通机械化采煤

普通机械化采煤就是通过采煤机落煤、装煤，刮板输送机运煤，采场支护除在顶板完整的情况下采用带帽点柱支护外，一般均采用金属悬臂支架支护。普通机械化采煤工作面布置如图2-52所示。

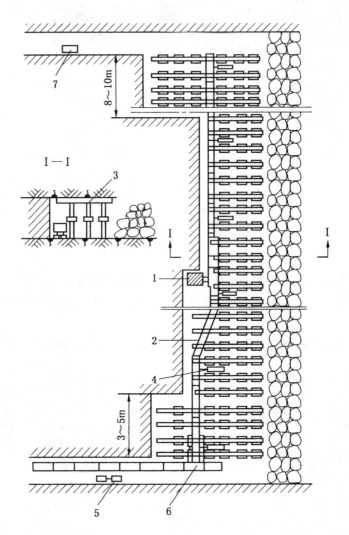

1—单滚筒采煤机；2—可弯曲刮板输送机；3—金属支柱；4—液压千斤顶；
5—泵站；6—带式输送机；7—回柱绞车

图2-52　普通机械化采煤工作面布置图

3）综合机械化采煤

综合机械化采煤工作面是滚筒采煤机、可弯曲刮板输送机、自移式液压支架等配套生产的工作面，实行了破、装、运、支、回等工序全部机械化的采煤方法，综合机械化采煤工作面布置如图2-53所示。

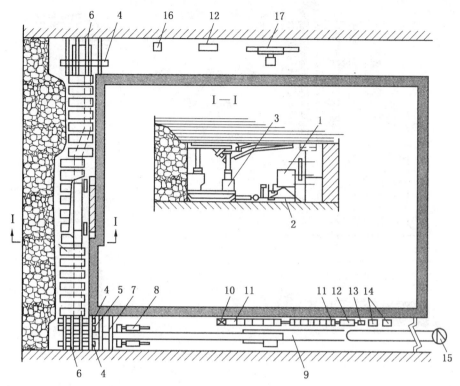

1—采煤机；2—可弯曲刮板输送机；3—工作面支架；4—端头支护；5—锚固支架；6—巷道顶梁；7—转载机；
8—转载机推进装置；9—带式输送机；10—集中控制台；11—配电点；12—泵站；13—配电点及泵站的
移动装置；14—移动变电站；15—煤仓；16—安全绞车；17—单轨运输吊车

图 2-53 综合机械化采煤工作面布置图

4）综采放顶煤采煤

综放工作面采煤工艺包括割底煤工艺和放顶煤工艺两部分。按工作面采用的放顶煤支架架形不同，又分为单输送机放顶煤支架采煤工艺和双输送机放顶煤支架采煤工艺。按采煤机滚筒截深和放煤步距的关系分为"两采一放"和"一刀一放"完成一个采煤工艺循环。通常单输送机放顶煤支架采用的是"两采一放"，双输送机放顶煤支架采用的是"一刀一放"。

5）急倾斜煤层的采煤方法

急倾斜煤层因其倾角大，在开采技术上与缓倾斜及倾斜煤层有所不同。根据工作面形状的不同，急倾斜煤层主要有倒台阶采煤法（图 2-54）、直线工作面走向长壁采煤法、伪斜短壁采煤法（图 2-55）、伪斜柔性掩护支架采煤法（图 2-56）等。

（四）采掘工作面顶板控制

1. 有关概念

1）顶板

煤层的上覆岩层，称为煤层的顶板。根据岩性、厚度及采煤过程中垮落的难易程度，顶板分为伪顶、直接顶和基本顶 3 种类型。

（1）伪顶。伪顶是指直接位于煤层之上，多为几厘米至十几厘米厚的炭质泥岩或泥岩，富含植物化石，在采煤过程中常常随采随落，不易维护。

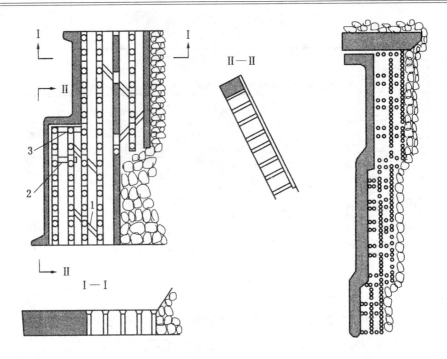

1—溜煤板；2—脚手架；3—护身板

图 2-54　倒台阶采煤法

（2）直接顶。直接顶是指覆盖在伪顶之上的岩层，常为数米厚的粉砂岩、页岩、泥岩等，它比伪顶稳定，在采煤过程中，经常在采过一段时间后自行垮落，少数砂岩层需要进行人工放顶。

（3）基本顶。基本顶是指位于直接顶之上的岩层，一般为厚层的粗砂岩、砾岩或石灰岩。采空后在较长时间内不易垮落，仅发生缓慢变形。

2）底板

位于煤层之下的煤层，称为煤层的底板。它分为直接底和基本底两种类型。

（1）直接底。直接底是指位于煤层之下的岩层，厚数十厘米，多为富含植物根化石的泥岩和泥质页岩。由于这种岩石遇水后膨胀，容易引起底鼓现象，可造成运输路线或巷道支架的破坏。

（2）基本底。基本底是指位于直接底之下，常为厚层状砂砾岩或石灰岩。

2. 局部冒顶前预兆

局部冒顶往往发生在工作面顶板完整、压力正常的情况下。局部冒顶一般有以下的预兆：

（1）顶板岩石有裂缝和缺口，其中小矸石稍受震动就掉落（即掉渣）。

（2）支架受力大，发出声响。金属支架活柱下降。

（3）支架顶梁在支柱上错偏，顶梁上有声响，煤壁大片脱落片帮。

3. 敲帮问顶

在井下巷道、工作面，头顶上及两帮都是煤或岩石。悬空时，可能会掉下来，甚至会伤人。因此，工作地点必须有完好的支护，绝不能空顶作业。

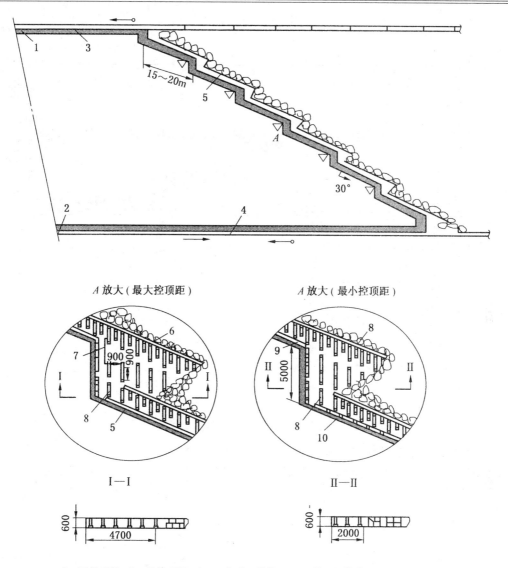

1—回风石门；2—运输石门；3—工作面回风巷；4—工作面运输巷；5—伪斜小巷；
6—竹笆；7—输送带挡煤板；8—支柱；9—放煤插板；10—中部槽

图2-55 伪斜短壁采煤法工作面布置图

井下冒顶、片帮是有预兆的，也是可以防止的，最简单、最可靠的办法就是敲帮问顶。操作方法如下：人站在安全的地方，用手镐由轻而重地敲击顶板和两帮，如有空声，表示顶板的石块或煤帮的煤块已离层，有可能立即掉下来，应立即用长把工具把悬空的石块或煤块撬下来。敲击时，如果发出清脆的声音，也不能完全断定顶板没有问题，还要用手托顶板，再用镐轻轻敲击一次。如果手感到有震动，就应立即在此处补设支架，把顶板支撑好，以确保安全。

4. 冲击地压及其危害

冲击地压是煤矿的又一重大灾害。一般发生在顶、底板岩石和煤比较坚硬、矿压聚集程度很高的地带，多发生在正在掘进和已掘完的巷道中，其主要表现形式和特征如下：

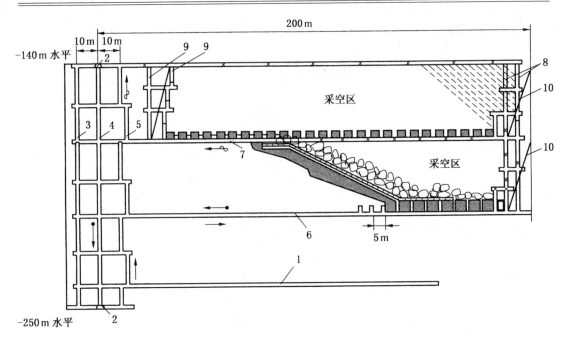

1—采区运输石门；2—采区回风石门；3—采区溜煤眼；4—采区运料眼；5—采区行人眼；
6—区段运输平巷；7—区段回风平巷；8—采煤工作面；9—溜煤眼；10—开切眼

图2-56　伪斜柔性掩护支架采煤法巷道布置图

（1）突发性。发生前一般无明显预兆，发生过程短暂。

（2）一般表现为煤爆（煤壁爆裂、小块抛射）。

（3）破坏性大，往往造成煤壁片帮、顶板下沉、底鼓、支架折损、巷道堵塞及人员伤亡。

二、煤矿安全用电

（一）电流对人体的伤害

电流对人体的伤害有电击和电伤两种情况。电击是指电流通过人体造成人体内部伤害。由于电流对呼吸、心脏及神经系统的伤害，使人出现痉挛、呼吸窒息、心颤、心跳骤停等症状，严重时会造成死亡。电伤是指电对人体外部造成局部伤害，如电弧烧伤等。

电击大体可分为以下4种情况：

（1）在1000 V以上高压电气设备上，当人体将要触及带电体时，高电压就能将空气击穿成为导体而使电流通过人体，此时还伴有高温电弧，能把人烧伤。雷击事故也属此种电击情况。

（2）低压单相（线）触电事故一般都属于电击性质，此类事故占触电事故的比例最大。当有人意外地触及带电体时，电流由带电体经人体、大地流回变压器形成回路。

（3）低压两线触电事故多数是在不停电的工作中因操作不慎而引起的，这种事故虽然不易发生，但一旦发生，人体所受到的电压可高达220 V或380 V，甚至更高，所以危险性更大。

（4）接触电势和跨步电势能引起电击。当短路电流或雷击电流流经设备接地体入地时，该接地体附近的大地表面便具有电位。该地面上沿水平方向的某一点与设备接地体之间的电位差称为接触电势。人碰到这种接触电势时所受到的电压称为接触电压。该地面上水平距离为跨步宽度的两点之间的电位差称为跨步电势。人的两脚接触有跨步电势的两点时所受到的电压称为跨步电压。接触电势和跨步电势电击，只发生在雷击时或有强大的接地短路电流出现时。

（二）影响电伤害程度的因素

1. 通过人体的电流大小

通常情况下通过人体的电流越大，人体的生理反应越明显、越强烈，生命危险性也就越大。通过人体的电流大小主要取决于施加于人体的电压和人体电阻。

（1）施加于人体的电压。电压越高，通过人体的电流越大。

（2）人体电阻。人体电阻大时，通过人体的电流就小，反之则大。

人体电阻包括皮肤电阻与体内电阻。体内电阻基本不受外界因素影响，其值较为稳定，为 $500\ \Omega$ 左右。皮肤电阻则随外界条件不同而在较大范围内变化。

2. 通电时间长短

通电时间越长，电击伤的伤害程度越严重。在通电电流为 $50\ mA$ 的情况下，若通电时间在 $1\ s$ 以内，尚不致有生命危险；若通电时间加长，就有生命危险。

3. 通电途径

电流流经心脏会引起心室颤动而致死，较大电流还会使心脏即刻停止跳动。在通电途径中，以胸—左手的通路为最危险。

电流纵向通过人体时比电流横向通过人体时心脏上的电场强度要高，更易于发生心室颤动，因此危险性更大一些。

电流通过中枢神经系统时，会引起中枢神经系统强烈失调而造成呼吸窒息，导致死亡。电流通过头部会使人昏迷，严重时也会造成死亡。电流通过脊髓会使人截瘫。

4. 通过的电流种类

在各种频率的电流中，以常见的工频电流（$50\sim60\ Hz$）的危险性为最大。偏离这个范围，危险性相对减小；$2000\ Hz$ 以上时，死亡的危险性降低，但高频电流比工频电流易引起皮肤灼伤，因此仍不能忽视使用高频电流的安全问题；直流电的危险性相对小于交流电的危险性。

雷电和静电放电都能产生冲击电流，冲击电流通过人体时能引起强烈的肌肉收缩。由于冲击电流流过人体的时间很短，与 $50\ Hz$ 的交流电流相比，其导致心颤的阈值要高得多。

5. 人体状况

电对人体的伤害程度与人体本身的状况有密切关系。人体状况除人体电阻外，尚与下述因素有关：

（1）性别。一般女性对电的敏感度比男性对电的敏感度高。

（2）健康状况。心脏病等严重疾病患者或体弱多病者比健康人更易受电伤害。

（3）年龄。小孩遭受电击的伤害比成年人重。

6. 人的心理状态

人的心理状态：因素较为复杂，有些迹象反映出人对电的敏感程度与人的心理状态有很大关系，例如，有思想准备和无思想准备的人，对电的敏感度就有差别。

（三）人身触电预防措施

（1）避免人体接触高、低压带电体。

（2）对人员易接触的电气设备尽量采用较低电压，如煤电钻电压、信号照明电压使用 127 V，远距离控制电压不超过 36 V 等。

（3）井下采用变压器中性点不接地系统、设置漏电保护、保护接地等安全用电技术措施。

（4）严格遵守各项安全用电制度和《煤矿安全规程》相关规定。

（四）矿井常用供电设备

煤矿电气设备主要包括控制器、电动机、电缆等，煤矿井下使用的电气设备可分为两大类，即矿用一般型电气设备和矿用防爆型电气设备。

1. 矿用一般型电气设备

矿用一般型电气设备是专为煤矿井下生产的不防爆的电气设备。只能用于没有瓦斯、煤尘爆炸危险的矿井。在有瓦斯、煤尘爆炸危险的矿井，只能用于井底车场、总进风巷等通风良好，瓦斯、煤尘爆炸危险性很小的场所。矿用一般型电气设备外壳上均有清晰的标志"KY"。

2. 矿用防爆型电气设备

矿用防爆型电气设备是按照国家标准设计制造的，不会引起周围爆炸性混合物爆炸的电气设备。

根据现行的爆炸性气体环境用电气设备的国家标准（GB 3836.1—2000），防爆型电气设备分为隔爆型（d）、增安型（e）、本质安全型（i）、正压型（p）、充油型（o）、充砂型（q）、浇封型（m）、无火花型（n）、气密型（h）、特殊型（s）。

隔爆型电气设备是煤矿井下使用数量最多的一种防爆电气设备。图 2 - 57 所示为矿用防爆型电气开关。

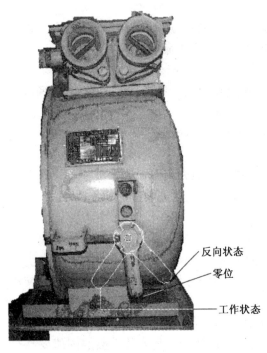

图 2 - 57　矿用防爆型电气开关

（图中标注：反向状态、零位、工作状态）

防爆型电气设备外壳上均有清晰的标志"Ex"，矿用隔爆型电气设备的防爆标志为"ExdI"。

隔爆型电气设备的防爆原理：隔爆型电气设备是指具有隔爆外壳的电气设备。所谓隔爆外壳，是指能承受内部爆炸性气体混合物爆炸产生的最大压力，并能阻止内部的爆炸向外壳周围的爆炸性气体混合物传播的电气设备外壳。隔爆型电气设备的防爆性能是靠隔爆外壳的耐爆性和不传爆性来保证的。

（1）隔爆外壳的耐爆性是指当壳内的爆炸性气体混合物爆炸时，在最大爆炸压力作用下，外壳不会变形、损坏，因而爆炸产生的高温、高压气体和火焰不会直接点燃壳外的爆炸性气体混合物。为此，隔爆外壳必须具有足够的机械强度。

（2）隔爆外壳的不传爆性（又称隔爆性）是指壳内的爆炸性气体混合物爆炸时产生的高温气体或火焰，通过外壳各接合面的间隙向壳外喷泄过程中能得到足够的冷却，使之不会点燃周围的爆炸性混合物。隔爆外壳的不传爆性是靠严格控制各接合面的间隙、长度和粗糙度来实现的。

3. 井下触电保护系统

由于井下工作具有空间较小、粉尘较多、环境潮湿的特殊性，为保证工作人员的生命安全，防止触电事故的发生，因此煤矿井下必须安装防止触电的保护系统，主要有三大保护系统：过电流保护系统、完善的保护接地系统和灵敏可靠的漏电保护系统。

1）过电流保护系统

过电流是指电气设备或电缆的实际工作电流超过其额定电流值。当线路或电气设备发生过流故障时，能及时切断电源，防止过电流故障引发电气火灾、烧毁设备等现象的发生。过电流保护包括短路保护、过负荷保护、断相保护等。

2）电气设备保护接地系统

为了防止电气设备绝缘损坏，造成设备外壳和机架带电，发生人身触电事故，井下所有电气设备都必须安设接地保护系统。

3）漏电保护系统

电气设备漏电会给人身、设备乃至矿井安全生产造成很大威胁，其主要危害表现为人接触到漏电设备会造成触电死亡事故；可能产生电火花，引起瓦斯、煤尘爆炸；可能引起电雷管爆炸；还会烧毁设备电动机等。

（五）煤矿井下安全用电

（1）坚持煤矿井下安全用电"十不准"：

①不准甩掉无压释放和过电流保护。

②不准甩掉漏电继电器、煤电钻综合保护和局部通风机甲烷风电闭锁。

③不准带电检修。

④不准用铜、铝、铁丝代替保险丝。

⑤不准明火操作、明火打点、明火爆破。

⑥停风停电的采掘工作面，没有检查瓦斯不准送电。

⑦有故障的电缆线路不准强行送电。

⑧保护装置失灵的电气设备不准使用。

⑨失爆电气设备和电器不准使用。

⑩不准在井下敲打、撞击、拆卸矿灯。

（2）煤矿井下安全用电要严厉禁止"鸡爪子"、"羊尾巴"、明接头等违章用电现象的发生。

"鸡爪子"是三相接头分别缠以绝缘胶布，没有统包绝缘，犹如鸡的爪子一般，如图2-58a所示。这样做潮气极易侵入，使绝缘电阻降低，造成短路着火。

"羊尾巴"是指不连接电气设备的末端，三相分别胡乱包以绝缘胶布，再统包绝缘胶布，吊在巷道边上，犹如绵羊的尾巴，如图2-58b所示。这种接线不仅会失去防爆作用，而且极易磨损和拉脱，造成触电和短路事故。

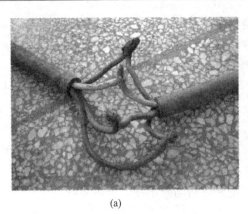

(a)　　　　　　　　　　　　　　　　　(b)

图 2-58　"鸡爪子"和"羊尾巴"

明接头则更加危险，三相芯线互相搭接后，不包绝缘胶布，极易造成相间短路或使人因触电而伤亡。一旦拉断，其电弧火花极易引起瓦斯、煤尘爆炸。

所以井下供电电网中，应坚决消灭"鸡爪子"、"羊尾巴"和明接头。

（六）安全用电作业

（1）严格执行停、送电管理规定，电气设备开关的闭锁装置必须能可靠地防止擅自送电，防止擅自开盖操作，开关把手在切断电源时必须闭锁，并悬挂"有人工作，不准送电"字样的警示牌，只有执行这项工作的人员才有权取下此牌送电。停、送电期间不得换人，在无人值班的变电所，停电后应设专人看守。严禁约时停、送电，严禁约定信号停、送电。

（2）严格执行验电、放电、接地和挂牌制度。

（七）静电的产生及危害

1. 静电的产生

产生静电的原因有很多种，如两种不同的绝缘物体之间相互摩擦就会产生静电，存在于物体上；还有静电感应起电等。物体绝缘程度越高，产生的静电电位越高；空气越干燥，产生的静电电位越高；互相摩擦物体之间的接触频率越高，产生的静电电位越高。

2. 静电的危害

静电的危害是多方面的，其中最大的危害是放电火花所引起的瓦斯、煤尘爆炸事故。带静电的物体，通过某一尖端或某一突出部分对地或对空放电，当电火花能量达到 0.28 mJ 以上时，就能引爆瓦斯、煤尘，甚至可以点燃临近的易燃品，引发火灾。静电还可能引爆电雷管，接触爆炸材料的人员穿化纤衣服进行操作，则化纤衣服经摩擦产生的静电很容易引爆电雷管，造成爆炸材料发生意外爆炸。

因此，《煤矿安全规程》规定：入井人员严禁穿化纤衣服。井上、下接触爆炸材料的人员，必须穿棉布或抗静电衣服。

（八）杂散电流的产生和危害

1. 杂散电流的产生

架线电机车的牵引网络中，轨道是回电导体，也就是说电机车从架线上取得的电流是沿着轨道回到牵引变流所负母线上去的，由于轨道与大地不绝缘，因此本来从轨道回到牵引变流所负母线上去的电流，就可能有部分电流不通过轨道而通过大地或其他管线回到牵引变流所负母线上去，就产生了杂散电流。另外，架空线的绝缘不良也产生杂散电流。

2. 杂散电流的危害

加快对杂散电流富集区域的导电物质的腐蚀；条件适宜，可产生电火花，会引起瓦斯煤尘爆炸；若轨道距工作面较近，杂散电流可使电雷管超前爆炸，也可以使一些电气检测装置误动作。

（九）矿灯的管理和使用

《煤矿安全规程》第四百七十五条规定，矿灯的管理和使用应遵守下列规定：

（1）矿井完好的矿灯总数，至少应比经常用灯的总人数多10%。

（2）矿灯应集中统一管理。每盏矿灯必须编号，经常使用矿灯的人员必须专人专灯。

（3）矿灯应保持完好，出现电池漏液、亮度不够、电线破损、灯锁失效、灯头密封不严、灯头圈松动、玻璃破裂等情况时，严禁发放。发出的矿灯，最低应能连续正常使用11 h。

（4）严禁使用矿灯人员拆开、敲打、撞击矿灯。人员出井后（地面领用矿灯人员，在下班后），必须立即将矿灯交还灯房。

（5）在每次换班2 h内，灯房人员必须把没有还灯人员的名单报告矿调度室。

（6）矿灯必须装有可靠的短路保护装置。高瓦斯矿井应装有短路保护器。

另外，使用矿灯时还应注意以下事项：

一是支领矿灯后应注意检查灯头、灯线、灯盒等零件完整、齐全、坚固、外表干净，灯锁已锁紧不能随意打开；灯头开关接触良好，不眨眼，不灭灯；灯线无破损，灯线两端出口和入口处密封良好，灯线长度在1 m以上。发现以上问题时要求灯房换灯。

二是在井下使用矿灯时不得随意打开灯盒盖或灯头圈，以防短路火花引起瓦斯爆炸。

（十）《煤矿安全规程》关于局部通风机供电的规定

（1）高瓦斯矿井、煤（岩）与瓦斯（二氧化碳）突出矿井、低瓦斯矿井中高瓦斯区的煤巷、半煤岩巷和有瓦斯涌出的岩巷掘进工作面正常工作的局部通风机必须配备安装同等能力的备用局部通风机，并能自动切换。正常工作的局部通风机必须采用三专（专用开关、专用电缆、专用变压器）供电，专用变压器最多可向4套不同掘进工作面的局部通风机供电；备用局部通风机电源必须取自同时带电的另一电源，当正常工作的局部通风机发生故障时，备用局部通风机能自动启动，保持掘进工作面正常通风。

（2）其他掘进工作面和通风地点正常工作的局部通风机可不配备安装备用局部通风机，但正常工作的局部通风机必须采用三专供电；或正常工作的局部通风机配备安装一台同等能力的备用局部通风机，并能自动切换。正常工作的局部通风机和备用局部通风机的电源必须取自同时带电的不同母线段的相互独立的电源，保证正常工作的局部通风机发生故障时，备用局部通风机正常工作。

三、煤矿地质常识

（一）煤的形成

煤炭是亿万年来植物的枝叶和根茎，在地面上堆积而成的一层极厚的黑色的腐植质，由于地壳的变动不断地埋入地下，长期与空气隔绝，并在高温、高压下，经过一系列复杂的物理化学变化等因素，形成的黑色可燃化石，这就是煤炭的形成过程。

（二）煤的主要成分、分类

煤主要是由 C、H、O 三种元素组成，此外还含有少量的 N、S、P 和一些稀有元素组成。

按煤的变质程度由低到高的顺序划分，煤可以分类为泥炭，褐煤，烟煤（长焰煤、不黏煤、弱黏煤、气煤、肥煤、焦煤、瘦煤、贫煤），以及无烟煤。

（三）煤层的产状要素

煤层在地壳中的空间位置和产出状态，称为煤层的产状。通常用煤层的走向、倾向及倾角三要素来表示。

1. 走向

倾斜煤层的层面与水平面的交线称为走向线。走向线上各点的高程都相等，走向线两端的延伸方向称为煤层的走向。

2. 倾向

煤层层面上垂直于走向线并沿层面倾斜向下引出的直线段称为真倾斜线。真倾斜线在水平面上的投影线所指煤层向下倾斜的方向，就是煤层的倾向，又称真倾向。

3. 倾角

真倾向线与其在水平面上的投影的夹角，称为煤层的倾角，又称真倾角。

根据煤层倾角对开采技术的影响，分为近水平煤层、缓倾斜煤层、倾斜煤层和急斜煤层四类。

（1）近水平煤层：煤层倾角小于8°。

（2）缓倾斜煤层：煤层倾角为8°~25°。

（3）倾斜煤层：煤层倾角为25°~45°。

（4）急斜煤层：煤层倾角为45°~90°。

（四）煤层的厚度

在煤矿中，根据煤层厚度对开采技术的影响，将煤层分为薄煤层、中厚煤层和厚煤层三类。

（1）薄煤层：煤层厚度从最低可采厚度至1.3 m以下。

（2）中厚煤层：煤层厚度为1.3~3.5 m。

（3）厚煤层：煤层厚度为3.5 m以上。

有时习惯上将厚度大于6.0 m的煤层称为特厚煤层。

（五）煤矿中常见的地质构造

1. 单斜构造

单斜构造是指在一定范围内，煤（岩）层大致向一个方向倾斜的构造。在较大范围呈单斜构造的煤（岩）层，常常是其他构造形态的一部分，或者是褶曲的一翼或者是断层的一盘。

2. 褶皱构造

褶皱构造是指煤（岩）层受到水平方向的挤压力作用被挤压成弯曲状态，但仍然保持其连续性和完整性的构造形态。褶皱构造中的一个弯曲部分叫褶曲，褶曲分为背斜褶曲和向斜褶曲，如图 2 - 59 所示。

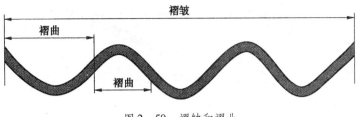

图 2 - 59 褶皱和褶曲

（1）背斜。背斜是岩层向上凸起的褶曲，核心部位是老岩层，两侧是新岩层，如图 2 - 60 所示。新岩层呈对称重复出现，两翼岩层倾斜相背。

（2）向斜。向斜是岩层向下凹陷的褶曲，核心部位是新岩层，如图 2 - 61 所示。老岩层呈对称重复出现，两翼岩层倾斜相向。

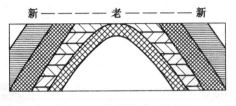

图 2 - 60 背斜构造示意图

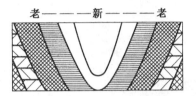

图 2 - 61 向斜构造示意图

3. 断裂构造

煤（岩）层在地壳运动作用力作用下产生断裂，失去连续性和完整性而出现的构造叫做断裂构造。当断裂面两侧的煤（岩）层发生断裂位移时，则称为断层。

岩层断裂后，两个断块发生相互错动的错动面叫做断层面，位于断层面上面的断块叫做上盘，位于断层面下面的断块叫做下盘，断层要素如图 2 - 62 所示。

断层两盘同一岩面相对位移的距离，称为断距。断层的断距有垂直断距和水平断距两种，如图 2 - 63 所示。垂直断距也称为断层落差，就是上、下盘相对位移的垂直距离；水平断距是上、下盘相对位移的水平距离。

根据断层上、下盘相对运动的方向，将断层分为正断层、逆断层和平推断层，如图 2 - 64 所示。

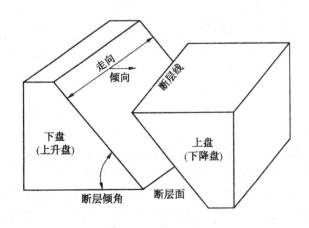

图 2 - 62 断层要素示意图

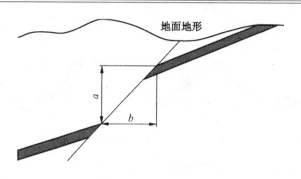

a—垂直断距；b—水平断距

图 2-63　断距示意图

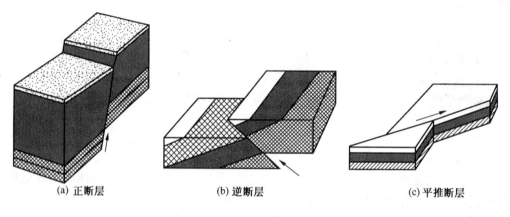

(a) 正断层　　　　　　(b) 逆断层　　　　　　(c) 平推断层

图 2-64　断层的类型

4. 岩浆侵入

岩浆因具极高的温度和很大的内部压力，往往向地壳薄弱或构造活动地带上升，并在沿途不断熔化围岩或俘虏崩落的岩块，从而不断扩大其侵占的空间，冷凝后形成各种侵入岩体，这种现象称为岩浆侵入。

5. 岩溶陷落

岩溶陷落柱是指煤层下伏碳酸盐岩等可溶岩层，经地下水溶蚀形成的岩溶洞穴，在上覆岩层重力作用下产生塌陷，形成筒状或似锥状柱体，简称陷落柱，俗称"矸子窝"或"无炭柱"。陷落柱在我国华北石炭二叠纪聚煤区中普遍分布，其中以山西、河北最为发育。岩溶陷落造成矿井突水，危及矿井安全。

四、矿井爆破常识

(一) 矿用炸药

炸药是在外界能量作用下，自身进行高速化学反应，同时产生大量气体和热量的物质。是一种容易燃烧、爆炸、杀伤力强、破坏力大的危险性物品。由于爆炸产生的高温气体体积迅速膨胀，对周围煤岩体产生巨大的压力而使其破坏。矿用炸药是指适用于矿井采掘工程的炸药，由于矿井生产是一种特殊环境下的作业生产，因此对矿用炸药也有特殊的要求。

1. 矿用炸药的分类

我国矿用炸药的种类很多，但主要是硝酸铵类炸药，在煤矿井下爆破作业，必须使用煤矿许用炸药。

（1）按炸药的主要成分分类。可分为硝酸铵类炸药、含水炸药和硝化甘油类炸药。

（2）按炸药的使用条件分类。按其是否允许在井下有瓦斯与煤尘爆炸危险的采掘工作面使用情况，矿用炸药可分为煤矿许用炸药和非煤矿许用炸药（即岩石炸药和露天炸药）两类。

（3）按炸药的构成分类。可分为单体炸药（单晶质炸药）和混合炸药，目前我国所使用的矿用炸药都属于混合炸药，单晶质炸药只作起爆药和混合炸药中的组成成分。

2. 煤矿许用炸药的安全等级及适用范围

《煤矿安全规程》规定，井下爆破作业，必须使用煤矿许用炸药和煤矿许用电雷管。煤矿许用炸药的选用应遵守下列规定：

（1）低瓦斯矿井的岩石掘进工作面必须使用安全等级不低于一级的煤矿许用炸药。

（2）低瓦斯矿井的煤层采掘工作面、半煤岩掘进工作面必须使用安全等级不低于二级的煤矿许用炸药。

（3）高瓦斯矿井、低瓦斯矿井的高瓦斯区域，必须使用安全等级不低于三级的煤矿许用炸药。有煤（岩）与瓦斯突出危险的工作面，必须使用安全等级不低于三级的煤矿许用含水炸药。

（4）严禁使用黑火药和冻结或半冻结的硝化甘油类炸药。同一工作面不得使用 2 种不同品种的炸药。

安全炸药的等级及其使用范围，是经过长期生产实践和严格的检验后确定的，见表 2-7。使用未经过安全鉴定的炸药或不按指定范围使用，都会引起瓦斯、煤尘爆炸。而且，即使使用经过安全鉴定的炸药或按指定范围使用，在通风不良、不填或少填封泥、使用药量过多、炸药变质等情况下，也会引起瓦斯、煤尘爆炸。

表 2-7　煤矿许用炸药的安全性等级及使用范围

炸 药 名 称	炸药安全等级	适 用 范 围
2 号煤矿铵梯炸药	一级	瓦斯矿井岩石掘进工作面
2 号抗水煤矿铵梯炸药	一级	瓦斯矿井岩石掘进工作面
一级煤矿许用水胶炸药	一级	瓦斯矿井岩石掘进工作面
3 号煤矿铵梯炸药	二级	瓦斯矿井
3 号抗水煤矿铵梯炸药	二级	瓦斯矿井
二级煤矿许用乳化炸药	二级	瓦斯矿井
三级煤矿许用水胶炸药	三级	煤与瓦斯突出矿井
三级煤矿许用乳化炸药	三级	煤与瓦斯突出矿井
四级煤矿许用乳化炸药	四级	煤与瓦斯突出矿井
离子交换炸药	五级	煤与瓦斯突出矿井
五级煤矿许用食盐被筒炸药	五级	溜煤眼或煤与瓦斯突出矿井

（二）电雷管的种类及其性能

井下使用的起爆材料主要是电雷管。电雷管是利用电雷管中的桥丝通电后的电阻热能引发电雷管中的起爆药爆炸，再利用起爆药爆炸能使雷管中的猛炸药爆炸。

1. 电雷管的种类

煤矿井下电雷管按起爆间隔时间可分为瞬发电雷管和延期电雷管两类，按作用时间可分为瞬发电雷管、秒延期电雷管、毫秒延期电雷管。

（1）瞬发电雷管。通电流后瞬时爆炸的电雷管称为瞬发电雷管。瞬发电雷管由通电到爆炸时间小于 13 ms，无延期过程。

（2）秒延期电雷管。通入足够的电流后，各雷管间隔数秒才爆炸的雷管，称为秒延期电雷管。秒延期电雷管共分为 7 段，用 1.5 A 恒定直流电测定。秒延期电雷管为普通型电雷管，由于它在延期时间内能喷出火焰，所以不能用于煤矿井下爆破作业。

（3）毫秒延期电雷管。通电后以若干毫秒间隔时间延期爆炸的电雷管称为毫秒延期电雷管，简称毫秒电雷管。毫秒延期电雷管的构造与秒延期电雷管基本相同，只是延期药不同。毫秒电雷管分为普通型和煤矿许用型两种。国产普通型毫秒延期电雷管共 20 段。普通型毫秒电雷管可广泛用于各类爆破工程中，但不能用于煤矿井下爆破作业。煤矿许用毫秒电雷管可使用于有瓦斯或煤尘爆炸危险的采掘工作面、高瓦斯矿井或煤与瓦斯突出矿井。毫秒延期电雷管的保证期一般为一年半。

2.《煤矿安全规程》对雷管使用范围的要求

（1）井下爆破作业必须使用煤矿许用电雷管；在采掘工作面，必须使用煤矿许用瞬发电雷管或煤矿许用毫秒电雷管，最后一段的延期时间不得超过 130 ms。

（2）不同厂家生产的或不同品种的电雷管，不得掺混使用。

（3）不得使用导爆管或普通导爆索，严禁使用火雷管。

3. 矿用电雷管常见异常及对安全爆破的影响

（1）电雷管脚线裸露处表面氧化，导致电阻增大，有时单个雷管的电阻可达 100 Ω 以上，从而使整个爆破网络电阻超过发爆器的能力，造成丢炮、拒爆。

（2）雷管桥丝接触不良、松动、折断或电阻不稳定。这种情况往往使雷管电阻明显增大，造成雷管不响或整个网路拒爆。

（3）雷管外壳有裂缝、严重砂眼，无法引爆炸药或使炸药发生爆燃。

（4）雷管进水，起爆药受潮，易发生雷管拒爆或"胆响药不响"的现象。

（5）不同厂家、不同批次的雷管同时串联使用，电引火特性差异过大，造成串联丢炮（即用单发发火电流单独通电仍能起爆，但串联通电时却未被点燃），使部分雷管拒爆。

（三）爆破工具

1. 起爆电源

1）《煤矿安全规程》对起爆电源的规定

（1）井下爆破必须使用发爆器。开凿或延深通达地面的井筒时，无瓦斯的井底工作面中可使用其他电源起爆，但电压不得超过 380 V，并必须有电力起爆接线盒。

发爆器或电力起爆接线盒必须采用矿用防爆型（矿用增安型除外）。

（2）发爆器的把手、钥匙或电力起爆接线盒的钥匙，必须由爆破工随身携带，严禁转交他人。不到爆破通电时，不得将把手或钥匙插入发爆器或电力起爆接线盒内。爆破后，必须立即将把手或钥匙拔出，摘掉母线并扭结成短路。

（3）严禁在 1 个采煤工作面使用 2 台发爆器同时进行爆破。

2）发爆器

发爆器是用于供给电爆网路起爆的电能工具。目前煤矿井下普遍使用的是晶体管电容式发爆器。

电容式发爆器有防爆型和非防爆型。煤矿井下只准使用防爆型发爆器，它具有体积小、质量轻、携带和操作方便、外壳防爆等特点，供电时间能控制在 6 ms 以内。6 ms 后，即使网络炸断，裸线路相碰，因已断电，也不会产生火花，故安全性好，可用于有瓦斯或煤尘爆炸危险的工作面。

2. 爆破母线

煤矿爆破母线必须符合国家、行业标准。

爆破母线（双线）要有足够的长度，一般采煤工作面不短于 50 m，掘进工作面不短于 200 m。现场工作中爆破母线具体长度应视爆破作业规程最远撤人距离而定。

爆破母线接头要刮净锈污，相互扭结并用绝缘带包缠，定期作电阻试验和绝缘检查，经常保持完好。使用母线时要悬挂起来，吊挂平直，不准拖地或拉得太紧，更不许与金属物体接触。不得同电缆、信号线等靠得太近，应分挂在带电线缆下方或对侧。

3. 掏勺和炮棍

1）掏勺

掏勺是用于掏出炮眼里的煤粉或岩粉的工具，是一根直径为 8 ~ 10 mm 的圆铁棍，其上面焊有弯曲的勺耳。

2）炮棍

炮棍是用来填装炸药和炮泥的工具，爆破工也用它来判断炮眼的角度、深度和内部情况，以便按《煤矿安全规程》的规定装入药卷和炮泥。炮棍是木制的圆形长棍，直径为 25 mm 左右，长度依据炮眼深度来确定。

4. 爆破网路检测仪器

1）《煤矿安全规程》对爆破网络检测的要求

（1）每次爆破作业前，爆破工必须作电爆网路全电阻检查。严禁用发爆器打火放电检测电爆网路是否导通。

（2）爆破母线连接脚线、检查线路和通电工作，只准爆破工一人操作。

通过对爆破网路作全电阻检查，及时发现网络中的错联、漏联、短路、接地等现象，确定起爆网络所需的电流、电压，从而可以判断网络雷管能否全部起爆，避免爆破时产生丢炮、拒爆，也可以防止用发爆器通电后，可能产生因电爆网络炸开瞬间产生的火花，或因网路连接线与爆破母线接头短路或接触不牢，通电瞬间产生火花引起瓦斯、煤尘爆炸。

2）爆破网路检测仪器

爆破网路检测仪器是指用于检测爆破环境、起爆网路和爆破效应的仪器或仪表。仪表检测是保障爆破安全的必要手段。

爆破环境检测仪表主要有杂散电流测定仪和静电测量仪。起爆网路检测仪表，又叫爆破欧姆表，主要用于检查电雷管、导线和电爆网路的通、断和电阻值。测量原理与普通测电阻的仪表相同，只不过工作电流必须小于 30 mA。使用该表前，应用万能表、毫安表或杂散电流测定仪检查其输出电流强度。输出电流不得超过 30 mA，否则不能使用，特别是在仪表更换新电池后，更要注意检查。目前用于煤矿井下爆破的发爆器上就带有电爆网路全电阻检查功能的仪表。

（四）爆破作业

1. 装配起爆药卷

装配起爆药卷就是把电雷管装进药卷，形成引爆药卷。

《煤矿安全规程》规定，装配起爆药卷时，必须遵守下列规定：

（1）必须在顶板完好、支架完整、避开电气设备和导电体的爆破工作地点附近进行。严禁坐在爆炸材料箱上装配起爆药卷。

（2）装配起爆药卷数量，以当时当地需要的数量为限。

（3）装配起爆药卷必须防止电雷管受震动、冲击，折断脚线和损坏脚线绝缘层。

（4）电雷管必须由药卷的顶部装入，严禁用电雷管代替竹、木棍扎眼。电雷管必须全部插入药卷内。严禁将电雷管斜插在药卷的中部或捆在药卷上。

（5）电雷管插入药卷后，必须用脚线将药卷缠住，并将电雷管脚线扭结成短路。

另外，还应注意：只准由爆破工装配起爆药卷，不得由其他人代替；一个起爆药卷内只准插放一个电雷管。

2. 炮泥和封泥

矿井下常用的炮泥有两种：一种是塑料圆筒袋中充满水的炮泥，简称水炮泥；另一种是黏土炮泥。炮泥是用来堵塞炮眼的，炮泥的质量好坏、封泥长度、封孔质量直接影响到爆破效果和安全。

1）水炮泥的优点和作用

（1）消焰、降温。当炮眼内炸药爆炸时，水炮泥的水由于爆炸气体的冲击作用形成雾状分布在空气中，吸收大量的热量，起到降低爆温、缩短火焰延续时间的作用，从而防止引爆瓦斯或煤尘。

（2）灭尘和减少有毒气体。水炮泥形成的水幕能灭尘、降低和吸收有毒有害气体，有利于井下作业条件的改善。

2）黏土炮泥的优点和作用

（1）能提高炸药的爆破效果。由于封泥能阻止爆生气体自炮眼中漏出，自爆炸初始就能在炮眼内聚积压缩能，增加冲击波的冲击力；同时，还使炸药在爆炸反应中充分氧化，放出更多热量，使热量转化成机械功，从而提高炸药的爆破效果。

（2）有利于爆破安全。由于炮泥的堵塞作用，炸药在爆破中充分氧化，从而减少了有毒气体的生成，降低了爆生气体逸出工作面时的温度和压力，减少了引燃瓦斯、煤尘的可能性；同时由于炮泥能阻止火焰和灼热固体颗粒从炮眼内喷出，也有利于防止瓦斯和煤尘爆炸。

3. 装药结构

煤矿爆破常用的装药结构有正向装药和反向装药两种形式，根据药包本身的结构又可以分为连续装药和空气间隔装药。

1）正向装药和反向装药

（1）正向装药。正向装药是指起爆药卷位于柱状装药的外端，靠近炮眼口，雷管底部朝向眼底的装药方法。

（2）反向装药。反向装药是指起爆药卷位于柱状装药的里端，靠近或在炮眼底，雷管底部朝向眼口的装药方法。

装药结构对爆破效果和爆破安全影响很大，从对瓦斯、煤尘安全性来看，一般认为正向装药（正向爆破）比反向装药（反向爆破）安全，因而认为在有瓦斯、煤尘爆炸危险的工作面，不能采用反向装药。

2）连续装药和间隔装药

（1）连续装药。连续装药是指炮眼内的药卷相互间彼此密切接触的装药，是煤矿井下最常用的装药结构，主要有不耦合连续装药、留空气柱连续装药和不留空气柱连续装药3 种。

（2）间隔装药。间隔装药是指炮眼内的药包之间留有空气柱，使药包之间不直接接触的装药。

4. 连线方式

煤矿井下爆破的连线方式必须按爆破作业图表的要求进行，不得随意选用其他方式。

1）串联

串联是依次将相邻两个电雷管的脚线各一根相互连接起来，然后将两端剩余的两根脚线与爆破母线连接，再将母线连接到电源上的连接方式，如图 2 - 65 所示。

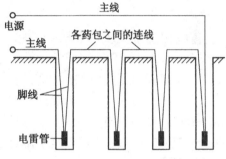

图 2 - 65　串联电爆网路连线方式

优点：节省导线，操作简便，不易漏接或错接，接线速度快。便于检查，网络计算简单，网络所需总电流较小，适用于发爆器操作电源，使用安全，是煤矿井下最普遍的连线方式。

缺点：串联网络中有一个电雷管不导通或一处接触不好时，会导致全部电雷管拒爆。在起爆电源不足的情况下，容易造成不敏感的电雷管拒爆。因此连线后，必须逐个检查连线节点，并用爆破网路检查仪检查整个网路是否导通，电阻是否超限。

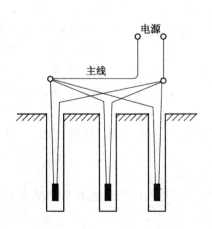

图 2 - 66　并联电爆网路连线方式

2）并联

并联是将所有电雷管的两根脚线分别接到爆破母线的两根母线上，通过母线连于电源上的连接方式，如图 2 - 66 所示。

优点：当并联网路上的某个电雷管不导通时，并不影响其余电雷管的起爆。网路的总电阻小，要求起爆电源的电压也较小，但所需网路总电流较大，用发爆器不易完成。

缺点：对爆破母线的电阻及连线接头质量要求比较严格，故应特别注意接好每个接头，并需断面较大的母线，否则在接头处容易产生火花而引爆瓦斯或煤尘。

3）混联

混联是串联和并联的结合，可分为串并联和并串联两种，如图 2-67 所示。

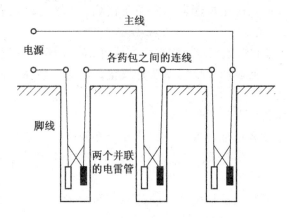

图 2-67　混联电爆网路连线方式

（1）串并联是现将电雷管分组，每组串联接线，然后各组剩余的两根脚线都分别接到爆破母线上。

（2）并串联是先将各组电雷管并联接线，然后将各组串联起来。

混联既有串联和并联的优点，也有它们的缺点。这种方法网路的连接和计算都比较复杂，容易错接或漏接，并且每个并联分路的电阻要大致相等，分组均匀，否则电阻小的线路会先起爆，而电阻大的电路未得到足够的起爆电能，但网路已被炸断造成雷管拒爆。

5. 爆破网路检测

每次爆破作业前，爆破工必须作电爆网路全电阻检查，符合要求时，方可进行爆破。严禁用发爆器打火放电方法检测电爆网路是否全电阻检查。爆破前，检查线路和通电工作只准爆破工一人完成。

6. 爆破

1）安全爆破条件

爆破工在爆破前，发现有下列情况之一，必须报告班队长，并由班队长安排人员及时处理：

（1）采掘工作面的空顶距离不符合作业规程规定，或支架有损坏，或留有伞檐或炮道宽度不符合作业规程规定时。

（2）爆破前未检查瓦斯，或爆破地点附近 20 m 以内风流中瓦斯浓度达 1% 时。

（3）爆破地点 20 m 以内，有矿车，未清除的煤、矸，或其他物体阻塞巷道断面 1/3 以上时。

（4）炮眼内发现有异状、有显著的瓦斯涌出、煤岩松散、温度骤高骤低、透采空区等情况时。

（5）工作面风量不足，风向不稳，循环风未改善之前。

（6）工具未收拾好，机器、液压支架和电缆等未加以可靠的保护或移出工作面时。

（7）爆破地点 20 m 内，有煤尘飞扬、积存，未洒水灭尘时。

（8）爆破母线的长度、质量和敷设质量不符合规定。

（9）工作面人员未撤到警戒线以外，或各路警戒岗哨未设好，或人数未点清。

在上述情况作出妥善处理之前，爆破工有权拒绝爆破。

2）"一炮三检制"和"三人连锁爆破制"

（1）"一炮三检制"。"一炮三检制"就是指在装药前、爆破前和爆破后爆破工、班组长、瓦斯检查工都必须在现场，由瓦斯检查工检查瓦斯，爆破地点附近 20 m 以内的风流中瓦斯浓度达 1% 时，不准装药、爆破；爆破后瓦斯浓度达到 1% 时，必须立即处理，且不准用电钻打眼。

执行"一炮三检制"是为了加强爆破期间瓦斯检查，防止漏检，避免在瓦斯超限情况下爆破。

（2）"三人连锁爆破制"即爆破前，爆破工将警戒牌交给班组长，由班组长负责组织现场人员撤到警戒线以外，指派专人在可能进入爆破地点的各通路上截好人，并在检查顶板与支护情况后，将自己携带的爆破命令牌交给瓦斯检查工；瓦斯检查工经检查瓦斯、煤尘合格后，将携带的爆破牌交给爆破工，爆破工接到爆破牌后随即可发出爆破警报并进行爆破；爆破完毕后三牌各归原主。

特别强调的是，爆破作业由现场班组长组织，并严格执行以现场班组长为核心的"三人连锁爆破制"。

3）爆破警戒距离及规定

爆破工必须最后离开爆破地点，并必须在安全地点起爆。起爆地点到爆破地点的距离必须在作业规程中具体规定。《防治煤与瓦斯突出规定》中对在突出煤层（石门揭突出煤层）进行爆破作业做了特殊规定：

（1）工作面爆破和无人时，反向风门必须关闭。

（2）石门揭煤采用远距离爆破时，必须制定包括爆破地点、避灾路线及停电、撤人和警戒范围等的专项措施。

（3）在矿井尚未构成全风压通风的建井初期，在石门揭穿有突出危险煤层的全部作业过程中，与此石门有关的其他工作面必须停止工作。在实施揭穿突出煤层的远距离爆破时，井下全部人员必须撤至地面，井下必须全部断电，立井口附近地面 20 m 范围内或斜井口前方 50 m、两侧 20 m 范围内严禁有任何火源。

（4）煤巷掘进工作面采用远距离爆破时，爆破地点必须设在进风侧反向风门之外的全风压通风的新鲜风流中或避难所内，爆破地点距工作面的距离由矿技术负责人根据曾经发生的最大突出强度等具体情况确定，但不得小于 300 m；采煤工作面爆破地点到工作面的距离由矿技术负责人根据具体情况确定，但不得小于 100 m。

（5）远距离爆破时，回风系统必须停电、撤人。爆破后进入工作面检查的时间由矿技术负责人根据情况确定，但不得少于 30 min。

爆破警戒规定：

一是班组长接到警戒牌后，开始组织现场人员撤到警戒线以外。

二是班组长必须亲自安排人在作业规程规定的各警戒岗点执行警戒工作。执行双人警戒汇报制，及安排双人到达警戒岗点处，警戒工作完成后一人负责现场警戒，一人向班组长复命。

三是各警戒岗点除警戒人员外，还要设置警示牌、栏杆或拉绳等明显标志。

四是班组长核实人数无误，并接到所有警戒岗点人员复命后，方可下达爆破命令。

4）安全起爆程序

要严格按照爆破工操作作业规程和所在爆破地点施工作业规程或施工措施执行。

7. 爆破后工作

（1）巡视爆破地点。爆破后，待工作面的炮烟被吹散后，爆破工、瓦斯检查工和班组长必须巡视爆破地点，检查通风、瓦斯、煤尘、顶板、支架、拒爆、残爆等情况。检查工作应由外向里，如果有危险情况，必须立即处理。

（2）撤除警戒。爆破结束后，爆破工要报告班组长，由布置警戒的班组长亲自撤回警戒。

（3）洒水降尘。爆破后，爆破地点附近 20 m 巷道内，必须洒水灭尘。

（4）发布作业命令。检查无问题后，班组长才能发布人员可进入工作面正式作业的命令。

（5）处理拒爆。发现并处理拒爆时，必须在班组长直接指导下进行处理，并应当在当班处理完毕，如果当班未能处理完毕，做好标记，当班爆破工必须在现场向下一班爆破工交接清楚。

8. 裸露爆破

1）裸露爆破的概念

裸露爆破是在岩体表面上直接贴敷炸药或盖上泥土进行爆破的方法，曾称放糊炮。

2）裸露爆破的危害

（1）裸露爆破，炸药在煤、岩表面爆炸，爆炸火焰直接暴露在井下空气中，所以容易引起瓦斯、煤尘爆炸。

（2）裸露爆破空气震动大，容易将落尘扬起，增加井下空气中粉尘含量，不利于职工健康，也容易引起煤尘爆炸。

（3）裸露爆破的方向和爆炸能量不易控制，所以难以防止崩坏和崩倒支架，造成冒顶事故，也难以防止崩坏附近的电气设备、机器设备。

（4）爆破效果差。炸药消耗比用炮眼爆破多几十倍，造成炸药浪费。

（五）拒爆和残爆的处理

通电后出现网路不爆时，爆破工应立即停止爆破工作，并进行检查。

1. 用欧姆表检查

（1）若表针读数小于零，说明网路有短路处，应依次检查网路，查出短路处，处理后重新通电起爆。

（2）若表针走动小、读数大，说明有连接不良的接头，查出后，将其扭牢，重新通电起爆。

（3）若表针不走动，说明爆破母线或电雷管桥丝有折断，这时要改变连线方法，采用中间并联，一次逐段爆破，或一眼一爆，查出拒爆后，按规定进行处理。

2. 用导通表检查网路

爆破工也可以用导通表检测网路，若网路导通，则可以重新爆破；若网路不导通，说明有断路，需逐段检查，加以处理，然后重新起爆。

3. 处理方法

（1）发现拒爆后，应先检查工作面顶板、支架和瓦斯无问题后，再进行处理。

（2）爆破后，如出现有隔三差五的炮眼不响时，必须对每个雷管用测炮器重新检查，如灯都亮，可重新连线爆破；如果灯不亮，可按拒爆处理。

（3）由于连线不良造成的拒爆，可重新连线起爆；若因其他原因造成拒爆的，在距拒爆炮眼 0.3 m 以外另打与拒爆炮眼平行的新炮眼，重新装药起爆。重新打眼时，应弄清楚原炮眼的角度、深度。

《煤矿安全规程》规定：处理拒爆、残爆时，必须在班组长直接指导下进行处理，并应当在当班处理完毕，如果当班未能处理完毕，当班爆破工必须在现场向下一班爆破工交接清楚。

一是处理拒爆时，必须遵守下列规定：在距拒爆眼 0.3 m 以外另打与拒爆炮眼平行的新炮眼，重新装药起爆。

二是严禁用镐刨或从炮眼中取出原放置的起爆药卷或从起爆药卷中拉出电雷管。不论有无残余炸药严禁将炮眼残底继续加深；严禁用打眼的方法往外掏药；严禁用压风吹拒爆（残爆）炮眼。

三是处理拒爆的炮眼爆炸后，爆破工必须详细检查炸落的煤、矸，收集未爆电雷管。

四是在拒爆处理完毕以前，严禁在该地点进行与处理拒爆无关的工作。

（六）自由面和最小抵抗线

自由面和最小抵抗线是爆破工作中两个重要的概念。被爆炸破坏的岩体或煤体与空气接触的界面叫做自由面。从装药中心到自由面的最短距离叫做最小抵抗线。最小抵抗线取得合理与否，直接关系到各项爆破指标。事实上最小抵抗线是爆破时岩石阻力最小的方向，在这个方向上岩石运动速度最高，爆破作用也最集中。因而最小抵抗线是爆破作用的主导方向，也是抛掷作用的主导方向，如图 2-68 和图 2-69 所示。

《煤矿安全规程》规定，工作面有 2 个或 2 个以上自由面时，在煤层中最小抵抗线不得小于 0.5 m，在岩层中最小抵抗线不得小于 0.3 m。浅眼装药爆破大岩块时，最小抵抗线和封泥长度都不得小于 0.3 m。

炸药爆炸时，冲击波首先破坏抵抗线最小的自由面，如果最小抵抗线违反《煤矿安全规程》的规定，

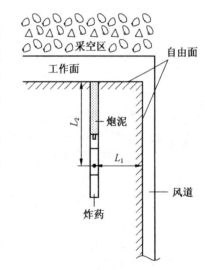

L_1、L_2—抵抗线（其中最小者为最小抵抗线）

图 2-68 自由面和最小抵抗线

爆炸产生的高温高压冲击波，容易引燃瓦斯或煤尘；如果抵抗线太短，炸药达不到完全爆炸，爆炸生成的灼热固体颗粒也容易引燃或引爆瓦斯和煤尘。所以，应遵守最小抵抗线的上述规定。

五、矿井防尘

（一）粉尘

1. 粉尘的概念

粉尘是指煤矿生产过程中所产生的各种矿物细微颗粒的总称，因其颗粒直径很小，常

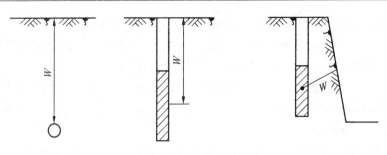

(a)平地球形药包爆破　　(b)平地垂直炮眼爆破　　(c)台阶垂直爆破

图2-69　各类爆破条件下的最小抵抗线

用微米（μm）来表示。

粉尘一般分为煤尘和岩尘两种。煤尘是从其爆炸角度来定义的，凡粒径小于 1 mm 的煤炭颗粒叫煤尘，煤尘含有较多的以固定碳为主的可燃物质。岩尘是从其卫生角度来定义的，凡粒径小于 5 μm 的岩石颗粒称为岩尘，岩尘能够进入人体肺部引起尘肺病；当岩尘中游离二氧化硅浓度超过10%时，称为硅尘。

各种粒度的粉尘在整个粉尘中所占的百分比称为粉尘分散度。

2. 粉尘的产生

井下粉尘的主要来源是在生产过程中生成的，煤层或围岩中由于地质作用生成的原生粉尘是井下粉尘的次要来源。

井下粉尘的产量，以采掘工作面为最高；其次在运输系统各转载点，因煤和岩石遭到进一步破碎，也将产生相当数量的粉尘。

粉尘的产生量随煤炭开采方法和所用的机械、生产工序、工艺的不同而不同。随着生产的发展和机械化程度的不断提高，粉尘的产生量也必将增大，防尘工作也更加重要。

3. 影响粉尘产生量的因素

矿井粉尘的产生量与下列因素有关：

（1）工作地点。以采掘工作面和装卸点为最高。

（2）机械化程度，有无防尘、消尘措施，开采强度。

（3）煤、岩的物理性质。节理发育、脆性大、结构疏松、水分低的煤易产生粉尘。

（4）采煤方法及截割参数。

（5）作业环境的温度、湿度及通风状况。

（6）工序。干式打眼、装运岩、割煤（爆破）等工序产尘较多。

（7）地质构造。地质构造复杂、断层和裂隙发育开采时产尘量大。

4. 粉尘的主要性质

（1）粉尘的湿润性。粉尘粒子能被水（或其他液体）湿润的现象，叫做湿润性。

（2）粉尘的荷电与导电性。粉尘在产生过程中，由于物料的激烈撞击，尘粒彼此间或尘粒与物料间的摩擦，放射线照射及电晕放电等作用而发生荷电，它的物理性质将有所改变，如凝聚性和附着性增强，并影响尘粒在气体中的稳定性等。

（3）粉尘的自然堆积角。粉尘的自然堆积角也称安息角，即粉尘在水平面上自然堆放时，所堆成的锥体的斜面与水平面所成的夹角。

（4）粉尘的爆炸性。某些粉尘在空气中达到一定浓度时，在外界的高温、明火、摩擦、振动、碰撞及放电火花等作用下会引起爆炸，这类粉尘称为具有爆炸危险性粉尘。有些粉尘（如镁粉、碳化钙粉）与水接触后会引起自燃或爆炸，这类粉尘也称为具有爆炸危险性粉尘。对于这种粉尘不能采用湿式除尘器。还有些粉尘，如溴与磷、镁、锌粉互相接触或混合便会发生爆炸。

爆炸即瞬时急剧的燃烧。爆炸时生成气体受高温急剧膨胀，产生很高的压力，引起破坏作用。粉尘的爆炸性主要取决于粉尘性质，还与粉尘的粒径和湿度等有关。粒径越小、粉尘和空气的湿度越小，爆炸危险性越大，反之则小。

粉尘在空气中只有在一定的浓度范围内才能引起爆炸，这个能引起爆炸的浓度，叫做爆炸浓度。能够引起爆炸的最高浓度称为爆炸上限，最低浓度称为爆炸下限。

（二）粉尘的危害性

1. 对人体的主要危害

如果人的肺部长期吸入大量的粉尘就会患尘肺病。尘肺病是目前危害较大的一种职业病。尘肺病的发生与下列条件有关：

（1）空气中粉尘的游离二氧化硅含量。

（2）空气中粉尘粒度。

（3）空气粉尘浓度。

（4）工作人员身体健康状况。

如果粉尘中游离二氧化硅的含量越大，粉尘的粒度越细（小于 5 μm），而且粉尘的浓度越大，则危害越大。

此外，如果皮肤沾染粉尘，阻塞毛孔，会引起皮肤病或发炎；粉尘进入眼睛会刺激眼膜，引起角膜炎，造成视力减退；粉尘吸入人体，会刺激呼吸系统，引起上呼吸道的炎症等疾病。

2. 对矿井的危害

粉尘对矿井具有很大的危害性，表现在以下几个方面：

（1）某些粉尘（如煤尘、硫化尘）在一定条件下会燃烧或爆炸。

（2）作业场所粉尘过多，污染劳动环境，影响视线，影响效率，不利于及时发现事故隐患，降低工作场所能见度，增加工伤事故的发生。

（3）煤尘对爆破安全的危害。爆破一方面扬起积尘，另一方面产生新的煤尘，极易使空气中煤尘达到爆炸浓度。

（4）粉尘还会影响设备安全运行，加速设备的磨损，对矿区周围的生态环境、生活环境造成严重破坏。

3. 煤尘爆炸的条件

（1）煤尘本身具有爆炸性且悬浮于空气中，并达到一定的浓度。一般来说，煤尘爆炸的下限浓度为 $30 \sim 40 \ g/m^3$，上限浓度为 $1000 \sim 2000 \ g/m^3$，其中浓度在 $300 \sim 400 \ g/m^3$ 时爆炸强度最高。一般情况下，浮游煤尘达到爆炸下限浓度的情况是不常有的，但是爆破、爆炸和其他震动冲击都能使大量落尘飞扬，在短时间内使浮尘量增加，达到爆炸浓度。因此，确定煤尘爆炸浓度时，必须考虑落尘这一因素。

（2）有引燃煤尘爆炸的高温热源。煤尘的引燃温度变化范围较大，随着煤尘性质、浓度及试验条件的不同而不同。我国煤尘爆炸的引燃温度在 610 ~ 1050 ℃ 之间，一般为 700 ~ 800 ℃。煤尘爆炸的最小点火能为 4.5 ~ 40 mJ。这样的温度条件，几乎一切火源均可达到，如爆破火焰、电气火花、机械摩擦火花、瓦斯燃烧或爆炸、井下火灾等。

（3）足够的供氧条件。空气中氧气不能低于 18%。当氧气的浓度低于 18% 时，单纯的煤尘爆炸就不能发生。

4. 煤尘爆炸的特征

（1）形成高温高压冲击波。煤尘爆炸火焰温度为 1600 ~ 1900 ℃，爆源的温度达到 2000 ℃ 以上，这是煤尘爆炸得以自动传播的条件之一。

（2）煤尘爆炸具有连续性。由于煤尘爆炸具有很高的冲击波速，能将巷道中落尘扬起，甚至使煤体破碎形成新的煤尘，导致新的爆炸，有时可如此反复多次，形成连续爆炸，这是煤尘爆炸的重要特性。

（3）煤尘爆炸的感应期。煤尘爆炸也有一个感应期，即煤尘受热分解产生足够数量的可燃气体形成爆炸所需的时间。根据试验，煤尘爆炸的感应期主要取决于煤挥发分含量，一般为 40 ~ 280 ms，挥发分越高，感应期越短。

（4）挥发分减少或形成"黏焦"。煤尘爆炸时，参与反应的挥发分占煤尘挥发分含量的 40% ~ 70%，致使煤尘挥发分减少，根据这一特征，可以判断煤尘是否参与了井下的爆炸。

（5）产生大量的一氧化碳。煤尘爆炸时产生的一氧化碳，在灾区气体中的浓度可达 2% ~ 3%，甚至高达 8% 左右。爆炸事故中 70% ~ 80% 的受害者，是由于一氧化碳中毒。

（三）粉尘浓度规定

粉尘的分类方法很多。按其产生来源可分为原生粉尘和次生粉尘，按其存在状态可分为浮游粉尘和沉积粉尘，按其岩性可分为煤尘和岩尘，按尘粒的可见程度可分为可见粉尘（粒径大于 10 μm）、显微粉尘（粒径 0.1 ~ 10 μm）和超显微粉尘，还可分为爆炸性粉尘和非爆炸性粉尘、呼吸性和非呼吸性粉尘等。根据不同的目的和需要，可采用不同的分类方法。煤矿作业场所粉尘接触浓度管理限值判定标准见表 2 - 8，生产性粉尘监测规定见表 2 - 9。

表 2 - 8　煤矿作业场所粉尘接触浓度管理限值判定标准

粉尘种类	游离二氧化硅含量/%	呼吸性粉尘浓度/(mg·m^{-3})
煤尘	≤5	5.0
岩尘	5 ~ 10	2.5
	10 ~ 30	1.0
	30 ~ 50	0.5
	≥50	0.2
水泥尘	<10	1.5

表 2 - 9　生产性粉尘监测规定

监 测 种 类	监 测 地 点	监 测 周 期
工班个体呼吸性粉尘	采、掘（剥）工作面	3 个月 1 次
	其他地点	6 个月 1 次

表 2-9（续）

监 测 种 类	监 测 地 点	监 测 周 期
定点呼吸性粉尘		1 个月 1 次
粉尘分散度		6 个月 1 次
游离二氧化硅含量		6 个月 1 次
定点总粉尘浓度	采、掘（剥）工作面	1 个月 2 次
	地面及露天煤矿	1 个月 1 次

（四）煤矿井下防尘的有关要求

（1）矿井主要运输巷道，采区回风巷，运输斜井，运输平巷，采区上、下山，采煤工作面上、下平巷，掘进巷道，溜煤眼翻车机，输送机转载点等处均要设置防尘管路，运输斜井和运输平巷管路每隔 50 m 设一个三通阀门，其他管路每隔 100 m 设一个三通阀门。

（2）井下所有运煤转载点必须有完善的喷雾装置；采煤工作面进、回风巷，主要进风大巷，进风斜井，以及掘进工作面都必须安装净化水幕，采煤工作面距上、下出口不超过 30 m，掘进工作面距迎头不超过 50 m，水幕应封闭全断面，灵敏可靠，雾化好，使用正常。

（3）采煤机必须安装内、外喷雾装置。截煤时必须喷雾降尘，内喷雾压力不得小于 2 MPa，外喷雾压力不得小于 1.5 MPa，喷雾流量应与机型相匹配。如果内喷雾装置不能正常喷雾，外喷雾压力不得小于 4 MPa。无水或喷雾装置损坏时必须停机。液压支架和放顶煤采煤工作面的放煤口，必须安装喷雾装置，降柱、移架或放煤时同步喷雾。破碎机必须安装防尘罩和喷雾装置或除尘器。

（4）掘进机作业时，应使用内、外喷雾装置，内喷雾装置的使用水压不得小于 3 MPa，外喷雾装置的使用水压不得小于 1.5 MPa；如果内喷雾装置的使用水压小于 3 MPa 或无内喷雾装置，则必须使用外喷雾装置和除尘器。

（5）采煤工作面煤层注水，应符合《煤矿安全规程》第一百五十四条的要求。

（6）定期冲刷巷道积尘，主要大巷每年至少刷白一次，主要进、回风巷至少每月冲刷一次积尘，采区内巷道冲刷积尘周期由各矿总工程师决定，有定期冲刷巷道的制度，并要有记录可查。井下巷道不得有厚度超过 2 mm、连续长度超过 5 m 的煤尘堆积（用手捏成团，经震动不飞扬不在此限）。

（7）隔爆设施安装的地点、数量、水量、安装的质量符合有关规定；按《煤矿安全规程》规定要求，定期测定井下采掘作业地点的粉尘浓度，测尘合格率达 70% 以上。

（8）井下煤仓放煤口、溜煤眼放煤口、输送机转载点和卸载点，以及地面筛分厂、破碎车间、带式输送机走廊、转载点等地点，都必须安设喷雾装置或除尘器，作业时进行喷雾降尘或用除尘器除尘。

（9）在煤（岩）层中钻孔，应采取湿式钻孔。煤（岩）与瓦斯突出煤层或软煤层中瓦斯抽采钻孔难以采取湿式钻孔时，可采取干式钻孔，但必须采取捕尘、降尘措施，工作人员必须佩戴防尘保护用品。

（10）爆破作业地点，爆破使用水炮泥，爆破前后 20 m 范围洒水灭尘。

（11）采用人工上料喷射机喷射混凝土、砂浆时，必须采用潮料，并使用除尘机对上料口、余气口除尘。喷射前，必须冲洗岩帮。喷射后应有养护措施。作业人员必须佩戴劳动保护用品。

（五）个体防护

个体防护是指通过佩戴各种防护面具以减少吸入人体粉尘的最后一道措施。因为井下各生产环节虽然采取了一系列防尘措施，但仍会有少量微细粉尘悬浮于空气中，甚至个别地点不能达到卫生标准，因此个体防护是防止粉尘对人体伤害的最后一道关卡。

个体防护的用具主要有防尘口罩、防尘风罩、防尘帽、防尘呼吸器等，其目的是使佩戴者能呼吸净化后的清洁空气而不影响正常工作。

1. 防尘口罩

矿井要求所有接触粉尘的作业人员必须佩戴防尘口罩，对防尘口罩的基本要求是阻尘率高，呼吸阻力和有害空间小，佩戴舒适，不妨碍视野。普通纱布口罩阻尘率低，呼吸阻力大，潮湿后有不舒适的感觉，应避免使用。图2-70所示为矿用防尘口罩。

2. 防尘安全帽（头盔）

中国煤炭科工集团重庆研究院研制出 AFM-1 型防尘安全帽（头盔），又称送风头盔（图2-71），与 LKS-7.5 型两用矿灯相匹配，在该头盔间隔中，安装有微型轴流风机、主过滤器、预过滤器，面罩可自由开启，由透明有机玻璃制成，送风头盔进入工作状态时，环境含尘空气被微型轴流风机吸入，预过滤器可截留 80% ~ 90% 的粉尘，主过滤器可截留 99% 以上的粉尘。经主过滤器排出的清洁空气，一部分供呼吸，剩余气流带走使用者头部散发的部分热量，由出口排出。其优点是与安全帽一体化，降低了佩戴口罩的憋气感。

图2-70　防尘口罩

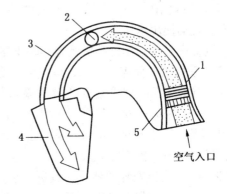

1—微型轴流风机；2—主过滤器；3—头盔；
4—面罩；5—预过滤器

图2-71　AFM-1型防尘送风头盔

AFM-1 型送风头盔的技术特征：LKS-7.5 型矿灯电源可供照明 11 h，同时可供微型轴流风机连续工作 6 h 以上，阻尘率大于 95%；净化风量大于 200 L/min；耳边噪声小于 75 dB。安全帽（头盔）、面罩具有一定的抗冲击性。

3. AYH 系列压风呼吸器

AYH 系列压风呼吸器是一种隔绝式的新型个人和集体呼吸防尘装置。它利用矿井压缩空气在经离心脱去油雾、活性炭吸附等净化过程中，经减压阀同时向多人均衡配气供呼吸。目前生产的型号有 AYH - 1 型、AYH - 2 型和 AYH - 3 型 3 种。

个体防护不可以也不能完全代替其他防尘技术措施。防尘是首位的，鉴于目前绝大部分矿井尚未达到国家规定的卫生标准的情况，采取一定的个体防护措施是必要的。

六、矿井水灾防治

（一）矿井水的来源

矿井水的主要来源是地下水、地表水、大气降水、老空积水和生产用水。

1. 地下水

地下水是矿井水的主要来源。一般存在于含煤地层中各种不同岩层的孔隙或溶洞里，这些含有地下水的岩层，如石灰岩、砾岩层等，统称为含水层。当井下巷道或工作面穿越这些含水层时，地下水就会涌入矿井。如果含水层内水量较大，导水性良好，就可能会发生透水事故。地下水包括冲积层水，承压含水层水，断层水，陷落柱水，老空（塘、窑）水，以及钻孔水。

2. 地表水

地表水是指地面河流、湖泊、水库、池塘等储存的水，在井下掘进巷道或回采过程中，覆盖在煤层上面的岩层受采动的影响，就会下沉，产生断裂和缝隙。如果矿井处在地表水体的影响范围之内，这些地表水就会沿着裂隙渗入矿井，开采煤层距地表水越近，地表水的影响就越大。

3. 大气降水

大气降水是地下水的主要补给来源。大气降水首先渗入地下含水层，采掘过程中含水层的水又涌入矿井。所以，大气降水是矿井水的间接来源。

4. 老空积水

老空积水是煤矿井下的采空区和废弃巷道里，由于长期停止排水而积存的地下水。如果巷道接近或遇到老空区，里面的积水就会涌出。当水突然涌出时，因水中携带着煤岩碎块，有时还可能带出有害气体，而且来势凶猛，会造成透水事故，危害极大。在我国煤矿安全生产中，老空积水造成透水事故的危害性极大。

5. 生产用水

生产用水，在煤矿生产过程中，需要大量的用水。如水采、洒水灭尘、煤体注水、防火灌浆、水砂充填等，生产用水也是矿井水的一个来源，如果管理不善或设备故障，也会造成水灾事故。

（二）矿井水的危害

在煤矿安全生产过程中，矿井水有可利用的一面，但给矿井的安全生产也带来了不良的影响和危害，其危害主要表现在以下几个方面：

（1）恶化生产环境。巷道和采掘工作面出现淋水时，使空气湿度增大，恶化了劳动条件，影响劳动生产率和职工的身体健康。

（2）增加排水费用。由于矿井水的存在，生产过程中必须安设专门的管路、水泵等设备进行排水，增加了原煤成本和工作量。

（3）缩短生产设备的使用寿命。矿井水对各种金属设备、支架、轨道等均有腐蚀作用，会缩短其使用寿命。

（4）损失煤炭资源。当发生突然涌水或其水量超过排水能力时，轻则造成局部停产，重则造成淹井，危及井下作业人员的生命安全并使国家财产受到损失。

（三）矿井涌水量

矿井涌水量有矿井正常用水量和矿井最大涌水量两个概念。

矿井正常涌水量是指在矿井开采期间，单位时间内流入矿井的水量。

矿井最大涌水量是指在矿井开采期间，正常情况下矿井涌水量的高峰值，单位为 m^3/min。

（四）矿井透水预兆

（1）煤壁"挂红"。因为水中含有铁的氧化物，当水通过煤层或岩层时，铁氧化物就会附着在表面形成暗红色水锈。

（2）煤壁"出汗"。当采掘工作面接近积水时，水在自身压力下通过煤岩裂隙在煤壁、岩壁上聚成许多小水珠的现象。

（3）空气变冷。因附近有积水温度降低，使巷道附近空气变冷，煤壁发凉，人进去后有阴凉感觉，时间越长感觉越强。

（4）发生雾气。当巷道内温度很高时，积水透到煤壁后，引起蒸发，而迅速形成雾气。

（5）"水叫"。井下的高压积水向围岩的裂隙强烈挤压与岩壁摩擦而发出"嘶嘶"叫声，说明采掘工作面距积水区很近，预示即将透水，这时必须发出警报，撤出受水患威胁的所有人员。

（6）底板鼓起或产生裂隙发生涌水。巷道靠近高压水体，使巷道底鼓产生裂隙或涌水。

此外，还有可能出现顶板淋水加大，顶板来压，发生片帮、冒顶，水色发混，有臭鸡蛋气味等预兆。

（五）探放水原则

煤矿井下水文地质条件错综复杂，在很多情况下，由于勘探手段和客观认识能力的限制，对井下含水情况掌握的还不够清楚，不能确保没有水害威胁。这样，就需要推断出水害威胁"疑似区域"，对疑似区采取超前打钻措施，探明情况或将水放出，消除水患威胁。

《煤矿防治水规定》规定：矿井必须做好水害分析预报，坚持预测预报、有疑必探、先探后掘、先治后采的探放水原则。

七、矿井救护常识

煤矿生产以井下作业为主，自然条件复杂，时刻受到瓦斯、煤尘、水、火、冒顶等灾害的威胁，一旦发生灾害必然会造成人员的伤亡。为了最大限度地减少和控制事故的发生，减轻事故危害的扩大，以及一旦发生灾变事故，能及时实施救灾和自救、互救工作，从事井下工作的人员必须学习和掌握一些井下急救方面的知识及基本的操作技术。

（一）发生事故时现场人员的行动原则

1. 及时报告灾情

发生灾变事故后，事故地点附近的人员应尽量了解或判断事故性质、地点和灾害程度，并迅速利用最近处的电话或其他方式向矿调度室汇报，并迅速向事故可能波及的区域发出警报，使其他工作人员尽快知道灾情。在汇报灾情时，要将看到的异常现象（火烟、飞尘等），听到的异常声响，感觉到的异常冲击如实汇报，不能凭主观想象判定事故性质，以免给领导造成错觉，影响救灾。

2. 积极抢救

根据现场灾情和条件，现场人员及时利用现场的设备、材料，在保证自身安全的条件下，全力抢险。抢险时要保持统一指挥，严禁各行其是或是单一行动；严禁冒险蛮干，并要注意灾区条件变化，特别是气体和顶板情况。

3. 安全撤离

当灾害发展迅速，无法进行现场抢救，或灾区条件急剧恶化，可能危及现场人员安全，以及接到命令要求撤离时，现场人员应有组织地撤离灾区。撤离灾区时应遵守下列行动准则：

（1）沉着冷静。要保持头脑清醒，临危不乱；树立坚定的信心安全撤出灾区，并在各个环节上做好充分准备，谨慎妥善行动。

（2）认真组织。在老工人和党员干部带领下，统一行动，听从指挥。

（3）团结互助，照顾好伤员和老弱者。

（4）选择正确的避灾路线。尽量选择安全条件好、距离短的路线，切忌图省事或怀着侥幸心理冒险行动，也不能犹豫不决而贻误时机。

（5）加强安全防护。撤退前，所有人员要使用好必备的防护用品和器具（如自救器、毛巾）。行动中不得狂奔乱跑，遇积水区、垮落区、溜煤眼等危险地区，应先探明情况，谨慎行进。

（6）撤退中时刻注意风向及风量的变化，注意是否出现火烟或爆炸征兆。

4. 妥善避灾

撤退中若遇通道堵塞或自救器有效时间已到，无法继续撤离时，应找永久避难硐室或自己建造临时避难硐室待救。

（二）自救器、避难硐室和矿井安全出口

《煤矿安全规程》规定：入井人员必须戴安全帽、随身携带自救器和矿灯，严禁携带烟草和点火物品，严禁穿化纤衣服，入井前严禁喝酒。

自救器是一种轻便、体积小、便于携带、戴用迅速、作用时间短的个人呼吸保护装置。当井下发生火灾、爆炸、煤与瓦斯突出等事故时，井下人员佩戴自救器，可有效防止中毒或窒息。自救器分为过滤式和隔离式两类。隔离式自救器又分为化学氧自救器和压缩氧自救器，过滤式自救器已强制淘汰。

1. 化学氧自救器

化学氧自救器是利用化学生氧物质产生氧气，供矿工从灾区撤退脱险用的保护器。它可以在缺氧或含有有毒气体的环境中使用。化学氧自救器只能使用一次，不能重复使用。化学氧自救器的使用方法如图 2-72 所示，使用步骤如下：

（1）扯下保护带。

（2）用拇指掀起红色扳手，拉断封印条。

（3）去掉上外壳，抓住头带取出呼吸保护器，丢掉下外壳。

（4）拔掉口具塞，拉起鼻夹，将口具片放在唇齿之间，咬住牙垫，紧闭嘴唇。

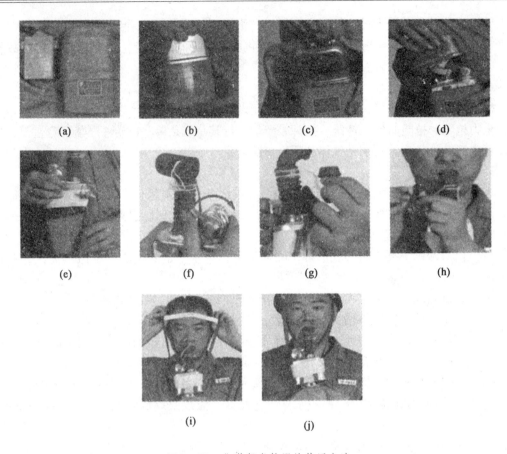

图 2-72　化学氧自救器的使用方法

（5）向自救器内呼气，使气囊鼓起。有启动环的化学氧自救器，可直接拉启动环，将启动针拉出，气囊会自动鼓起。

（6）两手拉开鼻夹，夹在鼻子的两侧，开始用嘴呼吸。

（7）取下矿灯帽，戴好头带，戴上矿灯帽，开始撤出灾区。

2. 压缩氧自救器

压缩氧自救器是利用压缩氧气供氧的隔离式呼吸保护器，是一种可反复多次使用的自救器，每次使用后只需要更换新的吸收二氧化碳的氢氧化钙吸收剂和重新充满氧气即可重复使用。用于有毒气体或缺氧的环境条件下使用。

1）压缩氧自救器的使用方法

（1）先打开外壳封口带扳把，再打开上盖，然后左手抓住氧气瓶，右手用力向上提上盖，此时氧气瓶开关即自动打开，随后将主机从下壳中拖出。

（2）摘下帽子，挎上挎带。

（3）拔开口具塞，将口具放入嘴内，牙齿咬住牙垫。

（4）将鼻夹夹在鼻子上，开始呼吸。

（5）在呼吸的同时，按动补给按钮 1~2 s，气囊充满后立即停止（使用中发现气囊空，供气不足时，按上述方法操作）。

（6）挂上腰钩。

2）压缩氧自救器的使用注意事项

（1）高压氧气瓶中装有压力为 20 MPa 的氧气，携带过程中要防止撞击磕碰，严禁将其当坐垫使用。

（2）携带过程中严禁开启扳把。

（3）佩戴撤离时，严禁摘掉口具、鼻夹或通过口具讲话。

3. 避难硐室

避难硐室是指供矿工遇到事故无法撤退而躲避待救的设施。它分为永久避难硐室和临时避难硐室两种。

永久避难硐室应事先设在井底车场附近或采区工作地点安全出口的路线上。对其要求如下：设有与矿调度室直通的电话，构筑坚固，净高不低于 2 m，严密不透气或采用正压排风，并备有供避难者呼吸的供气设备（如充满氧气的氧气瓶或压气管和减压装置）、隔离式自救器、药品和饮水等；设在采区安全出口路线上的避难硐室，距人员集中工作地点不超过 500 m，其大小应能容纳采区全体人员。

临时避难硐室是指利用独头巷道、硐室或两道风门之间的巷道，由避灾人员临时修建的设施。所以，应在这些地点事先准备好所需的木板、木桩、黏土、砂子或砖等材料，还应装有带阀门的压气管。避灾时，若无构筑材料，避灾人员可用衣服和身边现有的材料临时构筑避难硐室，以减少有害气体的侵入。

在避难硐室内避难时应注意以下事项：

（1）进入避难硐室前，应在硐室外留有衣物、矿灯等明显标志，以便救护人员发现。

（2）待救时，应保持安静，不要急躁，尽量俯卧于巷道底部，以便保持精力，减少氧气消耗，避免吸入更多的有毒气体。

（3）硐室内只留一盏矿灯照明，其余矿灯全部关闭，以备再次撤退时使用。

（4）间断地敲打铁器或岩石发出呼救信号。

（5）全体避难人员要团结互助、坚定信心，相互安慰。

（6）被水堵在上山时，不要向下跑出探望。水被排走露出棚顶时，也不要急于出来，以防二氧化碳、硫化氢等气体中毒。

（7）看到救护人员后，不要过分激动，以防心脑血管破裂。

4. 矿井安全出口

《煤矿安全规程》规定：

每个生产矿井必须至少有 2 个能行人的通达地面的安全出口，各个出口间的距离不得小于 30 m。

采用中央式通风系统的新建和改扩建矿井，设计中应规定井田边界附近的安全出口。当井田一翼走向较长、矿井发生灾害不能保证人员安全撤出时，必须掘出井田边界附近的安全出口。

井下每一个水平到上一个水平和各个采区都必须至少有 2 个便于行人的安全出口，并与通达地面的安全出口相连接。未建成 2 个安全出口的水平或采区严禁生产。

井巷交岔点，必须设置路标，标明所在地点，指明通往安全出口的方向。井下工作人员必须熟悉通往安全出口的路线。

（三）各类灾害事故的自救与互救措施

1. 瓦斯与煤尘爆炸事故的自救与互救措施

（1）井下一旦发生瓦斯、煤尘爆炸时，一般伴有强大的爆炸声和空气震动，此时特别要注意保持冷静，不可惊慌，迅速判明发生事故的地点和自己所处位置。

（2）此时位于事故地点进风侧人员，应迎着风流撤退，位于回风侧人员，必须佩戴自救器或湿毛巾捂住口鼻，以最快速度由快捷方式撤到新鲜风流中。

（3）一旦在撤退过程中，遇有冲击波与火焰袭来时，必须背向冲击波俯卧在地板或水沟中，屏住呼吸，使身体外漏部分尽可能减少，避开冲击波和火焰后，再沿避灾路线撤退，以减少炸伤和烧伤。

（4）如果巷道破坏严重，又不知撤退路线是否安全，就应先进入避难硐室，或找安全地点躲避。

2. 矿井火灾事故的自救与互救措施

（1）任何人在井下发现火灾时，应视火灾性质，灾区通风和瓦斯情况，立即采取一切可能的方法直接灭火，控制火势，并迅速报告矿调度室。如果火势太大，现场无法抢救时，要迅速按灾害预防计划采取自救和互救及组织避灾。

（2）当发现有烟雾或异味时，应立即佩戴自救器或湿毛巾等。位于事故地点进风侧人员，应以最快速度由快捷方式撤到新鲜风流中，当火势比较小，迫不得已时，亦可冲过火源撤退。

（3）如果因故无法撤离灾区时，应设法进入避难硐室或构建临时避难硐室，并在洞外挂好标志等待救援。

3. 矿井透水事故的自救与互救措施

（1）井下发生透水事故时，现场人员应立即采取一切办法避开水头冲击。

（2）不得进入涌水地点及附近的独头巷道（尤其是下山巷道），同时立即向矿调度室汇报事故地点的具体情况。

（3）如果情况危急，水势很猛，人员必须沿灾害预防计划中避灾路线，迅速以快捷方式撤到上一水平或地面。

（4）确定位置后，上山巷道内的空气被水压缩后，压力增大，会形成一定的空间，可用以暂避待救，并在洞口留有求救标志。

（5）切不可顺水往下跑，严禁进入下山独头巷道。

4. 煤与瓦斯突出事故的自救与互救措施

《煤矿安全规程》规定：开采突出煤层时，每个采掘工作面的专职瓦斯检查工必须随时检查瓦斯，掌握突出征兆。当发现有突出征兆时，瓦斯检查工有权停止工作面作业，并协助班组长立即组织人员按避灾路线撤出、报告矿调度室。

（1）矿工在采煤工作面发现有突出征兆时，要以最快的速度通知人员向进风侧撤离。撤离中，要快速打开自救器并佩戴好，迎着新鲜风流继续外撤。如果距离太远不能安全到达新鲜风流处时，应先到避难所，或利用压风自救系统进行自救。

（2）掘进工作面发现有煤与瓦斯突出征兆时，必须迅速向外撤至防突反向风门之处，之后把防突反向风门关好，然后继续外撤。如果自救器发生故障或佩戴自救器不能安全到达新鲜风流处时，应在撤出途中到避难所或利用压风自救系统进行自救，等待救护队救援。

（3）在有煤与瓦斯突出危险的矿井，矿工要把自己的自救器带在身上，一旦发生煤与瓦斯突出事故，立即打开自救器外壳并佩戴好，迅速外撤。矿工在撤退途中，如果退路被堵或自救器有效时间不够时，可到矿井专门设置的井下避难所或压风自救装置处暂避，也可寻找有压缩空气管路的巷道、硐室躲避。这时要把管子的螺栓接头卸开，形成正压通风，延长避难时间，并设法与外界保持联系。

5. 冒顶事故的自救与互救措施

1）采煤工作面冒顶时的自救与互救措施

（1）迅速撤退到安全地点。当发现工作地点有即将发生冒顶的征兆，而当时又难以采取措施防止采煤工作面顶板冒落时，最好的避灾措施是迅速离开危险区，撤退到安全地点。

（2）遇险时要靠煤帮贴身站立或到木垛处避灾。从采煤工作面发生冒顶的实际情况来看，顶板沿煤壁冒落是很少见的。因此，当发生冒顶来不及撤退到安全地点时，遇险者应靠煤帮贴身站立避灾，但要注意煤壁片帮伤人。另外，冒顶时可能将支柱压断或推倒，但在一般情况下不可能压垮或推倒质量合格的木垛。因此，如果遇险者所在位置靠近木垛时，可撤至木垛处避灾，并尽量使避灾位置通风良好。

（3）遇险后应立即发出呼救信号。冒顶对人员的伤害主要是砸伤、掩埋或隔堵。冒落基本稳定后，遇险者应立即采用呼叫、敲打（如果敲打物料、岩块，可能造成新的冒顶时，则不能敲打，只能呼叫）等方法，发出有规律、不间断的呼救信号，以便救护人员和撤出人员了解灾情，组织力量进行抢救。

（4）遇险人员要积极配合外部的营救工作。冒顶后被煤矿、物料等埋压的人员，不要惊慌失措，在条件不允许时切忌采用猛烈挣扎的办法脱险，以免造成事故扩大。被冒顶隔堵的人员，应在遇险地点有组织地维护好自身安全，构筑脱险通道，配合外部的营救工作，为提前脱险创造良好的条件。

2）独头巷道迎头冒顶被堵人员的自救与互救措施

（1）遇险人员要正视已发生的灾害，切忌惊慌失措，坚信矿领导和同志们一定会积极进行抢救。同时，应迅速组织起来，主动听从灾区中班组长和有经验老工人的指挥，团结协作，尽量减少体力和隔堵区的氧气消耗，有计划地使用饮水、食物和矿灯等，做好较长时间的避灾准备。

（2）如果人员被困地点有电话，应立即用电话汇报灾情、遇险人数和计划采取的避灾自救措施；否则，应采用敲击钢轨、管道和岩石等方法，发出有规律的求救信号，并每隔一定时间敲击一次，不间断地发出信号，以便营救人员了解灾情，组织力量进行抢救。

（3）维护加固冒落地点和人员躲避处的支架，并经常派人检查，以防止冒顶进一步扩大，保障被堵人员避灾时的安全。

（4）如果人员被困地点有压风管，应打开压风管给被困人员输送新鲜空气，并稀释被隔堵空间的瓦斯浓度，但要注意保暖。

6. 有毒有害气体中毒事故的抢救措施

抢救时，应首先将中毒者迅速抬到新鲜风流中去，并进行人工呼吸，有条件的应输氧气，并注意保持安静和保暖；其次了解是受什么气体的毒害，然后根据不同的有毒气体中毒特征进行抢救。

（1）一氧化碳中毒。一氧化碳中毒后，如果受难者呼吸中枢麻痹而停止呼吸，但心脏仍搏动，此时，人工呼吸仍不能停止，直至呼吸恢复正常后方可停止人工呼吸。如输氧气，可在氧气中加5%的二氧化碳刺激呼吸中枢。

（2）硫化氢中毒。对中毒者应进行口对口的人工呼吸，同时可以用毛巾或棉花浸氯水放在受难者口旁，也可让其喝点稀氯水溶液解毒，还可用1%硼酸水或弱明矾水洗眼睛。

（3）二氧化氮和二氧化硫中毒。对中毒者实施抢救时，需特别注意，不能用压胸或压背的人工呼吸法，只能用拉舌或活动上肢的人工呼吸法。同时用1%硼酸水或弱明矾水洗眼睛。

（4）当发生瓦斯、二氧化碳窒息人员时，迅速把受难者抬到新鲜风流和周围支架完好安全的地方。在搬运途中，如仍受到有害气体威胁，急救者一定要戴好自救器，对被救人员也要戴好自救器。当出现心跳停止的现象时，除进行人工呼吸外，还应同时进行胸外心脏按压急救，人工呼吸持续时间以恢复自主性呼吸或到伤员真正死亡时为止。在无法接近受害者的情况下，可通过压风管等通风工具，给受害者以新鲜风流（以满足受害者呼吸要求的风量为宜），避免受害者受害程度加大，但请注意要采取防止瓦斯、二氧化碳外溢造成瓦斯爆炸或施救者窒息的措施。

（四）煤矿井下现场急救

1. 创伤急救的意义、主要内容和原则

1）现场急救的概念

现场急救，是在事故创伤发生的现场实施的，以紧急挽救伤员生命或防止伤情恶化或发展（二次损伤）为目的的院前抢救措施的总称。

2）现场急救的意义

煤矿创伤大体分为机械性、非机械性和爆炸性三大类，以机械性外伤为最多。致伤方式有冒顶，片帮，机械撞击或切、割、绞，爆破，爆炸，触电，溺水，中毒，以及窒息等，以冒顶和爆炸最为严重。

在煤矿生产过程中，当发生人身损伤事故时，应首先抢救伤员。对于机械创伤、触电、气体中毒、溺水等的伤员，及时地采取现场急救措施，对挽救伤员的生命或避免伤情感化具有十分重要的意义，为进一步送医院治疗赢得了宝贵的时间。例如，冒顶埋人，现场及时救人，清除口、鼻中异物并进行人工呼吸，伤员即可立即得救；给血管破裂出血伤员及时止血，可防止休克，使生命得到挽救；脊柱损伤的伤员若能得到正确的搬运，可防止继发损伤，避免致残截瘫；对心跳、呼吸停止的伤员立即进行心脏复苏，对挽救生命是非常重要的。

据统计，严重创伤引起休克的伤员中，有2/3在25 min内死亡。而这2/3的伤员若能在25 min内得到有效急救处理，可以挽救50%的人的生命。实际上，对于已引起心跳骤停的伤员来说，可以挽救生命的时间只有4~6 min。

大量事实表明：2 min以内进行抢救的成功率可达70%，4 min以内进行抢救的成功率可达40%，6 min以内进行抢救的成功率为10%，10 min以后进行抢救的成功率更小。延误抢救时机，即使经过抢救伤员有了心跳与呼吸，却没有意识，成为"植物人"，或更多的伤员因为失去抢救机会而死亡。若完全依赖医务人员抢救，可能会耽误许多宝贵的时间，或使伤员失去生存的希望。因此，只有让每个人都懂得现场急救的知识，在现场直接实施抢救措施，才能最大限度地争取时间挽救伤员的生命。由此可见，事故创伤的现场急救具有十分重要的意义。

3）创伤现场急救的主要内容

创伤现场急救主要有通畅呼吸道、人工呼吸、心脏复苏、止血、包扎、骨折临时固定和伤员搬运和抗休克等内容。

4）创伤现场急救的原则

矿井中发生火灾、爆炸、水灾、冒顶等事故后，伤员中会出现中毒、窒息、烧伤、大出血、骨折等现象。救护队到来之前，在场人员应对这些伤员进行及时、合适的急救，并必须遵守"三先三后"的原则：

（1）对窒息的伤员，先复苏后搬运；对呼吸道完全堵塞或心跳呼吸刚停止不久的伤员先复苏后搬运。

（2）对出血的伤员，先止血后搬运。

（3）对骨折的伤员，先固定后搬运。

2. 伤情的判断与分类

在井下事故中，一旦出现大批伤员，一般是先救重伤员后救轻伤员，下面简单介绍一下如何判断伤员的伤情。

首先检查心跳、呼吸和瞳孔三大体征，并观察伤员的神志情况。正常人心跳每分钟 60～100 次，严重创伤、大出血时，心跳多增快。正常人呼吸每分钟 16～18 次，垂危伤员呼吸多变快、变浅或不规则。正常人两侧瞳孔等大等圆，遇到光线能迅速收缩变小，医学上称之为对光反应存在。严重颅脑伤的伤员，两侧瞳孔可不等大，对光反应迟钝或消失。正常人神志清楚，对外来刺激有反应，伤势严重的伤员神志模糊或昏迷，对外来刺激没有反应。通过以上简单的检查就可以对伤情的轻重作出初步判断。

根据伤情的轻重大致可将伤员分为三类：

（1）危重伤员。外伤性窒息、心脏骤停、深度昏迷、严重休克、大出血等类伤员须立即抢救，并在严密观察或抢救下，迅速送到医院。

（2）重伤员。骨折及脱位、严重挤压伤、大面积软组织挫伤、内脏损伤等，这类伤员多需手术治疗。对需要进行手术的应迅速送往医院，对暂缓手术的应注意预防休克。

（3）轻伤员。软组织擦伤、裂伤可在医疗站进行处理，不必送医院。一般性挫伤等可在井口保健。

如伤员有多处外伤或复合伤时，首先应使伤员的呼吸道通畅、止住大出血和防止休克，其次处理骨折，最后处理一般伤口。

3. 心脏复苏

1）心脏复苏的操作步骤

（1）判断有无意识。轻轻摇动被抢救者的肩部，高声喊叫其姓名，或问："喂！你怎么啦？"若无反应，立即用手指掐人中或合谷穴约 5 s。

（2）呼救。一旦确定被抢救者昏迷，立即呼喊周围人前来协助抢救。煤矿井下不同于地面，若呼救无人，应抓紧抢救，不能因喊人延误抢救时机。

（3）摆正体位。被抢救者的正确体位是仰卧位，头、颈、躯干应平直无扭曲。如果被抢救者面部朝下，呈俯卧或侧卧位，应小心转动，使全身各部分呈整体慢慢转动。特别要注意保护颈部，可一手托住颈部，一手扶着肩部，平稳地将其转动为仰卧位。接着解开其上衣、皮带。

（4）疏通呼吸道。应首先清除呼吸道异物，然后来用仰头抬颌（或抬颈）法，使下颌和咽喉间被拉紧，舌根被连带上提，打开呼吸道。

（5）判断呼吸是否存在。在呼吸道畅通后，用耳贴近被抢救者的口鼻，头部侧向被抢救者的胸部，眼观其胸部有无起伏，面部感觉有无气体排出，耳听呼吸道有无气流通过的声音。若无呼吸，立即进行人工呼吸。

（6）判断有无脉搏。颈动脉靠近心脏，易于反映心脏情况，同时颈部暴露，便于迅速触摸。方法是用食指及中指尖先触及被救者的喉结，然后向旁边滑移 2～3 cm。在气管旁软组织处轻轻触摸颈动脉是否搏动，切忌用力不要过大。以免颈动脉受压，妨碍头部供血。若摸不到脉搏，可断定被救者心跳已停止，应立即施行胸外心脏按压术。

2）心脏复苏的分类

心脏停止跳动有两种情况：一种是先发生呼吸衰竭，抢救无效导致心跳停止；另一种是一开始就出现心跳停止，如中毒、触电等情况下。心脏复苏操作主要有心前区叩击术和胸外心脏按压术两种方法。

（1）心前区叩击术。在心脏停搏后 1～2 min 内，心脏的应激性是增强的，叩击心前区，往往可使心脏复跳。叩击位置：从左侧乳头到胸正中之间的部位都可以。操作方法：用手握拳，举到距离胸壁上方 33 cm 左右的高处，连续叩击 3～5 次，如图 2－73 所示。并观察脉搏、心音，若恢复则表示复苏成功；反之，应立即放弃，改行胸外心脏按压术。

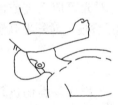

图 2－73　心前区叩击

（2）胸外心脏按压术。胸外心脏按压术适用于各种原因造成的心跳骤停者。在胸外心脏按压前，应先进行心前区叩击术，如果叩击无效，应及时正确地进行胸外心脏按压术。其操作方法：首先将伤员仰卧在木板上或地上，解开其上衣和腰带，脱掉鞋。救护者位于伤员一侧，手掌面与前臂垂直，一手掌面压在另一手掌面上，使双手重叠，掌根置于伤员胸骨中下 1/3 交界处（其下方为心脏），如图 2－74 所示，以双肘和臂肩之力有节奏地、冲击式地向脊柱方向用力按压，使胸骨压下 4～5 cm（有胸骨下陷的感觉即可）；按压后，迅速抬手使胸骨复位，以利于心脏的舒张。按压次数，每分钟 100 次。

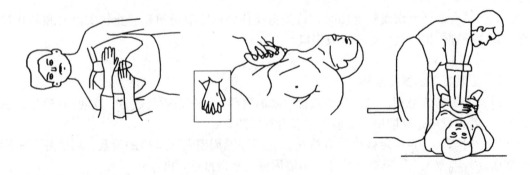

图 2－74　胸外心脏按压

使用胸外心脏按压术时的注意事项：

①按压的力量应因人而异。对身强力壮的伤员，按压力量可大些；对年老体弱的伤

员，按压力量宜小些。按压的力量要稳健有力，均匀规则，重力应放在手掌根部，着力仅在胸骨处，切勿在心尖部按压，同时注意用力不能过猛，否则可致肋骨骨折、心包积血或引起气胸等。

②胸外心脏按压与口对口吹气应同时施行，一般胸外心脏按压30次，作口对口吹气2次。

③按压显效时，可摸到颈总动脉、股动脉搏动，散大的瞳孔开始缩小，口唇、皮肤转为红润。

3）人工呼吸

人工呼吸适用于触电休克、溺水、有害气体中毒、窒息或外伤窒息等引起的呼吸停止、假死状态者。如果呼吸停止不久大都能通过人工呼吸抢救过来。

在施行人工呼吸前，先要将伤员运送到安全、通风良好的地点，将伤员领口解开，松开腰带，注意保持体温。腰背部要垫上软的衣服等。应先清除口中脏物，把舌头拉出或压住，防止堵住喉咙，妨碍呼吸。各种有效的人工呼吸都必须在呼吸道畅通的前提下进行。常用的方法有口对口吹气法、仰卧压胸法和俯卧压背法3种。

（1）口对口吹气法。口对口吹气法是效果最好、操作最简单的一种人工呼吸方法。操作前使伤员仰卧，救护者在其头的一侧，一手托起伤员下颌，并尽量使其头部后仰，另一手将其鼻孔捏住，以免吹气时从鼻孔漏气；自己深吸一口气，紧对伤员的口将气吹入，使伤员吸气（图2-75）。然后，松开捏鼻的手，并用一手压其胸部以帮助伤员呼气。如此有节律地、均匀地反复进行，每分钟应吹气14～16次。注意吹气时切勿过猛、过短，也不宜过长，以占一次呼吸周期的1/3为宜。

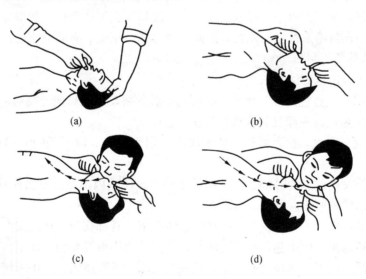

(a)　　　　　　　　　　(b)

(c)　　　　　　　　　　(d)

图2-75 口对口吹气法

（2）仰卧压胸法。让伤员仰卧，救护者跪跨在伤员大腿两侧，两手拇指向内，其余四指向外伸开，平放在其胸部两侧乳头之下，借半身重力压伤员胸部。挤出伤员肺内空气；然后，救护者身体后仰，除去压力，伤员胸部依其弹性自然扩张，使空气吸入肺内。如此有节律地进行，要求每分钟压胸16～20次（图2-76）。

此法不适用于胸部外伤或二氧化硫、二氧化氮中毒者，也不能与胸外心脏按压法同时进行。

（3）俯卧压背法。俯卧压背法与仰卧压胸法操作法大致相同，只是伤员俯卧，救护者跪跨在伤员大腿两侧（图2-77）。因为这种方法便于排出肺内水分，因而对溺水急救较为适合。

图2-76　仰卧压胸法　　　　　　　　图2-77　俯卧压背法

4. 止血

1）概述

创伤会使血管破裂出血，特别是较大的动脉血管损伤，会引起大出血，在伤员失血量达全身血液总量的20%以上时，生命活动就有困难，出现面色苍白、出冷汗、口渴、四肢发凉、脉快、血压下降、烦躁不安等；伤员失血量达全身血液总量30%以上时，就有死亡的危险，急性出血一次达到800~1000 mL，就会有生命危险。除上述症状外，可出现表情淡漠、意识模糊、紫绀、呼吸困难等，一般情况会迅速恶化，如果抢救不及时或处理不当，就会使伤员出血过多而死亡。因此，要迅速、正确、有效地止血。

2）出血的种类与判断

通常，把各种出血归纳为三类：

（1）动脉出血。血色鲜红，血流急，可随心脏的跳动从伤口向外喷射。

（2）静脉出血。血色暗红，徐缓地从伤口流出。

（3）毛细血管出血。血色鲜红，呈水珠样从创面渗出，看不到明显出血点，可自行凝结。

在估计伤员失血过多的时候，应先判断是外出血还是内出血，是大血管破裂还是中、小血管破裂，以便采取相应的止血措施。

外出血一见可知，不易忽视，然而在紧急情况下，背部伤口出血或被衣服遮盖，外边看不到血迹常被忽视，应引起急救者的注意，尤其是内出血更要引起注意。当伤员出现面色苍白、出冷汗、口渴、脉快而弱、血压低四肢发凉、呼吸浅快、意识障碍等情况，而身体表面无血迹时，要考虑到伤员有内出血的可能性。

3）止血法

止血方法很多，常用暂时性的止血方法有指压止血法、加垫屈肢止血法、止血带止血法和加压包扎止血法4种。

（1）指压止血法。即在伤口附近靠近心脏一端的动脉处，用拇指压住出血的血管，以阻断血流。此法是用于头面部及四肢大出血的暂时性止血措施；在指压止血的同时，应立即寻找材料，准备换用其他止血方法。

（2）加垫屈肢止血法。当前臂和小腿动脉出血不能制止时，如果没有骨折和关节脱位，这时可采用加垫屈肢止血法止血。

图 2-78 加垫屈肢止血法

在肘窝处或膝窝处放入叠好的毛巾或布卷，然后屈肘关节或屈膝关节，再用绷带或宽布条等将前臂与上臂或小腿与大腿固定，如图 2-78 所示。

（3）止血带止血法。当上肢或下肢大出血时，在井下可就地取材，使用胶管或止血带等，压迫出血伤口的近心端进行止血，如图 2-79 所示。

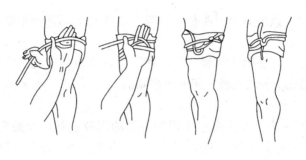

图 2-79 止血带止血法

止血带的使用方法如下：

①在伤口近心端上方先加垫。

②急救者左手拿止血带，上端留 17 cm，紧贴加垫处。

③右手拿止血带长端，拉紧环绕伤肢伤口近心端上方两周，然后将止血带交左手中、食指夹紧。

④左手中、食指夹止血带，顺着肢体下拉成环。

⑤将上端一头插入环中拉紧固定。

⑥在上肢应扎在上臂的上 1/3 处，在下肢应扎在大腿的中下 1/3 处。

在使用止血带时，应注意以下事项：

①扎止血带前，应先将伤肢抬高，防止肢体远端因淤血而增加失血量。在下肢应扎在大腿的中部，防止肢体远端因淤血而增加失血量。

②扎止血带时要有衬垫，不能直接扎在皮肤上，以免损伤皮下神经。

③前臂和小腿不适于扎止血带，因其均有两根平行的骨干，骨间可通血流，所以止血效果差。但在肢体离断后的残端可使用止血带，要尽量扎在靠近残端处。

④禁止扎在上臂的中段，以免压伤桡神经，引起腕下垂。

⑤止血带的压力要适中，既不能阻断血流又不能损伤周围组织。

⑥止血带止血持续时间一般不超过 1 h，太长可导致肢体坏死，太短会使出血、休克进一步恶化。因此，使用止血带的伤员必须配有明显标志，并准确记录开始扎止血带的时间，每 0.5~1 h 缓慢放松一次止血带，放松时间为 1~3 min，此时可抬高伤肢压迫局部止血；再扎止血带时应在稍高的平面上绑扎，不可在同一部位反复绑扎。使用止血带以不超

过 2 h 为宜，应尽快将伤员送到医院救治。

（4）加压包扎止血法。主要适用于静脉出血的止血。方法是将干净的纱布、毛巾或布料等盖在伤口处，然后用绷带或布条适当加压包扎，即可止血。压力的松紧度以能达到止血而不影响伤肢血循环为宜。

5. 创伤包扎

包扎的目的：保护伤口和创面，减少感染，减轻痛苦，加压包扎还有止血的作用；用夹板固定骨折的肢体时需要包扎，以减少继发损伤，也便于将伤员送至医院。

现场进行创伤包扎可就地取材，如毛巾、手帕、衣服撕成的布条等。

包扎的方法有布条包扎法和毛巾包扎法。

1）布条包扎法

（1）环形包扎法。该法适用于头部、颈部、腕部及胸部环行重叠缠绕肢体数圈后即成。

（2）螺旋包扎法。该法用于前臂、下肢和手指等部位的包扎。先用环形法固定起始端，把布条渐渐地斜旋上缠或下缠，每圈压前圈的 1/2 或 1/3，呈螺旋形，尾部在原位上缠 2 圈后予以固定。

（3）螺旋反折包扎法。该法多用于粗细不等的四肢包扎。开始先进行螺旋形包扎，待到渐粗的地方，以一手拇指按住布条上面，另一手将布条自该点反折向下，并遮盖前圈的 1/2 或 1/3。各圈反折必须排列整齐，反折头不宜在伤口和骨头突出部分。

（4）"8"字包扎法。该法多用于关节处的包扎。先在关节中部环形包扎两圈，然后以关节为中心，从中心向两边缠，一圈向上，一圈向下，两圈在关节屈侧交叉，并压住前圈的 1/2。

2）毛巾包扎法

（1）头顶部包扎法。毛巾横盖于头顶部，包住前额，两角拉向头后打结，两后角拉向下颌打结。或者是毛巾横盖于头顶部，包住前额，两前角拉向头后打结，然后两后角向前折叠，左右交叉绕到前额打结。如毛巾太短可接带子。

（2）面部包扎法。将毛巾横置，盖住面部，向后拉紧毛巾的两端，在耳后将两端的上、下角交叉后分别打结，眼、鼻、嘴处剪洞。

（3）下颌包扎法。将毛巾纵向折叠成四指宽的条状，在一端扎一小带，毛巾中间部分包住下颌，两端上提，小带经头顶部在另一侧耳前与毛巾交叉，然后小带绕前额及枕部与毛巾另一端打结。

（4）肩部包扎法。单肩包扎时，毛巾斜折放在伤侧肩部，腰边穿带子在上臂固定，叠角向上折，一角盖住肩的前部，从胸前拉向对侧腋下，另一角向上包住肩部，从后背拉向对侧腋下打结。

（5）胸部包扎法。全胸包扎时，毛巾对折，腰边中间穿带子，由胸部围绕到背后打结固定。胸前的两片毛巾折成三角形，分别将角上提至肩部，包住双侧胸，两角各加带过肩到背后与横带相遇打结。

（6）背部包扎法。背部包扎法与胸部包扎法相同。

（7）腹部包扎法。将毛巾斜对折，中间穿小带，小带的两部拉向后方，在腰部打结，使毛巾盖住腹部。将上、下两片毛巾的前角各扎一小带，分别绕过大腿根部与毛巾的后角在大腿外侧打结。

（8）臂部包扎法。臂部包扎法与腹部包扎法相同。

3）包扎时的注意事项

（1）包扎时，应做到动作迅速敏捷，不可触碰伤口，以免引起出血、疼痛和感染。

（2）不能用井下的污水冲洗伤口。伤口表面的异物（如煤块、矸石等）应去除，但深部异物需运至医院取出，防止重复感染。

（3）包扎动作要轻柔，松紧度要适宜，不可过松或过紧，结头不要打在伤口上，应使伤员体位舒适，包扎部位应维持在功能位置。

（4）脱出的内脏不可纳回伤口，以免造成体腔内感染。

（5）包扎范围应超出伤口边缘 5～10 cm。

6. 骨折临时固定

骨折固定可减轻伤员的疼痛，防止因骨折端移位而刺伤邻近组织、血管、神经，也是防止创伤休克的有效急救措施。

1）操作要点

（1）在进行骨折固定时，应使用夹板、绷带、三角巾、棉垫等物品。手边没有上述物品时，可就地取材，如板劈、树枝、木板、木棍、硬纸板、塑料板、衣物、毛巾等均可代替。必要时也可将受伤肢体固定于伤员健侧肢体上，如伤指可与邻指固定在一起，下肢骨折可与健侧绑在一起。若骨折断端错位，救护时暂不要复位，即使断端已穿破皮肤露出外面，也不可进行复位，而应按受伤原状包扎固定。

（2）骨折固定应包括上、下两个关节，在肩、肘、腕、股、膝、踝等关节处应垫棉花或衣物，以免压破关节处皮肤，固定应以伤肢不能活动为度，不可过松或过紧。

（3）搬运时要做到轻、快、稳。

2）固定方法

（1）上臂骨折。于患侧腋窝内垫以棉垫或毛巾，在上臂外侧安放垫衬好的夹板或其他代用物，绑扎后，使肘关节屈曲90°，将患肢捆于胸前，再用毛巾或布条将其悬吊于胸前。

（2）前臂及手部骨折。用衬好的两块夹板或代用物，分别置放在患侧前臂及手的掌侧及背侧，以布带绑好，再以毛巾或布条将臂吊于胸前。

（3）大腿骨折。用长木板放在患肢及躯干外侧，半髋关节、大腿中段、膝关节、小腿中段、踝关节同时固定。

（4）小腿骨折。用长、宽合适的两块木夹板自大腿上段至踝关节分别在内、外两侧捆绑固定。

（5）骨盆骨折。用衣物将骨盆部包扎住，并将伤员两下肢互相捆绑在一起，膝、踝间加以软垫，曲髋，屈膝。要多人将伤员仰卧平托在木板担架上。有骨盆骨折者，应注意检查有无内脏损伤及内出血。

（6）锁骨骨折。以绷带作"∞"形固定，固定时双臂应向后伸。

7. 伤员搬运

井下条件复杂，道路不畅，转运伤员要尽量做到轻、稳、快。没有经过初步固定、止血、包扎和抢救的伤员，一般不应转运。搬运时应做到不增加伤员的痛苦，避免造成新的损伤及合并症。搬运时应注意以下事项：

（1）呼吸、心跳骤停及休克昏迷的伤员应先及时复苏后再搬运。在没有懂得复苏技术的人员时，可为争取抢救的时间而迅速向外搬运，去迎接救护人员进行及时抢救。

（2）对昏迷或有窒息症状的伤员，要把肩部稍垫高，使头部后仰，面部偏向一侧或采用侧卧位和偏卧位，以防胃内呕吐物或舌头后坠堵塞气管而造成窒息，注意随时都要确保呼吸道的通畅。

（3）一般伤员可用担架、木板、风筒、刮板输送机槽、绳网等运送，但脊柱损伤和骨盆骨折的伤员应用硬板担架运送。

（4）对一般伤员均应先行止血、固定、包扎等初次救护后，再进行转运。

（5）一般外伤的伤员，可平卧在担架上，伤肢抬高；胸部外伤的伤员可取半坐位；有开放性气胸者，需封闭包扎后，才可转运。腹腔部内脏损伤的伤员，可平卧，用宽布带将腹腔部捆在担架上，以减轻痛苦及出血。骨盆骨折的伤员可仰卧在硬板担架上，曲髋、屈膝，膝下垫软枕或衣物，用布带将骨盆捆在担架上。

（6）搬运胸、腰椎损伤的伤员时，先把硬板担架放在伤员旁边，由专人照顾患处，另有两三人在保持其脊柱伸直位的同时用力轻轻将伤员推滚到担架上。推动时用力大小、快慢要保持一致，要保证伤员脊柱不弯曲。伤员在硬板担架上取仰卧位，受伤部位垫上薄垫或衣物，使脊柱呈过伸位，严禁坐位或肩背式搬运。

（7）对脊柱损伤的伤员，要严禁让其坐起、站立和行走。也不能用一人抬头、一人抱腿或人背的方法搬运，因为当脊柱损伤后，再弯曲活动时，有可能损伤脊髓而造成伤员截瘫甚至突然死亡，所以在搬运时要十分小心。

在搬运颈椎损伤的伤员时，要专有一人把持伤员的头部，轻轻地向水平方向牵引，并且固定在中立位，不使颈椎弯曲，严禁左右转动。搬运者多人双手分别托住颈肩部、胸腰部、臀部及两下肢，同时用力移上担架，取仰卧位。担架应用硬木板，肩下应垫软枕或衣物，使颈椎呈伸展样（颈下不可垫衣物），头部两侧用衣物固定，防止颈部扭转，且忌抬头。若伤员的头和颈已处于曲歪位置，则需按其自然固有姿势固定，不可勉强纠正，以避免损伤脊髓而造成高位截瘫，甚至突然死亡。

（8）转运时应让伤员的头部在后面，随行的救护人员要时刻注意伤员的面色、呼吸、脉搏，必要时要及时抢救。随时注意观察伤口是否继续出血、固定是否牢靠，出现问题要及时处理。走上、下山时，应尽量保持担架平衡，防止伤员从担架上翻滚下来。

（9）运送到井上，应向接管医生详细介绍受伤情况及检查、抢救经过。

8. 不同事故创伤的现场急救方法

1）有害气体中毒与窒息的急救

（1）迅速将伤员抬离中毒环境，转移到通风良好的地方，平卧位。

（2）尽快清除中毒者口、鼻内妨碍呼吸的唾液、血块等，伤员仰头抬颌，解除舌根下坠，以通畅呼吸道。

（3）解开伤员的衣扣、裤带，同时注意保暖。

（4）呼吸微弱或已停止，应立即进行人工呼吸。

（5）有条件时应给中毒者吸氧，即使呼吸正常也要吸氧。没得到氧之前，必须进行人工呼吸。

（6）心脏停止跳动者，立即施行胸外心脏按压术进行复苏。

（7）呼吸恢复正常后，用担架将中毒者送往医院治疗，不要让伤员自己行走。

2）对烧伤人员的急救

矿工烧伤的急救要点可概括为"灭、查、防、包、送"五个字。

灭：扑灭伤员身上的火，使伤员尽快脱离热源，缩短烧伤时间。

查：检查伤员呼吸、心跳情况，是否有其他外伤或有害气体中毒；对爆炸冲击烧伤伤员，应特别注意有无颅脑或内脏损伤和呼吸道烧伤。

防：要防止休克、窒息、创面污染。伤员因疼痛和恐惧发生休克或急性喉头梗阻而窒息时，可进行人工呼吸等急救。为了减少创面的污染和损伤，在现场检查和搬运伤员时，伤员的衣服可以不脱、不剪开。

包：用较干净的衣服把伤面包裹起来，防止感染。在现场，除化学烧伤可用大量流动的清水持续冲洗外，对创面一般不作处理，尽量不弄破水泡以保持表皮。

送：把严重伤员迅速送往医院。搬运伤员时，动作要轻柔，行进要平稳，并随时观察伤情。

3）对溺水人员的急救

呼吸道有水阻塞者可先行控水，但要尽量缩短控水时间，以免耽误抢救时机，控水时尤其要注意防止胃中液体吸入肺中。控水的方法如下：

（1）使溺水者取俯卧位，救护者骑跨于溺水者大腿两侧，用双手抱住伤员腹部向上提，使水流出。

（2）急救者一腿跪地，将溺水者的腹部放在急救者的另一腿的大腿上使头朝下，并压其背部，使水流出。

（3）将溺水者扛于急救者的肩上，急救者上、下耸肩或快步奔走，使水流出。

（4）对呼吸已停止的溺水者，应立即进行人工呼吸。

（5）进行胸外心脏按压同时进行口对口人工呼吸。

4）触电的急救要点

（1）以最快速度切断电源。

（2）无法切断电源时，应设法使带电体直接接地。

（3）以上两项做不到时，立即用木棒等绝缘物体将人与带电物体分开。

（4）若呼吸停止，应立即进行人工呼吸，口对口吹气法为好。

（5）发现伤员心跳停止或心音微弱时进行口对口人工呼吸。

（6）局部电击伤的伤口应早期清创处理包扎，以防止伤口腐烂、感染。

第二部分

瓦斯检查工初级技能

第三章　瓦斯检测仪器仪表

第一节　便携式光学甲烷检测仪

便携式光学甲烷检测仪（图3-1）是以测定空气中的瓦斯、二氧化碳浓度为主的一种光学仪器。按其测量瓦斯浓度的范围分为0~10%（精度0.01%）和0~100%（精度0.1%）两种。便携式光学甲烷检测仪的特点是携带方便、操作简单、安全可靠，并且有较好的测量精度，但仪器构造复杂，维修不便。

一、便携式光学甲烷检测仪的系统组成和主要部件

（一）系统组成

根据便携式光学甲烷检测仪的外形和内部构造，其主要由气路系统、光路系统、电路系统3个系统组成，如图3-1所示。

（二）主要部件

1. 照明装置组

仪器产生干涉条纹的光源部分。灯泡额定电压为1.35 V，具有白色反光面的效果较好。

2. 聚光镜组

聚光镜和镜座由虫胶黏接，该镜用来汇集由光源发出的光以增强其亮度。

3. 平面镜组

产生光干涉的重要部件，通过聚光镜的光线以45°交角射向平面镜后分为两束光线。由于镜座的作用，该镜向后倾斜约55″，以得到所需的干涉条纹宽度。平面镜用挡片、弓形弹片和压板等固定在镜座上。

4. 折光棱镜组

产生光干涉的重要部件，将光线经两次90°反射后折回到平面镜。固定方法与平面镜相同。

5. 反射棱镜组

将光线作90°转向，并且当转动粗动螺杆作上下调节时能移动干涉条纹。棱镜与底座的接触面用虫胶粘牢，并用压板固定紧。底座通过弹簧片与仪器本体连接。当棱镜变位时会使干涉条纹不明或消失。在携带或使用过程中为了防止甩动螺杆的变位而引起条纹的移动，要把护盖盖上。

6. 物镜组

物镜和镜座用虫胶粘牢，其上的光屏用以改善条纹的清晰度。调节物镜前后距离可使

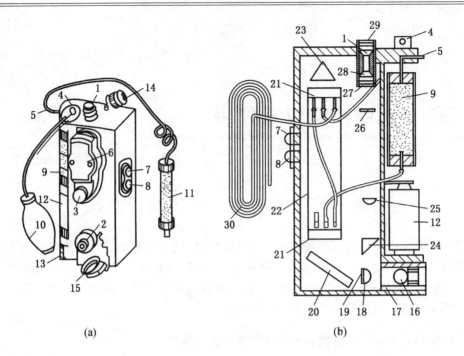

1—目镜；2—主调螺旋；3—微调螺旋；4—吸气管；5—进气管；6—微读数观测窗；7—微读数电门；8—光源电门；
9—水分吸收管；10—吸气橡皮球；11—二氧化碳吸收管；12—干电池；13—光源盖；14—目镜盖；15—主调螺旋
盖；16—灯泡；17—光栅；18—聚光镜；19—光屏；20—平行平面镜；21—平面玻璃；22—气室；23—反射棱镜；
24—折射棱镜；25—物镜；26—测微玻璃；27—分划板；28—场镜；29—目镜护盖；30—毛细管

图 3-1　便携式光学甲烷检测仪

干涉条纹在分划板上成像清晰。

7. 测微组

当转动测微手轮时，因齿轮带动刻度盘和测微螺杆转动，螺杆推动测微玻璃座使其偏转，使干涉条纹移动（刻度盘 1 格相当于 $0.02\%\ CH_4$）。当刻度盘转动 50 格（全部刻度）时，干涉条纹在分划板上的移动量应为 $1\%\ CH_4$，否则要移动连接座进行调整。

8. 目镜组

起放大作用，便于观察。可旋转保护玻璃框来调节视度，使看到的条纹及刻线清晰明显。为了保护目镜，其上带有目镜罩。

9. 吸收管组

一般在吸收管（短管）内装氧化钙或硅胶，用来吸收水蒸气，在附加吸收管（长管）内装钠石灰，用来吸收二氧化碳。这种装法的缺点是有较多的水蒸气时，会引起钠石灰的潮湿而降低效能，因此应经常注意更换药品。

10. 气室组与气路系统

气室分三格：两侧为空气室，中间一格为瓦斯室。空气室与盘形管相连接，起平衡气压的作用；瓦斯室通过弯管、连接管与气球相连通，另一侧弯管、连接管与吸收管路通向测量端。要求气路畅通而不漏，并且空气室与瓦斯室不窜气。

11. 开关组

共有两个开关按钮，上面一个用来控制测微读数部分的照明电路，下面一个用来控制干涉条纹系统电路。为避免从开关处侵入煤尘，装有开关保护套。在使用时开关保护套不能取下。

二、便携式光学甲烷检测仪的工作原理

便携式光学甲烷检测仪是利用光的干涉原理制成的光学仪器，在一定温度和压力下，用便携式光学甲烷检测仪来测量矿井空气中的甲烷含量，其工作原理如图 3-2 所示，由光源发出的光经过聚光镜聚成一束光到达平面镜，并经其反射与折射形成两束光，分别通过空气室和瓦斯室，再经折光棱镜折射后，两束光在 O 点经平面镜反射，一同进入反射棱镜，再反射给望远镜系统。由于光程差的结果，在物镜的焦平面上将产生干涉条纹。

由于光的折射率与气体介质的密度有直接关系，如果以空气室和瓦斯室都充入新鲜空气时产生的条纹为基准（对零），那么当含有瓦斯的空气进入瓦斯室时，由于空气室中的新鲜空气与瓦斯室中的含有瓦斯的空气的密度不同，它们的折射率也不同，因而光程也就不同，于是干涉条纹产生位移，从目镜中可以看到干涉条纹移动的距离。由于干涉条纹的位移大小与瓦斯浓度的高低成正比关系，所以根据干涉条纹的移动距离就可以测知瓦斯的浓度。在分划板上读出位移的大小，其数值就是测定的瓦斯浓度。

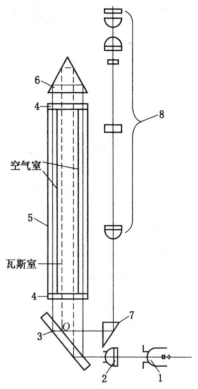

1—光源；2—聚光镜；3—平面镜；4—平行玻璃；5—气室；6—折光棱镜；7—反射棱镜；8—望远镜系统

图 3-2　便携式光学甲烷检测仪的工作原理

三、便携式光学甲烷检测仪常见故障识别及处理

1. 灯泡不亮

其原因为电池接触点不好，应及时检查处理，去掉锈蚀污物使其接触良好。

2. 微动手轮转动不灵活

其原因为齿轮不吻合，应拆开将齿轮安装好。

3. 微动手轮转动时鼓轮不传动

其原因为齿轮不吻合，应卸开将齿轮安装好。

4. 读数盘上的零位不对标线

其原因为固定销的位置不对，应将固定销安装在基线正下方。

5. 条纹不明显

其原因为灯泡调节不好，通过的光线少，这时应放松压紧圈调整灯泡。

6. 零位移动

（1）仪器空气室内空气不新鲜。预防方法是不得连班使用同一个便携式光学甲烷检测仪。

（2）对零地点与测定地点温度和气压差别大。预防方法是尽量在靠近测定地点的标高相差不大、温度相近的进风巷内对零。

（3）瓦斯室气路不通畅。预防方法是经常检查气路，发现堵塞及时修理。

7. 测量数值出现负值或读数不准

其原因为气室漏气，应重粘气室；药品失效，应换药品；吸气中胶皮管通气不良，应更换胶皮管；毛细管被压扁，失去应有的作用，造成读数不准，应将压扁处复原。

8. 干涉条纹弯曲

干涉条纹全弯曲（即干涉条纹呈弧形）是由于以下原因引起的：

（1）平面镜和折光棱镜通光区表面光圈不良。

（2）平面镜、折光棱镜、反射棱镜材质有缺陷。

（3）气室平行玻璃局部平面度不好或材质不好。

干涉条纹局部弯曲，可能是局部光圈不好，光学玻璃表面有磨点、划痕，物镜开胶，银层局部划伤等原因所致。

处理时应首先判断是全弯曲还是局部弯曲，然后分析原因，确定是由哪块镜片影响，再更换镜片，或将平面镜或折光棱镜翻过来组装调整。

四、便携式光学甲烷检测仪使用和保养时的注意事项

（1）由于该仪器是由光学镜片、各种弹簧片、压板、小螺钉等装配起来的，因而不宜受大的振动，携带时不要与其他东西碰撞。

（2）为了保证仪器的准确度，必须保证干涉条纹清晰明亮，因此各通气管路气密性要良好，并畅通无阻。

（3）一台机器不要连班使用，因为用的时间过长，盘形管里空气不新鲜，起不到盘形管应有的作用，造成仪器零位不稳，严重地影响测量准确性。

（4）测量地点如果水蒸气过大，必须用干燥管装上氯化钙，把水蒸气吸收掉，否则会影响测定准确性。

（5）测定地点温度、气压变化较大时（与标准温度和气压相比），注意进行精密测定，修正公式换算成正值。

（6）仪器在使用前要检查吸收剂是否失效，一般吸收剂变色则表示失效，要及时更换。

（7）采用经验定度法检查仪器精度，其方法是将第 1 条黑线中心的分度板零位对准，这时看第 5 条彩线是否与7%相对应，否则说明仪器精度不合格，不能使用。

五、便携式光学甲烷检测仪的使用方法

（一）准备工作

下井前应带齐便携式光学甲烷检测仪、长度不小于 1.5 m 的胶皮管（或甲烷检查仪）、温度计、手册、圆珠笔、粉笔与其他规定的仪器、用具。

（二）仪器检查

支领便携式光学甲烷检测仪后，检查仪器外观、电源、气密性等是否完好，下井后是否在新鲜风流中对基线。

1. 药品检查

要求药品装满、颗粒粒度均匀、大小适宜、药品颗粒直径一般应为 2～5 mm。颗粒太大不能充分吸收所通过气体中的水分或二氧化碳，影响测值的准确性；颗粒过小容易堵塞，造成仪器畅通不良，甚至将药品粉末吸入气室内，吸附到气室平行玻璃上，影响通光，使仪器条纹不清晰。

水分吸收管（短管）：内装硅胶时，呈现为良好的光滑深蓝色颗粒，失效后为粉红色，严重失效时为不光滑粉红色；内装氯化钙时为良好的纯白色颗粒，大小均匀无粉末。失效后呈浆糊状，后变成整个固体。

二氧化碳吸收管（长管）：内装钠石灰时，呈现为良好的鲜粉红色，如果变成白色，呈粉末状态触摸不光滑时，药品已失效，必须更换。

2. 气密性检查

首先检查吸气球，用右手捏扁吸气球，左手捏住吸气胶管，如果吸气球不膨胀还原，说明吸气球不漏气；其次检查仪器是否漏气，将吸气球胶皮管与便携式光学甲烷检测仪吸气孔连接，一手堵住进气孔，另一手捏扁吸气球，松手后 1 min 后不膨胀还原，说明便携式光学甲烷检测仪不漏气；然后检查气路是否畅通，放开进气孔，捏、放吸气球数次，气球瘪、起自如，说明完好。

如果漏气、气路不畅通，需要查明原因，进行处理，重新重复上述程序。

3. 干涉条纹清晰度检查

由目镜观察，按下按钮，同时旋转目镜筒，调整到分划板刻度清晰为止；再看干涉条纹是否清晰，如不清晰，取下光源盖，拧松灯泡后盖，调整灯泡后端小柄，同时观察目镜内条纹，直到条纹清晰为止，然后拧紧灯泡后盖，装好仪器。

4. 仪器校正

简单的校正办法是将光谱的第 1 条黑线对在零位上，如果第 5 条彩线正对在 7% 的数值上，表明条纹宽窄适当。否则应对仪器的光学系统进行调整。

5. 气室清洗

在进入工作地点前，必须在与测量现场温度相接近（温差不超过 10 ℃）的新鲜空气中按压吸气球 8～10 次，以清洗气室。

6. 零位调整

按下测微按钮，转动测微手轮，使刻度盘的零位与指标线重合，然后按下按钮，转动粗手轮，从目镜中观察，把干涉条纹中最黑的一条或两条黑线中的任意一条与分划板上的零位线对准，并记住对准零位的这条黑线，旋上护盖。

（三）瓦斯、二氧化碳浓度的检查

1. 对巷道风流中瓦斯及二氧化碳浓度的检查测定

测定瓦斯浓度时，应在巷道风流的上部进行，即将光学甲烷检测仪的二氧化碳吸收管进气口置于巷道风流的上部边缘进行抽气，连续测定 3 次，取其平均值。

测定二氧化碳浓度时，应在巷道风流的下部进行，即将光学甲烷检测仪进气管口置于巷道风流的下部边缘进行抽气，首先测出该处瓦斯浓度，然后去掉二氧化碳吸收管，测出该处瓦斯和二氧化碳混合气体浓度，后者减去前者乘上校正系数 0.95 即是二氧化碳的浓度，这样连续测定 3 次，取其平均值。

2. 对采掘工作面进风流、回风流中瓦斯及二氧化碳浓度的检查测定

（1）采煤工作面进风流中的瓦斯和二氧化碳浓度应在距采煤面煤壁线以外 10 m 处的采煤工作面进风巷风流中测定，取最大值作为测定结果和处理依据。其测定部位和方法与巷道风流中进行测定时相同。

（2）采煤工作面风流中的瓦斯和二氧化碳浓度的测定部位和方法与在巷道风流进行测定的部位和方法相同，但要取其最大值作为测定结果和处理依据。

（3）采煤工作面回风巷风流中，瓦斯和二氧化碳浓度应在距采煤面煤壁线 10 m 以外的采煤工作面回风巷风流中测定，并取其最大值作为测定结果和处理依据。其测定部位和方法与在巷道风流中测定时相同。

（4）掘进工作面风流中瓦斯和二氧化碳浓度的测定应包括工作面上部左、右角距顶、帮、煤壁各 200 mm 处的瓦斯浓度；工作面第一架棚左、右柱窝距帮、底各 200 mm 处的二氧化碳浓度。各取其最大值作为检查结果和处理依据。

（5）对于掘进工作面回风巷风流中瓦斯和二氧化碳浓度的测定，要根据掘进巷道布置形式和通风方式确定。

单巷掘进采用压入式通风时，掘进工作面回风巷风流的划定如图 3 - 3 所示，并按巷道风流的划定方法划定空间范围。掘进工作面回风巷风流中瓦斯和二氧化碳浓度的测定，应在回风巷道风流中进行，并取其最大值作为测定结果和处理依据。

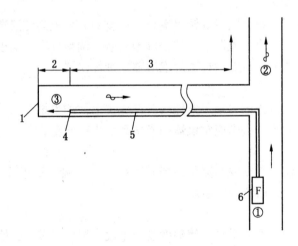

1—掘进工作面；2—掘进工作面风流；3—掘进工作面回风流；4—风筒出风口；5—风筒；

6—压入式局部通风机；①—掘进工作面进风流测点；②—掘进工作面回风流测点；

③—掘进工作面冒高区，或局部易积聚区测点

图 3 - 3　单巷掘进采用压入式局部通风时掘进工作面风流和回风流的测点位置

单巷掘进采用混合式通风时，掘进工作面回风巷风流的划定如图 3 - 4 所示，并按巷道风流的划定方法划定空间范围。对掘进工作面回风巷风流中瓦斯和二氧化碳浓度的测

定，按图 3－4 所示在回风巷风流中①、②和③处进行，并取其最大值作为测定结果和处理依据。

双巷掘进采用压入式通风时，掘进工作面回风巷风流的划定如图 3－5 所示，并按巷道风流的划定方法划定空间范围。掘进工作面回风巷风流中瓦斯和二氧化碳浓度的测定应在回风巷道风流中进行，并取其最大值作为测定结果和处理依据。

3. 对采掘工作面爆破地点附近 20 m 范围风流中瓦斯及二氧化碳浓度的检查测定

采煤工作面爆破地点附近 20 m 以内风流的瓦斯及二氧化碳的浓度都应测定。壁式采煤工作面采空区内顶板未垮落时，还应测定切顶线以外（采空区一侧）不少于 1.2 m 范围内的瓦斯及二氧化碳浓度。在采空区侧打钻爆破放顶

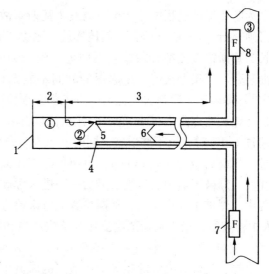

1—掘进工作面；2—掘进工作面风流；3—掘进工作面回风流；4—风筒出风口；5—风筒吸风口；6—风筒；7—压入式局部通风机；8—抽出式局部通风机；①、②—掘进工作面风流测点；③—掘进工作面回风流测点及冒高区测点

图 3－4　单巷掘进采用混合式局部通风时掘进工作面风流和回风流的测点位置

时，也要测定采空区内瓦斯浓度，测定范围根据采高、顶板垮落程度、采空区通风条件和瓦斯积聚情况等因素确定，并经矿总工程师批准。

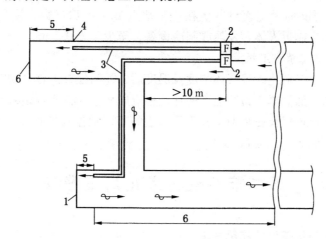

1—掘进工作面；2—压入式局部通风机；3—风筒；4—风筒出风口；5—掘进工作面风流；6—掘进工作面回风流

图 3－5　双巷掘进采用压入式局部通风时掘进工作面进风流和回风流的测点位置

掘进工作面爆破地点 20 m 以内的风流瓦斯及二氧化碳浓度测定部位和方法与巷道风流相同，但要注意检查测定本范围内盲巷、冒顶的局部瓦斯积聚情况。

在上述范围内进行瓦斯浓度测定时，都必须取其最大值作为测定结果和处理依据。

4. 对爆破过程中瓦斯浓度的检查测定

为防止爆破过程中瓦斯超限或发生瓦斯事故（瓦斯窒息、燃烧、爆炸），井下爆破工作必须执行"一炮三检制"，具体实施：采掘工作面及其他爆破地点，装药前爆破工、班组长、瓦斯检查工都必须检查爆破地点附近 20 m 范围内瓦斯，瓦斯浓度达到 1.0% 时，不准装药。紧接爆破前（距起爆的时间不能太长，否则爆破地点及其附近瓦斯可能超过规定），爆破工、班组长、瓦斯检查工都必须检查爆破地点附近 20 m 范围和回风流中的瓦斯，当爆破地点附近 20 m 范围内瓦斯浓度达到 1.0% 时，不准爆破；当回风流中瓦斯浓度超过 1.0% 时，也不准爆破，同时撤出人员，由爆破工或瓦斯检查工向地面报告，等候处理。爆破后至少等候 15 min（突出危险工作面至少 30 min）并待炮烟吹散后，瓦斯检查工在前、爆破工居中、班组长最后一同进入爆破地点检查瓦斯及爆破效果等情况。在爆破过程中，爆破工、班组长、瓦斯检查工每次检查瓦斯的结果都要互相核对，并且每次都以 3 人中检查所得最大瓦斯浓度值作为检查结果和处理依据。

5. 对电焊、气焊和喷灯焊接等工作地点瓦斯浓度的检查测定

电焊、气焊和喷灯焊接等工作地点的风流中，瓦斯浓度不得超过 0.5%，只有在检查证明作业地点附近 20 m 范围内巷道顶部和支护背板后无瓦斯积存时，方可进行作业。

6. 矿井空气温度的测定

测温仪器可使用最小分度 0.5 ℃并经校正的温度计，测定温度的地点应符合以下要求：

（1）掘进工作面空气的温度测点，应设在工作面距迎头 2 m 处的回风流中。

（2）长壁式采煤工作面空气温度的测点，应在工作面内运输巷空间中央距回风巷口 15 m 处的风流中。采煤工作面串联通风时，应分别测定。

（3）机电硐室空气温度的测点，应选在硐室回风巷口的回风流中。

此外，测定气温时应将温度计放置在一定地点 10 min 后读数，读数时先读小数再读整数。温度测点不应靠近人体、发热或制冷设备，至少距离 0.5 m。

（四）检查结果记录与汇报

当检查完瓦斯、二氧化碳等气体浓度及温度后，瓦斯检查工首先要将检查结果及时记入瓦斯检查工手册，然后填入检查地点的瓦斯检查牌板上，将检查结果通知现场作业人员后，由班组长或带班班组长在瓦斯检查工手册上签字。根据瓦斯检查工手册填写的数据，汇报通风调度，并做到"三对口"。

第二节　便携式瓦斯报警仪

一、便携式瓦斯报警仪的使用方法

1. 仪器零位校正

在新鲜空气的环境下，打开电源开关，仪器经 15 s 稳定后，显示数若小于 0.03，说明仪器工作在零状态，不需校正；如果显示数大于 0.03，仪器的零位则需要校正。

2. 测量

仪器经上述检查、校正后，就可带入井下测量。测量时，打开电源开关，将仪器放至待测地点，经 15 s 后，仪器的显示数便是测定地点瓦斯的浓度。

二、便携式氧气检测仪

检测井下氧气的便携式仪器种类较多，有电子式和比长式等类型。主要有 AY－1B 型、JJY－1 型（可测 O_2、CH_4 两种气体）等。其中 AY－1B 型是普遍使用的本质安全型氧气检测仪。

AY－1B 型数字式氧气检测仪（图 3－6）采用的是电化学"隔膜式伽伐尼电池"原理。氧气传感元件（隔膜式伽伐尼电池）分别由铂、铅两种不同金属作阴极和阳极，碱性溶液作电解液，通过聚四氯乙烯薄膜将其封闭构成。当氧气透过隔膜在电极上发生电化学反应时，在两个电极间将形成与氧气浓度成正比的电流值，通过测定电极间的电流值即可实现对氧气浓度的测定。

使用便携式氧气检测仪测定氧气浓度时，接上氧探头后，将探头置于新鲜空气中，开关拨至"ON"，待数字显示稳定或小数点后数字来回跳动 0.1 时，用螺丝刀调节校准电位器，使数字稳定到 20.9 或 21.0，将氧探头放入需要监测的地点，待数字稳定后，读数即为氧探头处的气体含氧百分比浓度。

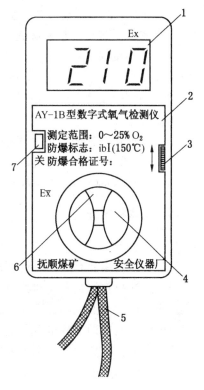

1—氧气浓度显示器；2—仪器铭牌；3—示值调准电位器旋钮；4—氧气扩散孔；5—提手；6—密封盖；7—开关

图 3－6　AY－1B 型数字式氧气检测仪

三、便携式甲烷检测报警仪

1. 催化燃烧型便携式甲烷检测报警仪

催化燃烧型便携式甲烷检测报警仪（图 3－7）具有操作方便、读数直观、工作可靠、体积小、质量轻、维修方便等特点，但催化燃烧型便携式甲烷检测报警仪测量范围一般为 0～4.0% 或 0～5.0%，用于低浓度瓦斯的测定。

2. 热导式便携式甲烷检测报警仪

热导式便携式甲烷检测报警仪元件寿命长，不存在催化剂中毒等现象，测量范围在 0～100% 之间，适用于高浓度瓦斯的测定。

3. 双参数（CH_4、O_2）检测仪

双参数（CH_4、O_2）检测仪是集瓦斯检测仪、氧气检测仪于一体的全电子便携式仪器，主要特点是一机多用，且采用模拟电子开关来进行两者显示的转换。

4. M40·M 型多气体检测仪

M40·M 型多气体检测仪可用于煤矿、矿山作业或其他工作环境中氧气、瓦斯、一氧化碳、硫化氢气体的检测，具有防振、防冲击、防火外壳，可在恶劣环境下具有超高性能及耐用性，不受无线电频率及电磁的干扰。操作简单、灵敏，同时具有振动及声光报警、75 h 数据记录（黑匣子）、峰值/保持读数等功能和锂离子充电

图 3－7　JCB4 型甲烷检测报警仪

电池、大屏幕液晶显示器等装置。

5. 便携式甲烷检测报警仪使用时的注意事项

（1）要注意保护好仪器，在携带和使用过程中严禁猛烈摔打、碰撞，严禁被水浇淋或浸泡。

（2）使用中发现电压不足时，应立即停止使用；否则将影响仪器的正常工作，并缩短电池使用寿命。

（3）热催化（热效）式甲烷检测报警仪不适合在含有硫化氢的地区，以及瓦斯浓度超过仪器允许值的场所中使用，以免仪器产生误差或损坏。

（4）对仪器的零点、测试精度及报警点应定期进行校验，使仪器准确、可靠。

四、气体检定管

1. 测定原理

气体检定管由装有过滤材料和指示剂的封闭玻璃管组成。当打开检定管两端封口通入气样时，过滤材料滤去灰尘和其他干扰气体，被测定气体与指示剂发生化学反应后指示剂变色。由于指示剂变色的长度或深浅与被测气体浓度有对应关系，因而在指定时间内通入指定量的气体后，即可从检定管上读出气体浓度。

检定管分比长式检定管和比色式检定管两种。测定不同气体的检定管内所装的指示剂不同。测定气体浓度时，需检定管（图3-8）和抽气唧筒（图3-9）配合使用。

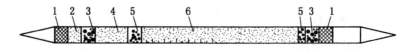

1—堵塞物；2—活性炭；3—硅胶；4—消除剂；5—玻璃粉；6—指示剂

图3-8　比长式一氧化碳检定管结构示意图

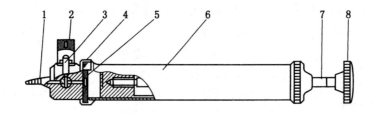

1—气嘴；2—接头胶管；3—阀门把；4—变换阀；5—垫圈；6—活塞筒；7—拉杆；8—手柄

图3-9　抽气唧筒结构示意图

2. 检定管测定气体浓度使用时的注意事项

（1）用抽气唧筒采气时必须用待测气体将原来存在的气体完全置换，否则会影响准确性。

（2）检定管打开后应立即测定，以免影响准确性。

（3）检定管打开后插入唧筒的检定管插口时，不能将检定管插反。

（4）当被测气体浓度太低时，可增加送气次数，然后再观察结果。此时，实际浓度为直接读数再除以送气次数；当被测气体浓度过高时，可减少通气量，如通风量为 V (ml)，则测量结果 = 检测管读数 × （抽气唧筒容积 ÷ V）。

（5）当被测地点有毒有害气体浓度较高时，应采取防中毒措施。

（6）检定管应存放在阴凉处，不要碰破两端封口，否则不得使用。

（7）测定不同气体浓度时，应选取测定对应气体的检定管，不得混用。

3. 使用方法

（1）携带一氧化碳检定管，带入井下的一氧化碳检定管应符合下列标准：

①检定管唧筒活塞严密不漏气，推、拉润滑正常。

②检定管在有效期内。

③温度计完好准确。

（2）测定一氧化碳时，应首先在预测地点先推拉活塞 3～5 次，以清洗取样唧筒，再抽取气样，并迅速将锥形阀杆打到 45°关闭位置，离开取样地点到安全位置。破开检定管两端，将其低浓度端插入唧筒胶座，将阀杆打到垂直位置，然后按检定管说明书所规定的时间推动活塞，使气体均匀地通过检定管。根据变色环的位置直接读出一氧化碳的浓度。

（3）根据被测气体中一氧化碳浓度选取合适的检定管。如果一氧化碳浓度高于检定管上限，也可以先稀释气体，然后再将结果扩大同样倍数即为被测气体中一氧化碳的真实浓度；如果一氧化碳浓度低于检定管的下限，则可增加送气次数，或用一支检定管连续测几次，将结果按送气次数缩小相同的倍数或除以测量次数，即为被测气体中一氧化碳的真实浓度。测量时，要尽量避开爆破时间，防止炮烟中一氧化碳干扰。

（4）检查火区及可疑发火的地点时，必须两人同行，并且进入检查地点后，应先检查风流上风侧的瓦斯及一氧化碳浓度，然后逐步检查下风侧，按顺风方向进入检查区域。进入火区后，两人应相隔一定距离（5 m 左右），边检查边进入，并根据平时资料确定检查方式（是一步一检查还是几步一检查），禁止不经检查直接闯入。当发现有异常现象时，应立即退出，并设好栅栏、设置警标，同时汇报有关领导采取措施进行处理。

第四章　矿井瓦斯检查、管理
　　　　　与隐患处理

第一节　矿井瓦斯检查

一、矿井瓦斯检查的目的

矿井瓦斯管理是矿井安全管理的重要组成部分，矿井瓦斯管理工作的好坏，不但制约矿井安全生产的正常进行，还影响矿井的经济效益和社会效益。矿井瓦斯管理工作与瓦斯检查工的本职工作密切相关。矿井瓦斯检查的主要目的如下：

（1）了解和掌握井下瓦斯涌出状况及变化规律，根据井下不同地点、不同时间的涌出情况，进行风量计算和分配，调节所需风量，达到安全、经济、合理通风的目的。

（2）及时发现和处理瓦斯积聚、超限等各种隐患，防止瓦斯事故发生。

（3）为搞好通风瓦斯管理工作和制定有针对性的治理措施提供可靠依据。

二、矿井瓦斯检查的要求

1. 《煤矿安全规程》的要求

《煤矿安全规程》规定：矿井必须建立瓦斯、二氧化碳和其他有害气体检查制度。

2. 日常检查范围及次数

（1）矿井所有采掘工作面、硐室、使用中的机械电气设备的设置地点、有人作业地点、瓦斯可能超限或积聚的地点都应纳入检查范围，具体检查范围如下：

①矿井总回风、一翼回风、水平回风、采区回风巷。

②采掘工作面及其进回风巷、采煤工作面隅角、采煤机附近（机组前后各 10 m 范围和滚筒之间距煤壁 200 mm 空间）、采掘工作面输送机槽、采煤工作面采空区侧。

③机电硐室、钻场、防火墙（密闭）、盲巷、顶板垮落或突出孔洞。

④爆破地点、电动机及其开关附近、局部通风机及其开关附近。

（2）采掘工作面的瓦斯浓度检查次数如下：

①瓦斯矿井中每班至少 2 次。

②高瓦斯矿井中每班至少 3 次。

③有煤（岩）与瓦斯突出危险的采掘工作面，有瓦斯喷出危险的采掘工作面和瓦斯涌出较大、变化异常的采掘工作面，必须有专人经常检查，并安设甲烷断电仪。

④采掘工作面二氧化碳浓度应每班至少检查 2 次；有煤（岩）与二氧化碳突出危险

的采掘工作面，二氧化碳涌出量较大、变化异常的采掘工作面，必须有专人经常检查二氧化碳浓度。本班未进行工作的采掘工作面，瓦斯和二氧化碳应每班至少检查一次；可能涌出或积聚瓦斯或二氧化碳的硐室和巷道的瓦斯或二氧化碳应每班至少检查一次。

3. 局部通风机停风时的检查

《煤矿安全规程》规定，掘进工作面不能停风；因检修停电等原因临时停风时，必须撤出人员，切断电源，设置栅栏，揭示警标。对停风的独头巷道，瓦斯检查人员每班在栅栏处至少检查一次。恢复通风前，必须检查瓦斯，只有在局部通风机及其开关附近 10 m 以内风流中的瓦斯浓度不超过 0.5% 时，方可人工启动局部通风机，以免引爆巷道中涌出的瓦斯，酿成事故。

4. 瓦斯抽采浓度的检测

检查井下移动抽采瓦斯浓度时仪器的测量范围为 0 ~ 100%。先用高负压取样器从钻孔或管道中抽取气样，然后用便携式光学甲烷检测仪测定瓦斯浓度。

第二节 瓦斯检查制度

一、矿井瓦斯检查制度的内容

（1）每月根据矿井生产部署和工作安排，由通风部门按照《煤矿安全规程》规定要求编制矿井瓦斯检查计划，其内容包括瓦斯检查地点、检查次数、巡回检查路线、检查人员安排等。计划报矿总工程师批准后实施。

（2）有煤与瓦斯突出危险的采掘工作面，有瓦斯喷出危险的采掘工作面，以及瓦斯涌出量较大、变化异常的工作面，必须有专人经常检查瓦斯，并安设甲烷断电仪。

（3）瓦斯检查工必须具有一定煤矿实践经验，掌握一定的通风、瓦斯知识和技能，经专门培训，考核合格，持证上岗。

（4）瓦斯检查工下井时必须携带便携式光学甲烷检测仪，仪器必须完好，精度符合要求，同时备有长度大于 2 m 的胶管（或瓦斯检测仪）、温度计等。

（5）瓦斯检查工必须严格按瓦斯检查计划要求执行。每次检查的结果必须认真准确地记入瓦斯检查工手册和现场记录牌上，并通知现场工作人员。瓦斯浓度超过规定时，瓦斯检查工有权责令现场人员停止作业，将人员撤到安全地点，采取措施，进行处理。

（6）瓦斯检查工严禁空班、漏检和假检，做到井下记录牌板、检查手册、瓦斯台账"三对口"。

（7）瓦斯检查工必须在井下指定地点交接班。

（8）在有自然发火危险的矿井，必须定期检查一氧化碳浓度、气体温度等的变化情况。

（9）瓦斯检查工每班必须向通风值班室汇报检查情况，汇报次数由矿总工程师根据矿井生产、安全状况和井下环境条件确定，瓦斯检查工发现问题或隐患时必须及时汇报。

（10）任何人检查瓦斯时，都不得进入瓦斯及二氧化碳超过 3% 的区域，以及其他有害气体浓度超过《煤矿安全规程》规定的区域。

（11）通风部门的值班人员，必须审阅瓦斯班报，掌握瓦斯变化情况，发现问题，及时处理并向矿调度室汇报。

（12）通风瓦斯日报必须送矿长、矿技术负责人审阅，一矿多井的矿必须同时送井长、井技术负责人审阅。对重大通风、瓦斯问题，应制定措施，进行处理。

二、瓦斯检查工制度

瓦斯检查工必须在井下指定地点交接班，交接班时，交班瓦斯工要交清本班内容：

（1）分工区域内通风系统、瓦斯、煤尘、防突、防火、爆破、局部通风和生产情况有无异常，是否需要下一班处理及应采取的措施。

（2）分工区域内的各种通风安全设施、装备的运行情况，是否需要维修、增加或拆除。

（3）分工区域内的各种"一通三防"隐患，当班处理的情况和需要继续处理的内容。

（4）有关领导交办工作的落实情况和需要请示的问题。

（5）其他应该交接的工作内容。

第三节　瓦斯积聚与处理

一、瓦斯积聚的定义

瓦斯积聚是指采掘工作面及其他地点，瓦斯浓度达到或超过2%、体积超过0.5 m^3的现象。

二、瓦斯积聚的原因

1. 局部通风机停止运转引起瓦斯积聚

这种现象导致瓦斯积聚而引起瓦斯爆炸的比例最大。有的是设备检修，无计划停电、停风；有的是机电故障，掘进工作面停工、停风；还有的是局部通风机管理混乱、任意开停等。

例如，黑龙江省鸡西某矿（低瓦斯煤矿）掘进工作面工人运送电动机时嫌风筒碍事，曾3次任意关停局部通风机，累计停风100 min，造成掘进工作面瓦斯积聚。瓦斯检查工虽然在场，但也未制止，更没有检查瓦斯就脱岗离去，后终因小绞车拖拉电动机撞击轨道产生火花，造成45人死亡的爆炸事故。

2. 风筒断开或严重漏风引起瓦斯积聚

主要是施工人员不爱护通风设施，将风筒掐断、压扁、刮坏等，而通风管理人员又不能及时发现和进行维护、修补，造成掘进工作面风量不足而导致瓦斯积聚。

例如，山西省西山某矿，在已停掘的煤巷内拆运耙斗时撞倒木支架将风筒刮断，致使500 m巷道37.5 h内无风而引起瓦斯积聚，又由于瓦斯检查工弄虚作假，终因电工带电修理开关，产生电火花而引爆瓦斯，造成48人死亡。

3. 采掘工作面风量不足引起瓦斯积聚

造成采掘工作面风量不足的原因多种多样，如果不按需要风量配风、通风巷道冒顶堵塞、单台局部通风机供多个工作面、风筒出风口距掘进工作面太远等，都可能造成采掘工作面风量小、风速低而导致瓦斯积聚。

例如，河南省平顶山某煤矿是瓦斯矿井，一台局部通风机（5.5 kW）向两个工作面供风，风量不足，风筒拐弯8处，严重漏风且长期不检查瓦斯，1998年6月11日，因矿灯短路产生火花，引爆了积聚的瓦斯，井下12人全部遇难。

4. 局部通风机出现循环风引起瓦斯积聚

由于局部通风机安装的位置不符合规定或全风压供给风量小于该处局部通风机的吸入风量等原因，都可能使局部通风机出现循环风，致使掘进工作面涌出的瓦斯反复回到掘进工作面，越积越多，达到爆炸极限。

例如，河北省曲阳某矿一平巷半煤岩掘进工作面的局部通风机，由于吸入风量大于全风压供给该处的风量，产生循环风，致使该掘进工作面内瓦斯形成恶性循环积聚。在瓦斯浓度达到3%~4%时仍未停止作业进行处理，而瓦斯检查工又不负责任地提前升井脱岗，终因爆破工在瓦斯浓度超限情况下，违章爆破引起了瓦斯爆炸，造成12人死亡。

5. 风流短路引起瓦斯积聚

如果打开风门而不关闭，巷道贯通后不及时调整通风系统等，都可能造成通风系统的风流短路而引起瓦斯积聚。

例如，河北省承德某煤矿在513工作面布置上、下两个采煤工作面，在走向长和倾斜宽都不到70 m的区域内，采掘工作面和开切眼多达9个，导致风流短路，致使$513_下$采煤工作面瓦斯积聚达到爆炸极限发生瓦斯爆炸事故，造成50人死亡。

6. 通风系统不合理、不完善引起瓦斯积聚

自然通风、不符合规定的串联通风、扩散通风和无回风巷独眼井及通风设施不齐全等，都是不合理通风，都有可能引起瓦斯积聚而导致瓦斯爆炸事故。

例如，云南省曲靖市某煤矿由当地村民非法建井，无任何合法证照和手续，地方政府已责令封停，2004年12月初矿主擅自启封，非法组织生产，因独眼井开采、未形成矿井通风系统造成瓦斯积聚，导致"2·15"瓦斯爆炸事故的发生，死亡27人。

7. 采空区或盲巷瓦斯积聚

采空区和盲巷没有风流通过，往往积存有大量高浓度瓦斯，在气压变化或冒顶等使其涌出或突然压出时都可能导致瓦斯爆炸。

例如，辽宁省南票某矿，1989年2月11日由于采空区内大面积冒顶，采空区内高浓度的瓦斯被挤出来，且瞬间达到爆炸浓度，而此时瓦斯检查工脱岗，爆破工也没有检查瓦斯，结果由于爆破器与母线接触不良产生火花引爆了瓦斯，造成13人死亡。

8. 瓦斯涌出异常引起瓦斯积聚

断层、褶曲或地质破碎地带是瓦斯的高富集区域，在接近或通过这些地带时，瓦斯涌出可能会突然增大，或忽大忽小变化无常，而且容易冒顶造成瓦斯积聚。

9. 局部地点瓦斯积聚

在正常通风系统中存在的局部地点的瓦斯积聚，往往具有更大的危险性。如采煤工作面的上隅角、巷道支架背后空间及冒顶区、采煤机切割机组附近、采掘工作面的机组附近、刮板输送机底槽附近和未充填的各种钻孔等，常常积聚着高浓度的瓦斯。

三、井下容易发生瓦斯超限、积聚的地点及部位

矿井生产中容易积存瓦斯的地点有回采工作面的上隅角、顶板垮落的空洞中、停风的

盲巷及临时停风的掘进巷道中、采煤工作面的采空区边界处、低风速巷道的顶板附近、掘进工作面的巷道隅角、采掘机械截割部周围、防火墙（密闭）附近及封闭的采空区内、采掘工作面刮板输送机底槽等。

四、采煤工作面上隅角瓦斯积聚的原因

（1）工作面后方采空区内积存着高浓度瓦斯，上隅角是采空区漏风的出口，漏风可将采空区内的瓦斯携带至上隅角。

（2）瓦斯相对密度小，采空区瓦斯沿倾斜向上移动，部分瓦斯就从上隅角附近逸散出来。

（3）工作面风流在工作面回风侧直角拐弯，在上隅角形成涡流，瓦斯不容易被风流带走。

五、防止积聚措施

（1）为了防止瓦斯积聚，必须加强通风，使井下各处的瓦斯浓度符合《煤矿安全规程》的要求。

（2）严格执行瓦斯检查制度，防止瓦斯超限。

（3）及时处理局部积存的瓦斯，对于井下易积存瓦斯的地点应采取加大风量，提高风速，将瓦斯稀释并排走。

（4）对积聚地点的瓦斯采取抽排、充填、封闭或导风的方法进行处理。

六、瓦斯积聚的处理

1. 巷道瓦斯积聚的处理

（1）对于瓦斯涌出量大的掘进工作面，应优先采用长距离大孔径预抽预排瓦斯方法，尽量使用双巷掘进，每隔一定距离开掘联络巷，构成全负压通风，以保证工作面的供风量。

（2）盲巷部分要安设局部通风机供风，使掘进排除的瓦斯直接流入回风巷中。

2. 盲巷瓦斯积聚的处理

（1）最好在非生产班进行，回风涉及的巷道中机电设备停止运转，切断电源，停止作业，禁止人员进入危险区。

（2）排放工作一般由一个救护小队操作，排放前应由救护队员佩戴氧气呼吸器，进入瓦斯积存地点检查瓦斯浓度，查明有关情况，再确定排放方法和补充安全措施。

（3）开动局部通风机前必须检查局部通风机附近 20 m 范围内瓦斯浓度是否超限，开动后要检查局部通风机附近是否有循环风。

（4）瓦斯积存量较大时，应逐段恢复通风，并不断检查瓦斯浓度，防止突然涌出造成事故。

（5）采用巷道积聚瓦斯自控排放装置，避免形成"一风吹"，确保独头巷道中排出的风流在与全风压风流混合处的瓦斯浓度在规定安全值以下。

3. 采煤工作面上隅角瓦斯积聚的处理

（1）在上隅角附近设置木板隔墙或帆布风障，迫使一部分风流流经采空区上角，将

积存的瓦斯冲淡排出。

（2）在工作面上隅角至回风巷一段距离内设置移动式引射器，抽排上隅角瓦斯，如图4-1所示。

（3）加大采煤工作面风量，或利用装在煤巷中的风筒和局部通风机加大工作面风量，冲淡上隅角瓦斯。

（4）在回风巷的采空区侧，维持一段专为排放采空区瓦斯的尾巷，使上隅角的瓦斯积聚点移到工作面20 m以外，如图4-2所示。

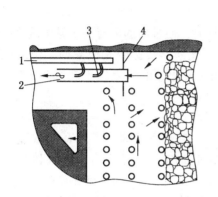 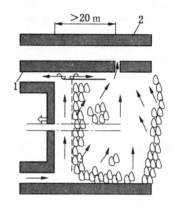

1—水管或压风管；2—风筒；3—喷嘴；4—隔墙或风障

图4-1　利用引射器处理上隅角瓦斯

1—回风巷；2—尾巷

图4-2　利用尾巷排放上隅角瓦斯

（5）利用移动瓦斯抽采泵或抽排局部通风机抽采上隅角采空区瓦斯。

（6）对开采前已预知采空区瓦斯涌出量很大时，可采用W型和Y型通风系统，解决上隅角瓦斯超限问题。

（7）调压控制。调节采煤工作面和其他相关区域通风压力关系，使工作面的瓦斯向其他相邻区域流动，但要注意防火问题。

七、排放瓦斯的常规措施

排放瓦斯过程中必须严格执行断电、撤人、限量三原则，并应按下列程序进行排放。

1. 排放前的准备

（1）指挥排放瓦斯的人员必须熟悉排放瓦斯流经的路线，风流控制设施的位置，以及通风系统和通风设施的完好情况，否则禁止指挥排放瓦斯工作。

（2）切断瓦斯排放风流流经风路上的机电设备（包括电缆）电源，撤出人员，设置栅栏，挂便携式甲烷报警仪等，做好准备工作并进行确认。

（3）检查独头巷道内的瓦斯情况。如甲烷传感器完好正常，可通过监测主机（即瓦斯监控仪）直接观察传感器的监测数值，否则，需要由外向里逐步检查。检查瓦斯时，由瓦斯检查工与生产班队长（或安全员）两人一同检查，两人前后相距5 m，瓦斯检查工在前。当氧气浓度低于18%，或瓦斯、二氧化碳浓度达到3%时，或其他有害气体超过《煤矿安全规程》规定时，要停止检查，立即撤出停风区域并在巷道的入口处打好栅栏，揭示警标，禁止人员入内。及时向矿调度室汇报请示。

（4）检查局部通风机及其开关附近 10 m 以内风流中的瓦斯和二氧化碳浓度均不超过 0.5%，确保局部通风机不发生循环风时，才可进行排放瓦斯。

（5）当独头巷道内瓦斯浓度小于 3% 时，按照本措施组织排放；当瓦斯浓度达到 3% 以上时，必须立即向矿调度室汇报请示，然后按照矿主管领导研究制定的专项措施组织排放。

2. 排放瓦斯

属于临时停电、停风的掘进工作面，在导风筒已接好的情况下，进行瓦斯排放时，先在独头巷道口的全风压风流混合处新鲜风流侧断开一节导风筒，然后开启局部通风机，通过调整断开的导风筒的位置来控制排放瓦斯量。

当排放瓦斯路线不影响其他采掘工作面或地点时，使排出的风流与全风压风流混合处的瓦斯和二氧化碳的浓度均不超过 1.5%；当排放瓦斯路线影响其他采掘工作面或地点时，使排出的风流与全风压风流混合处的瓦斯和二氧化碳的浓度均不超过 0.5%，严禁"一风吹"或"大处理"。

3. 恢复供电

排放结束后，只有经过瓦斯检查工检查证实，恢复通风的巷道中瓦斯浓度不超过 1%，二氧化碳浓度不超过 1.5%，氧气浓度不低于 20%，其他有毒有害气体浓度符合《煤矿安全规程》第一百条的规定时，应先稳定 30 min，观察瓦斯浓度无变化，并由生产单位专职电工对原瓦斯淹没区域的电气开关内的瓦斯处理完毕后，方可指定专人向巷道中的电气设备复电。

4. 恢复正常工作

排放结束后，生产单位及时拆除各处栅栏和警标，并由通风瓦斯检查人员检查，证实确无危险后，方可通知矿调度室和生产单位恢复工作。

八、局部通风机停风后采取的措施

如果因临时停电或其他原因，局部通风机停止运转，风电闭锁装置应能立即切断局部通风机供风的巷道中的一切电气设备的电源，并应采取如下措施：

（1）将风筒与局部通风机断开。

（2）巷道中人员全部撤至全风压通风的进风流中，独头巷道口设置栅栏，并挂有明显警标，严禁人员入内。

（3）对停风的独头巷道，瓦斯检查人员每班在栅栏处至少检查一次。如果发现栅栏内侧 1 m 处瓦斯浓度超过 3% 或其他有害气体超过允许浓度，必须在 24 h 内用木板防火墙（密闭）予以封闭。

第五章　通风瓦斯管理

第一节　识图与绘图

一、通风图例

图例就是图纸所用符号的含义，一般常用的矿图都有国家统一规定的图例。通风各类图纸常用图例见表5-1。

表5-1　井下通风及安全设施图例

序号	名　称	图　例		说　明
		1:500	1:1000~1:5000	
1	进风风流		→	—
2	回风风流			—
3	风门		a b	根据视图比例大小选用 a 或 b
4	调节风门		a b	根据视图比例大小选用 a 或 b
5	双向风门		a b	根据视图比例大小选用 a 或 b
6	风帘	a b		根据视图比例大小选用 a 或 b
7	风桥			—
8	密闭			—
9	岩粉棚			—

表5-1（续）

序号	名　称	图　　例		说　　明
		1∶500	1∶1000~1∶5000	
10	水幕	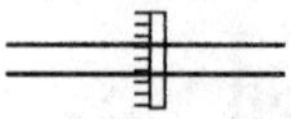		—
11	水槽			—
12	水袋	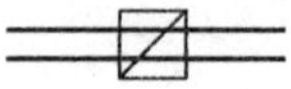		—
13	防水闸门	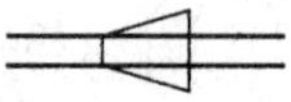		—
14	防水墙	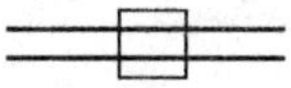		—
15	栅栏门	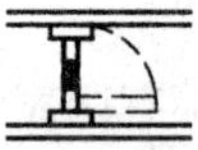		—
16	防火门	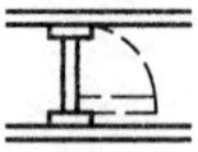		—
17	密闭门	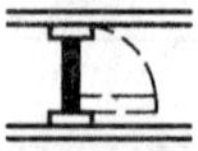	不表示	—
18	栅栏防火两用门	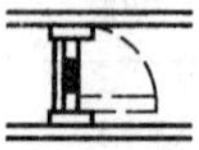		—
19	抗冲击波活门	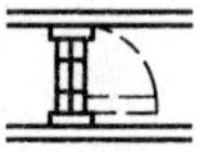		—
20	抗冲击波密闭门	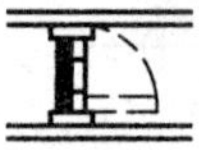		—

二、采掘工程平面图

采掘工程平面图是直接根据地质、测量和采矿资料绘制的。图上全面反映煤层赋存和主要地质构造情况，井下主要硐室、采掘巷道布置情况，工程进展情况和工作面相互关系，以及开拓系统和通风运输系统等。采掘工程平面图范围可大可小，可反映全矿井范围，也可反映某个采区或采煤工作面，具体内容有井筒位置（立井、斜井），井底车场，石门，运输大巷，上、下山，人行道，平巷，回风巷，工作面编号，工业广场及巷道保护煤柱，已采区及未采区界限等，如图5-1所示。

三、采掘工作面巷道布置图的识读步骤

（1）弄懂图中的图例符号和含义。

（2）看煤层的走向和倾向，判别巷道的性质。

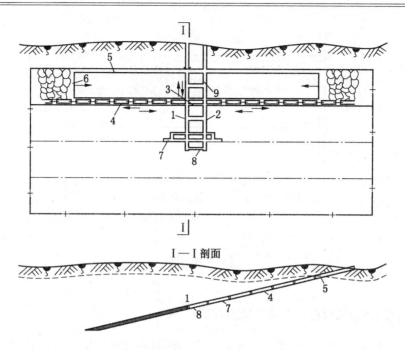

I—I 剖面

1—主井；2—副井；3—第一片盘车场；4—第一片盘运输巷；5—第一片盘回风巷；
6—采煤工作面；7—第二片盘运输巷；8—泵房水仓；9—联络巷

图 5-1 采掘工程平面图

①沿走向开掘的巷道，在图上大致与等高线平行，多为水平巷道，可从巷道名称来识别。

②沿倾向开掘的巷道（与等高线垂直或斜交），可根据与其两端相连接的两条平巷的标高来判断它是石门还是上、下山。

（3）根据图例查看煤层的地质构造。

（4）找出主要巷道的系统。

四、采掘工作面通风系统示意图的识读步骤

（1）弄懂图中的图例符号和含义。

（2）观察采掘工作面的通风方式。要弄懂采掘工作面的进、回风巷是通过哪些巷道与采区进、回风上山连接。观察局部通风机的安装位置和风筒的延伸方向及回风流的方向。观察采掘工作面内风门、风窗控制的风流方向和风量。

（3）沿采掘工作面主要风路从进风巷到回风巷按标明的风流方向和巷道名称走几遍，即能大体上掌握采掘工作面通风系统图所反映的实际通风状况。

五、采掘工作面通风系统示意图的绘制步骤

（1）识读采掘工作面巷道布置，了解采掘工作面巷道的平面位置。

（2）用双线条绘制出采掘工作面的平面位置。

（3）在图上标明新鲜风流和乏风风流方向、巷道风量、通风设施和局部通风机安装位置、巷道名称。

（4）绘制图例。图 5-2 所示为采煤工作面通风系统示意图。

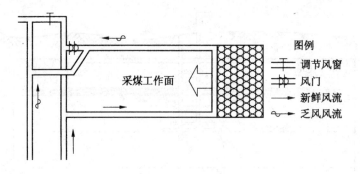

图 5-2　采煤工作面通风系统示意图

第二节　局部通风管理

一、检查局部通风机是否有循环风的方法

如图 5-3 所示，检查局部通风机是否产生循环风的比较简单的方法是在图中点 A 处释放一点粉笔灰（或烟雾和示踪气体），如果粉笔灰直接沿巷道风流方向流动，则无循环风；如果粉笔灰沿着图中虚线箭头所示方向流动，则表明局部通风机产生了循环风。

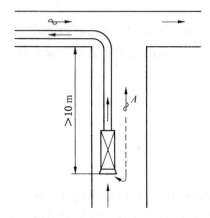

图 5-3　循环风流的检查方法

二、局部通风质量检查

（1）检查局部通风机必须安装在进风巷道中，距掘进巷道回风口不得小于 10 m。检查局部通风机是否有循环风。检查是否有 3 台（含 3 台）以上局部通风机同时向 1 个工作面供风，1 台局部通风机是否同时向 2 个掘进工作面供风。

（2）检查局部通风机的设备是否齐全，吸风口是否有风罩和整流器，高压部位（包括电缆接线盒）是否有衬垫（不漏风），局部通风机必须吊挂或垫高，离地高度大于 0.3 m，5.5 kW 以上的局部通风机应装有消声器（低噪声局部通风机和除尘风机除外）。检查局部通风机吸风口 2 m 范围内有无杂物。

（3）检查局部通风机，安排专人进行管理，并实行挂牌管理。检查局部通风机自动切换牌板记录，检查风电闭锁和甲烷电闭锁校验牌板记录。

（4）检查局部通风机及其开关附近 10 m 以内风流中瓦斯浓度是否超过 0.5%。

（5）检查风筒接头是否严密（手距接头 0.1 m 处感到不漏风），无破口，无反接头。软质风筒接头要反压边，硬质风筒接头要加垫，上紧螺钉。风筒应吊挂平直，逢环必挂，铁风筒每节至少应吊挂两点。风筒拐弯处要设弯头或缓慢拐弯，不准拐死弯，异径风筒接头要用过渡节，先大后小，不准花接。

（6）检查作业规程中对局部通风规定的落实情况。

三、接柔性导风筒的方法

1. 风筒铺设的要求

（1）风筒吊挂要平、直、紧、稳，必须逢环必挂。铁风筒每节吊挂两点，每节风筒末端两侧的挂钩应用铁丝系在巷道帮壁上。

（2）要求风筒之间接口严密。胶质风筒可用双反边接头或三环接头，要顺接。风筒破口要随时修补，做到不漏风。

（3）使用胶质风筒时，局部通风机和胶质风筒之间要有一节铁风筒过渡。局部通风机和铁风筒的接头处要加垫圈，要上紧螺钉；铁风筒与胶质风筒套接处要用铁丝箍紧。

（4）一趟风筒的直径要一致；如果直径不一，要有过渡节。

（5）风筒末端距工作面的距离，按作业规程的规定执行，但必须保证工作面有足够的风量。

（6）风筒在拐弯处要设弯头或缓慢拐弯，不准拐死弯。分岔处要设三通。

（7）斜巷和立井掘进时，风筒接头、风筒的绑扎要特别牢固。

（8）更换风筒时，不得随意停局部通风机，必须停机时，应与掘进工作面的班组长和司机联系，待停止工作、撤出人员后方可更换。当巷道内瓦斯涌出量大时，必须制定专门更换风筒的措施。

（9）巷道掘进完工后，应及时把风筒全部拆除。拆除的风筒要装车运至井上，进行冲洗、晒干和修补。

（10）拆除风筒时，应由里往外依次拆除。

（11）应注意防止运行中的矿车撞、挤、刮风筒。

（12）跨带式输送机、刮板输送机操作时，必须先同输送机司机联系好，将其打至零位闭锁。

（13）巷道高度较高时，操作要设台架，工作时要站稳。

（14）采用抽出式通风时，风筒可用硬质风筒和带钢丝骨架的橡胶或塑料可伸缩风筒。塑料或橡胶风筒必须具有抗静电和阻燃的安全性能。

（15）安装钢丝骨架风筒时，在装卸过程中应注意轻装轻放，切勿径向挤压和被锋利杂物碰撞等，以免变形损坏。

（16）用快速接头软带连接风筒时，两节风筒的端部要对正、接拢，披风布搭好后，再用快速接头软带将两端圈卡紧。接头软带收紧力要适当，以减小漏风、不拉脱为宜，接头软带的手把位置以在风筒侧面向下为好。

（17）在风筒末端（入风口）加接风筒时，应先将加接的风筒吊挂于钢绞线上，再对正接头接好，避免风筒弯曲、折叠堵塞风道。

（18）采用抽出式或混合式通风时，风筒出口或入口到工作面的距离，压入式风筒和抽出式风筒间重叠段长度，应符合作业规程及有关规定。

2. 连接方法

（1）如图5-4a所示，单反边接头法，是在一个接头上留反边，只将缝有铁环的接头1留200~300 mm的反边，而接头2不留反边，将留有反边的接头插入（顺风流）另一个接头中，然后将两风筒拉紧使两铁环紧靠，再将接头1的反边翻压到两个铁环之上即可。

（2）双反边接头法，是在两个接头上均留有200~300 mm的反边，如图5-4a所示，且比单反边多翻压一层（图5-4c）。

（3）多反边接头法，比双反边增加一个活铁环3，将活铁环3套在风筒2上，如图5-5a所示，将风筒1端顺风流插入风筒2端，并将风筒1端的反边翻压到风筒2端上，将活铁环3套在风筒1、2端的反边上，如图5-5b所示；最后将风筒1、2反边再同时翻压在铁环3、风筒1上，如图5-5c所示。反边接头法的翻压层数越多，漏风越少。

（4）最后，用风筒卡箍卡紧，如图5-6所示。

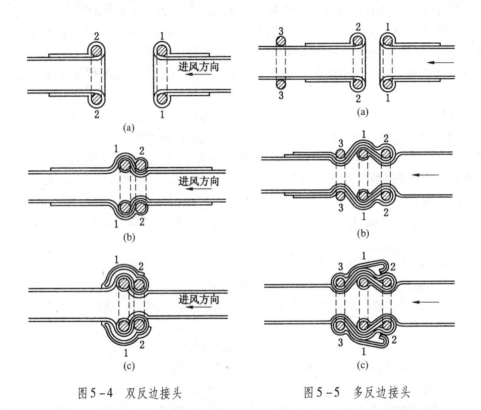

图5-4　双反边接头　　　　　　　图5-5　多反边接头

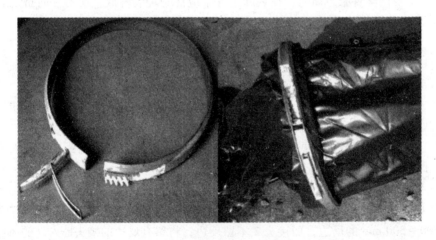

图5-6　风筒卡箍

第三节　通风设施检查

永久风门、临时风门、永久防火墙（密闭）、临时防火墙（密闭）、风桥等通风设施检查应按标准逐项实测实量。

一、永久风门质量检查

（1）每组风门不少于两道，通车风门间距不小于一列车长度，行人风门间距不小于5 m。墙体用不燃性材料建筑，厚度不小于0.5 m，严密不漏风。

（2）墙体周边掏槽（岩巷、锚喷、砌碹巷道除外）要见硬顶、硬帮，要与煤岩结实，四周要有不小于0.1 m的裙边。

（3）风门正常开启，能自动关闭，风门闭锁装置完好。

（4）门框有包边，沿口有垫衬，四周接触严密（以不透风为准），门扇平整不漏风。

（5）墙垛平整（1 m内凸凹不大于10 mm），无裂缝（雷管脚线不能插入）、重缝和空缝。

（6）风门水沟有返水池或挡风帘，通车风门有底坎、挡风帘，电缆孔和其他管道孔要堵严，并且电缆等过风门墙时，要有保护线缆护套。

（7）风门前后各5 m内巷道支护良好，无杂物、积水和淤泥。

（8）检查反向风门方法是否与正向风门相同。

（9）检查是否实施挂牌管理，内容是否齐全完整。检查是否按责任分工及时填写牌板有关内容。

二、临时风门质量检查

（1）每组风门不少于两道，通车风门间距不小于一列车长度，行人风门间距不小于5 m。风门正常开启，能自动关闭。

（2）风门顶、帮良好，前后各5 m内巷道支护良好，无杂物、积水和淤泥。

（3）门墙四周接触严密。木板墙采用鱼鳞搭接，墙面要用灰、泥满抹或勾缝。

（4）门框要有包边，沿口有垫衬，四周接触严密。

（5）门扇平整不漏风，与门框接触严密。

（6）通车风门有底坎，挡风帘完好。

（7）检查是否实施挂牌管理，内容是否齐全完整。检查是否按责任分工及时填写牌板有关内容。

三、永久防火墙（密闭）质量检查

（1）墙体用不燃性材料建筑，厚度不小于0.5 m，严密不漏风（手触无感觉，耳听无声音）。

（2）防火墙（密闭）内有水的设返水池或返水管；自然发火煤层的采空区防火墙（密闭）要设观测孔、措施孔，孔口封堵严密。

（3）墙体周边掏槽（岩巷、锚喷、砌碹巷道除外）要见硬顶、硬帮，要与煤岩结实，四周要有不小于 0.1 m 的裙边。

（4）墙面要平整（1 m 内凸凹不大于 10 mm），无裂缝（雷管脚线不能插入）、重缝和空缝。

（5）检查防火墙（密闭）前瓦斯浓度。

（6）检查防火墙（密闭）前栅栏，巷道断面在 6 m² 以下的栅栏要全断面覆盖，巷道断面在 6 m² 以上的栅栏覆盖面不少于巷道断面的 2/3，木板间距 200 mm，有警标、说明牌板和检查牌。

（7）防火墙（密闭）5 m 内支护完好，无片帮、冒顶，无杂物、积水和淤泥。

（8）检查是否实施挂牌管理，内容是否齐全完整。检查是否按责任分工及时填写牌板有关内容。

四、临时防火墙（密闭）质量检查

（1）防火墙（密闭）前 5 m 内支护完好，无片帮、冒顶，无杂物、积水和淤泥。

（2）防火墙（密闭）四周接触严密，木板防火墙（密闭）采用鱼鳞搭接，防火墙（密闭）面要用灰、泥满抹或勾缝，不漏风。

（3）检查防火墙（密闭）前栅栏，巷道断面在 6 m² 以下的栅栏要全断面覆盖，巷道断面在 6 m² 以上的栅栏覆盖面不少于巷道断面的 2/3，木板间距 200 mm，有警标、检查牌。

（4）检查防火墙（密闭）前瓦斯浓度。

（5）检查是否实施挂牌管理，内容是否齐全完整。检查是否按责任分工及时填写牌板有关内容。

五、风桥质量检查

（1）风桥应用不燃性材料建筑。

（2）桥面应平整不漏风，以手触感觉不到漏风为准。

（3）风桥前后各 5 m 范围内巷道支护良好，无杂物、积水和淤泥。

（4）风桥的断面不小于原巷道断面的 4/5，呈流线型，坡度小于 30°。

（5）风桥的两端接口严密，四周见实帮、实底，要填实、结实。

（6）检查是否实施挂牌管理，内容是否齐全完整。检查是否按责任分工及时填写牌板有关内容。

第六章　矿井防灭火管理

第一节　矿井火灾处理

一、煤炭自燃的早期判断分析

煤炭在氧化自燃过程中有许多征兆，有些征兆人们可以直接感觉到。

1. 视力感觉

巷道中出现雾气或巷道壁及支架上出现水珠，造成煤壁"出汗"现象，表明煤炭已经开始进入自燃阶段。应当注意，当井下两股不同温度的风流汇合时或井下突水前也会出现类似的情况，因此仅凭借上述现象不能说明发生煤炭自燃。

2. 气味感觉

井下空气中如果出现像煤油、汽油、松节油或煤焦油的气味时，一般认为是煤炭自燃的最可靠征兆，表明自燃已经发展到相当严重的地步，不久就会出现烟雾和明火。

3. 温度感觉

由于煤炭自燃发热，煤体内和巷道空气较平时温度升高，并且从自燃区流出的水温度也较平时高，说明煤壁内已自热或自燃。

4. 人体感觉

由于煤炭在自燃过程中，会生成一氧化碳、二氧化碳等有毒有害气体，如果巷道中上述气体浓度不断增加，人就会出现头痛、乏力、闷热等症状，这是有害气体增加使人轻微中毒所致。不同的人对上述感觉的表现不同，跟每个人的健康状况和身体素质有关，所以只有在各种征兆相对明显时才能够感觉到，只能作为早期的识别方法。

二、井下常用灭火器

（一）泡沫灭火器

1. 适用范围

泡沫灭火器适用于扑救一般 B 类火灾，如油制品、油脂等火灾，也可适用于 A 类火灾，但不能扑救 B 类火灾中的水溶性可燃、易燃液体的火灾，如醇、酯、醚、酮等物质火灾，也不能扑救带电设备及 C 类和 D 类火灾。

2. 使用方法

可手提筒体上部的提环，迅速奔赴火场。这时应注意不得使灭火器过分倾斜，更不可横拿或颠倒，以免两种药剂混合而提前喷出。当距离着火点 10 m 左右时，即可将筒体颠倒过来，一只手紧握提环，另一只手扶住筒体的底圈，将射流对准燃烧物。在扑救可燃液体火灾时，如已呈流淌状燃烧，则将泡沫由远而近喷射，使泡沫完全覆盖在燃烧液面上；如在容器内燃烧，应将泡沫射向容器的内壁，使泡沫沿着内壁流淌，逐步覆盖着火液面。切忌直接对准液面喷射，以免由于射流的冲击，反而将燃烧的液体冲散或冲出容器，扩大燃烧范围。在扑救固体物质火灾时，应将射流对准燃烧最猛烈处。灭火时随着有效喷射距离的缩短，使用者应逐渐向燃烧区靠近，并始终将泡沫喷在燃烧物上，直到扑灭。使用时，灭火器应始终保持倒置状态，否则会中断喷射。

3. 注意事项

（1）手提式泡沫灭火器存放应选择干燥、阴凉、通风并取用方便之处，不可靠近高温或可能受到曝晒的地方，以防止碳酸分解而失效。

（2）冬季要采取防冻措施，以防止冻结。

（3）应经常擦除灰尘，疏通喷嘴，使之保持通畅。

（二）空气泡沫灭火器

1. 适用范围

空气泡沫灭火器的适用范围基本上与化学泡沫灭火器相同。但抗溶泡沫灭火器还能扑救水溶性易燃、可燃液体的火灾，如醇、醚、酮等溶剂燃烧的初期火灾。

2. 使用方法

使用时可手提或肩扛，迅速奔到火场，在距燃烧物 6 m 左右，拔出保险销，一手握住开启压把，另一手紧握喷枪；用力捏紧开启压把，打开密封或刺穿储气瓶密封片，空气泡沫即可从喷枪口喷出。

3. 注意事项

灭火方法与手提式化学泡沫灭火器相同。但使用空气泡沫灭火器时，应使灭火器始终保持直立状态，切勿颠倒或横卧，否则会中断喷射。同时应一直紧握开启压把，不能松手，否则会中断喷射。

（三）酸碱灭火器

1. 适用范围

酸碱灭火器适用于扑救 A 类物质燃烧的初期火灾，如木、织物、纸张等燃烧的火灾。它不能用于扑救 B 类物质燃烧的火灾，也不能用于扑救 C 类可燃性气体或 D 类轻金属火灾。同时也不能用于带电物体火灾的扑救。

2. 使用方法

使用时应手提筒体上部提环，迅速奔到着火地点。在距离燃烧物 6 m 左右，即可将灭火器颠倒过来，并摇晃几次，使两种药液加快混合；一只手握住提环，另一只手抓住筒体下的底圈将喷出的射流对准燃烧最猛烈处喷射。同时随着喷射距离的缩减，使用人应向燃烧处推进。

3. 注意事项

不能将灭火器扛在背上，也不能过分倾斜，以防两种药液混合而提前喷射。

（四）二氧化碳灭火器

灭火时只要将灭火器提到或扛到火场，在距燃烧物 5 m 左右，放下灭火器，拔出保险销，一手握住喇叭筒根部的手柄，另一只手紧握启闭阀的压把。对于没有喷射软管的二氧化碳灭火器，应把喇叭筒往上扳 70°～90°。使用时，不能直接用手抓住喇叭筒外壁或金属连线管，防止手被冻伤。灭火时，当可燃液体呈流淌状燃烧时，使用者将二氧化碳灭火剂的喷流由近而远向火焰喷射。如果可燃液体在容器内燃烧时，使用者应将喇叭筒提起，从容器的一侧上部向燃烧的容器中喷射。但不能将二氧化碳射流直接冲击可燃液面，以防止将可燃液体冲出容器而扩大火势，造成灭火困难。

推车式二氧化碳灭火器一般由两人操作，使用时两人一起将灭火器推到或拉到燃烧处，在离燃烧物 10 m 左右停下，一人快速取下喇叭筒并展开喷射软管后，握住喇叭筒根部的手柄，另一人快速按逆时针方向旋动手轮，并开到最大位置。灭火方法与手提式二氧化碳灭火器的方法相同。

使用二氧化碳灭火器时，在室外使用的，应选择在上风方向喷射；在室内窄小空间使用的，灭火后操作者应迅速离开，以防窒息。

（五）1211 手提式灭火器

使用时，应手提灭火器的提把或肩扛灭火器到火场。在距燃烧处 5 m 左右，放下灭火器，先拔出保险销，一手握住开启把，另一手握在喷射软管前端的喷嘴处。如灭火器无喷射软管，可一手握住开启压把，另一手扶住灭火器底部的底圈部分。先将喷嘴对准燃烧处，用力握紧开启压把，使灭火器喷射。当被扑救可燃烧液体呈现流淌状燃烧时，使用者应对准火焰根部由近而远并左右扫射，向前快速推进，直至火焰全部扑灭。如果可燃液体在容器中燃烧，应对准火焰左右晃动扫射，当火焰被赶出容器时，喷射流跟着火焰扫射，直至把火焰全部扑灭。但应注意不能将喷流直接喷射在燃烧液面上，防止灭火剂的冲力将可燃液体冲出容器而扩大火势，造成灭火困难。如果扑救可燃性固体物质的初期火灾，则应将喷流对准燃烧最猛烈处喷射，当火焰被扑灭后，应及时采取措施，不让其复燃。

1211 灭火器使用时不能颠倒，也不能横握，否则灭火剂不会喷出。另外，在室外使用时，应选择在上风方向喷射；在窄小的室内灭火时，灭火后操作者应迅速撤离，因 1211 灭火剂也有一定的毒性，以防对人体的伤害。

（六）干粉灭火器

1. 适用范围

碳酸氢钠干粉灭火器适用于扑救易燃、可燃液体，气体及带电设备的初期火灾。磷酸铵盐干粉灭火器除可用于上述几类火灾外，还可扑救固体类物质的初期火灾，但都不能扑救金属燃烧火灾。

2. 使用方法

灭火时，可手提或肩扛灭火器快速奔赴火场，在距燃烧处 5 m 左右，放下灭火器。如在室外，应选择在上风方向喷射。使用的干粉灭火器若是外挂式储压式的，操作者应一手紧握喷枪，另一手提起储气瓶上的开启提环。如果储气瓶的开启是手轮式的，则向逆时针方向旋开，并旋到最高位置，随即提起灭火器。当干粉喷出后，迅速对准火焰的根部扫射。如干粉灭火器的储气瓶是内置式或储压式，操作者应先将开启把上的保险销拔下，然后握住喷射软管前端喷嘴部，另一只手将开启压把压下，打开灭火器进行灭火。有喷射软管的灭火器或储压式灭火器在使用时，一手应始终压下压把，不能放开，否则会中断喷射。干粉灭火器扑救可燃、易燃液体火灾时，应对准火焰要部扫射，如果被扑救的液体火灾呈流淌燃烧时，应对准火焰根部由近而远，并左右扫射，直至把火焰全部扑灭。如果可燃液体在容器内燃烧，使用者应对准火焰根部左右晃动扫射，使喷射出的干粉流覆盖整个容器开口表面；当火焰被赶出容器时，使用者仍应继续喷射，直至将火焰全部扑灭。在扑救容器内可燃液体火灾时，应注意不能将喷嘴直接对准液面喷射，防止喷射流的冲击力使可燃液体溅出而扩大火势，造成灭火困难。如果当可燃液体在金属容器中燃烧时间过长，容器的壁温已高于扑救可燃液体的自燃点，此时极易造成灭火后复燃的现象，若与泡沫类灭火器联用，则灭火效果更佳。使用磷酸铵盐干粉灭火器扑救固体可燃物火灾时，应对准燃烧最猛烈处喷射，并上下、左右扫射。如条件许可，使用者可提着灭火器沿着燃烧物的四周边走边喷，使干粉灭火剂均匀地喷在燃烧物的表面，直至将火焰全部扑灭，如图 6－1 所示。

(a) 右手握着压把，左手托着灭火　(b) 提着灭火器到达现场　　　(c) 除掉铅封
　　器底部，轻轻地取下灭火器

(d) 拔掉保险　　　　　(e) 左手握着喷管，　　　(f) 在距离火焰2 m的位置，右
　　　　　　　　　　　　　　右手提着压把　　　　　手用力压下压把，左手拿
　　　　　　　　　　　　　　　　　　　　　　　　　着喷管左右摆动，喷射干
　　　　　　　　　　　　　　　　　　　　　　　　　粉覆盖整个燃烧区

图 6-1　干粉灭火器使用方法

三、井下烧焊作业规定

井下和井口房内不得从事电焊、气焊和喷灯焊接等工作。如果必须在井下主要硐室、主要进风井巷和井口房内进行电焊、气焊和喷灯焊接等工作，每次必须制定安全措施，并

遵守下列规定：

（1）指定专人在场检查和监督。

（2）电焊、气焊和喷灯焊接等工作地点的前后两端各 10 m 的井巷范围内，应采用不燃性材料支护，并应有供水管路，由专人负责喷水。上述工作地点应至少备有两个灭火器。

（3）在井口房、井筒和倾斜巷道内进行电焊、气焊和喷灯焊接等工作时，必须在工作地点的下方用不燃性材料设施接收火星。

（4）电焊、气焊和喷灯焊接等工作地点的风流中，瓦斯浓度不得超过 0.5%，只有在检查证明作业地点附近 20 m 范围内巷道顶部和支护背板后无瓦斯积存时，方可进行作业。

（5）电焊、气焊和喷灯焊接等工作完毕后，工作地点应再次用水喷洒，并有专人在工作地点检查 1 h，发现异状，立即处理。

（6）在有煤（岩）与瓦斯突出危险的矿井中进行电焊、气焊和喷灯焊接时，必须停止突出危险区内的一切工作。

煤层中未采用砌碹或喷浆封闭的主要硐室和主要进风大巷中，不得进行电焊、气焊和喷灯焊接等工作。

第二节　避灾路线的选择

有效的自救和互救可减少事故伤亡，挽救自己和他人的生命，因而要主动学习和掌握矿井灾害预防知识和自救、互救知识，熟悉井下避灾路线。火灾发生初期是灭火的最好时机，因而应主动学会使用灭火器具，掌握灭火知识。在发生火灾时，若火势不大，可直接组织身边人员灭火；若火灾范围大或火势太猛，现场人员无力抢救、自身安全受到威胁时，应迅速戴好自救器撤离灾区或根据领导指示行事。

发生事故后，及时报警可增加获救的机会、赢得抢救的时间。在事故发生后要充分利用附近的电话或派出人员迅速将事故情况向领导或调度室汇报。避灾过程中，要保持镇静、沉着应对，不要惊慌、不要乱喊乱跑；要遵守纪律，听从指挥，绝不可单独行动。紧急避灾撤离事故现场时，要迎着风流、向进风井口撤离，并在沿途留下标记。无法安全撤离灾区时，要迅速进入预先构筑的躲避硐室或其他安全地点暂避，在硐室外留下明显标记，并不时敲打轨道或铁管发出求救信号。撤离路线被封堵时，不要冒险闯过火区或泅过被水封堵的通道。

在编制《矿井灾害预防和处理计划》时，一定要考虑到井下任何地点发生火灾时，撤出遇险人员和有危险人员的最短和最安全的路线、报警方法和避灾路线等，并应根据井下巷道的变化情况，及时修订避灾路线。

（1）矿井内发生火灾时，避难人员要迎着新鲜风流，选择安全的避灾路线，有秩序地撤离危险区。

（2）撤离时要注意风流的变化，当撤退路线被火烟截断且有中毒危险时，要立即戴上自救器，尽快通过附近风门进入新鲜风流内。

（3）确实无法撤退时，应进入附近避难硐室或筑建临时避难硐室等待救援。如该处有压风管路，应打开阀门或设法切开管路，放出压风维持呼吸。对独头掘进工作面，如发现烟气从风筒出口处排入工作面时，应立即将风筒出风口扎紧，截住烟气，撤出人员。当人员无法撤退时，应静卧在巷道中无烟气处等待救援。

（4）在井下烟气弥漫的区域内，如仍有人员未撤出，或无法知道他们是否已撤出时，应考虑到他们可能在现有的避难硐室或临时避难硐室，不能中断送向这些地区的压风。为了使人员安全撤出灾区，必须控制风流，保证风流的稳定性，严防风流逆转。

（5）遇到瓦斯、煤尘爆炸事故时，要迅速背向空气震动的方向、脸向下卧倒，并用湿毛巾捂住口鼻，以防止吸入大量有毒气体；与此同时要迅速戴好自救器，选择顶板坚固、有水或离水较近的地方躲避。

（6）遇到水灾事故时，要尽量避开突水水头，难以避开时，要紧抓身边的牢固物体并深吸一口气，待水头过去后开展自救和互救；逃生时要向上水平撤退，且不可向独头巷道撤退，不能盲目潜水逃生。

（7）遇到煤与瓦斯突出事故时，要迅速戴好隔离式自救器或进入压风自救装置或进入避难硐室。

第三部分
瓦斯检查工中级技能

第七章 矿井通风

第一节 矿井通风管理

一、矿井漏风

1. 矿井漏风的概念

矿井通风系统中，进入井巷的风流未达到使用地点之前沿途漏出或漏入的现象统称为矿井漏风。漏出和漏入的风量称为漏风量。采掘工作面及各硐室的实际供风量称为有效风量。

2. 矿井漏风的原因

矿井漏风的原因很多，主要是由于漏风区两端有压力差和通道。如果井下控制风流的设施不严密，采空区顶板岩石垮落后未被压实，煤柱被压坏或地表有裂缝，都能造成漏风。

3. 矿井漏风的分类

矿井漏风按其地点可分为外部漏风和内部漏风两类。

（1）外部漏风（或称为井口漏风）。通过地表附近，如箕斗井井口、地面主要通风机附近的井口、调节闸门、反风装置、防爆门等处的漏风，称为外部漏风。

（2）内部漏风（或称为井下漏风）。通过井下各种通风设施、采空区、碎裂的煤柱等的漏风，称为内部漏风。

4. 矿井漏风的危害

（1）漏风会使工作面有效风量减少，造成瓦斯积聚，煤尘不能被带走，气温升高，形成不良的气候条件，不仅使生产效率降低，而且影响工人的身体健康。

（2）漏风量大的通风网络，必然使通风系统复杂化，因而能使通风系统的稳定性、可靠性受到一定程度的影响，增加风量调节的困难。

（3）采空区、留有浮煤的封闭巷道及被压碎煤柱等的漏风，可能促使煤炭自然发火。地表塌陷区风量的漏入，会将采空区的有害气体带入井下，直接威胁着采掘工作面的安全生产。

（4）大量漏风会引起电能的无益消耗，造成通风机设备能力的不足。如离心式通风机漏风严重时，会使电动机产生过负荷现象。

5. 采区内矿井漏风的检查方法

（1）首先要了解采区内各工作面通风系统情况。

（2）检查采区内各种通风设施是否严密。

（3）检查采空区是否漏风。

（4）检查沿空送巷、沿空留巷的巷道是否漏风。

（5）检查采区内溜煤眼是否漏风，一般采用留有一定煤量的办法起到堵漏风的目的。

二、采煤工作面上行通风与下行通风

（一）上行通风

1. 上行通风的主要优点

采煤工作面和回风巷道风流中的瓦斯，以及从煤壁及采落的煤炭中不断放出的瓦斯，由于其密度小，有一定的上浮力，瓦斯自然流动的方向和通风方向一致，有利于较快地降低工作面的瓦斯浓度，防止在低风速地点造成瓦斯局部积聚。

2. 上行通风的主要缺点

（1）采煤工作面的落煤运动方向与风流逆向，容易引起煤尘飞扬，增加了采煤工作面风流中的煤尘浓度。

（2）煤炭在运输过程中放出的瓦斯，又随风流带到采煤工作面，增加了采煤工作面的瓦斯浓度。

（3）运输设备运转时所产生的热量随进风流散发到采煤工作面，使工作面气温升高。

（二）下行通风

1. 下行通风的主要优点

（1）采煤工作面进风流中煤尘浓度较小，这是因为工作面的落煤运动方向与风流为同向，降低了吹起煤尘的能力。

（2）采煤工作面的气温可以降低，这是因为风流进入工作面的路线较短，风流与地温热交换作用较小，而且工作面运输平巷内的机械发热量不会带入工作面。

（3）不易出现瓦斯局部积聚，因为风流方向与瓦斯轻浮向上的方向相反，当风流保持足够的风速时，就能够对向上轻浮的瓦斯进行强力扰动、混合，使瓦斯局部积聚难以产生，而且煤炭在运输过程中放出的瓦斯不会带入工作面。

2. 下行通风的主要缺点

（1）工作面运输平巷中设备处于回风流中，一旦工作面发生火灾控制火势比较困难。

（2）当发生煤与瓦斯突出事故时，下行通风极易引起大量的瓦斯逆流而进入上部进风水平，扩大突出的波及范围。

经过现场的实践和实验室试验分析，证明采煤工作面采用下行通风对工作面的煤尘抑制，特别是对急倾斜煤层采煤工作面的煤尘抑制是很有利的；同时对防止采煤工作面顶板瓦斯的成层积聚，采空区的漏风，以及抑制煤炭自燃也都是有利的。因此《煤矿安全规程》第一百一十五条规定，有煤（岩）与瓦斯（二氧化碳）突出危险的采煤工作面不得采用下行通风。

三、串联通风

1. 有关要求

（1）矿井开拓新水平和准备新采区的回风，必须引入总回风巷或主要回风巷中。在未构成通风系统前，可将此种回风引入生产水平的进风中；但在有瓦斯喷出或有煤（岩）与瓦斯（二氧化碳）突出危险的矿井中，开拓新水平和准备新采区时，必须先在无瓦斯喷出或无煤（岩）与瓦斯（二氧化碳）突出危险的煤（岩）层中掘进巷道并构成通风系统，为构成通风系统的掘进巷道的回风，可以引入生产水平的进风中。上述两种回风流中的瓦斯和二氧化碳浓度都不得超过0.5%，其他有害气体浓度必须符合《煤矿安全规程》的规定，并制定安全措施，报企业技术负责人审批。

（2）同一采区内，同一煤层上下相连的两个同一风路中的采煤工作面、采煤工作面与其相连接的掘进工作面、相邻的两个掘进工作面，布置独立通风有困难时，在制定措施后，可采用串联通风，但串联通风的次数不得超过1次。

（3）采区内为构成新区段通风系统的掘进巷道或采煤工作面遇地质构造而重新掘进的巷道，布置独立通风确有困难时，其回风可以串入采煤工作面，但必须制定安全措施，且串联通风的次数不得超过1次；构成独立通风系统后，必须立即改为独立通风。

（4）采用串联通风时，必须在进入被串联工作面的风流中装设甲烷断电仪，且瓦斯和二氧化碳浓度都不得超过0.5%，其他有害气体浓度都应符合《煤矿安全规程》第一百条的规定。

（5）开采有瓦斯喷出或有煤（岩）与瓦斯（二氧化碳）突出危险的煤层时，严禁任何两个工作面之间串联通风。

2. 对串联通风措施落实情况进行检查的方法

（1）首先要了解串联工作面和被串工作面通风系统情况。

（2）检查串联通风次数是否超过1次。

（3）被串工作面进风流瓦斯和二氧化碳浓度都不得超过0.5%，其他有害气体浓度符合《煤矿安全规程》规定。

（4）进入被串联工作面的风流中应装设甲烷断电仪，甲烷传感器安装位置应符合要求：

①采煤工作面之间、掘采之间串联通风时，被串工作面的进风巷口10～15 m设置甲烷传感器。

②采掘工作面之间串联通风时，必须在被串工作面局部通风机前3～5 m设置掘进工作面进风流甲烷传感器。

四、扩散通风地点的安全检查方法

（1）弄清扩散通风地点的用途。

（2）测量巷道深度是否超过6 m。

（3）测量巷道入口宽度是否大于1.5 m。

（4）检查扩散通风地点瓦斯、二氧化碳、氧气、温度、粉尘、有害气体是否符合《煤矿安全规程》的规定。

（5）如果是机电硐室，还要检查消防器材配备情况。

第二节　局部通风管理

一、局部通风机工作方式

1. 压入式通风

压入式通风如图 7-1 所示。局部通风机和启动装置安设在离掘进巷道口 10 m 以外的进风侧巷道中，局部通风机把新鲜风流经风筒送入掘进工作面，乏风风流沿掘进巷道排出。

压入式通风的优点是风流从风筒出口末端以自由射流状态射向工作面，风流的有效射程一般为 7~8 m，易于排出工作面的有害气体和矿尘，通风效果好；局部通风机和启动装置都位于新鲜风流中，不易引起瓦斯、煤尘爆炸，安全性好；既可用硬质风筒，又可用柔性风筒，适应性强。其缺点是乏风风流沿巷道排出，劳动卫生条件差；有害气体从掘进巷道排出的速度慢，排放炮烟、突然释放的有毒气体或粉尘需要的通风时间长。

2. 抽出式通风

抽出式通风如图 7-2 所示。局部通风机安装在离掘进巷道口 10 m 以外的回风侧巷道中，新鲜风流沿掘进巷道流入工作面，乏风风流经风筒由局部通风机抽出。

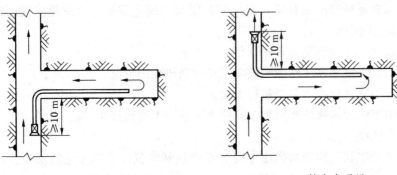

图 7-1　压入式通风　　　　　　图 7-2　抽出式通风

抽出式通风的优点是乏风风流经风筒排出，掘进巷道中为新鲜风流，劳动卫生条件好；爆破时人员只需撤到安全距离即可，往返时间短；而且所需排烟的巷道长度为工作面至风筒吸入口的长度，故排烟时间短，有利于提高掘进速度。其缺点是风筒吸入口的有效吸程短，风筒吸风口距工作面距离过远则通风效果不好，过近则爆破时易崩坏风筒；因乏风风流由局部通风机抽出，一旦局部通风机产生火花，将有引起瓦斯、煤尘爆炸的危险，安全性差。在瓦斯矿井中一般不使用抽出式通风。

3. 混合式通风

混合式通风如图 7-3 所示，是压入式和抽出式两种通风方式的联合运用，兼有压入式和抽出式两者的优点，其中压入式通风向工作面供新鲜风流，抽出式通风从工作面排出乏风风流，但其缺点也很多，如设备多、能耗大、管理复杂，有引起瓦斯、煤尘爆炸的危险。

其布置方式取决于掘进工作面空气中污染物的空间分布和掘进、装载机械的位置。按局部通风机和风筒的布置位置，分为长压短抽、长抽短压和长抽长压 3 种；按抽压风筒口的位置关系，每种方式又有前抽后压和前压后抽两种方式。

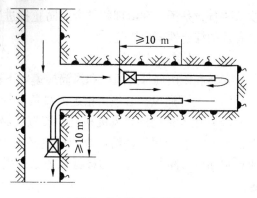

图 7-3　混合式通风

二、局部通风机安装要求

在掘进通风管理工作中，应加强对局部通风机的检查和维修，严格执行局部通风机的安装、停开等管理制度，以保证局部通风机正常运转。

《煤矿安全规程》规定，局部通风机的安装和使用，必须符合下列要求：

（1）局部通风机必须由指定人员负责管理，保证正常运转。

（2）压入式局部通风机和启动装置，必须安装在进风巷道中，距掘进巷道回风口不得小于 10 m；全风压供给该处的风量必须大于局部通风机的吸入风量，局部通风机安装地点到回风口间的巷道中的最低风速必须符合本规程第一百零一条的有关规定。

（3）必须采用抗静电、阻燃风筒。风筒口到掘进工作面的距离、混合式通风的局部通风机和风筒的安设、正常工作的局部通风机和备用局部通风机自动切换的交叉风筒接头的规格和安装标准，应在作业规程中明确规定。

（4）瓦斯矿井掘进工作面的局部通风机，可采用装有选择性漏电保护装置的供电线路供电，或与采煤工作面分开供电。

（5）瓦斯喷出区域、高瓦斯矿井、煤（岩）与瓦斯（二氧化碳）突出矿井中，掘进工作面的局部通风机应采用三专（专用变压器、专用开关、专用线路）供电；也可采用装有选择性漏电保护装置的供电线路供电，但每天应有专人检查一次，保证局部通风机可靠运转。

（6）严禁使用 3 台以上（含 3 台）的局部通风机同时向一个掘进工作面供风。不得使用 1 台局部通风机同时向两个作业的掘进工作面供风。

（7）使用局部通风机供风的地点必须实行风电闭锁，保证停风后切断停风区内全部非本质安全型电气设备的电源。使用两台局部通风机供风的，两台局部通风机都必须同时实现风电闭锁。

（8）使用局部通风机通风的掘进工作面，不得停风；因检修、停电、故障等原因停风时，必须将人员全部撤至全风压进风流处，并切断电源。

恢复通风前，必须由专职瓦斯检查员检查瓦斯，只有在局部通风机及其开关附近 10 m 以内风流中的瓦斯浓度都不超过 0.5% 时，方可由指定人员开启局部通风机。

三、掘进通风安全技术装备系列化

掘进安全技术装备系列化，对于保证掘进工作面通风安全可靠性具有重要意义。掘进安全技术装备系列化是在治理瓦斯、煤尘、火灾等灾害的实践中不断发展起来的多种安全技术装备，是预防和治理相结合的防止掘进工作面瓦斯、煤尘爆炸，以及火灾等灾害的行之有效的综合性安全措施。

（一）局部通风机和风筒

安装和使用局部通风机和风筒应遵守下列规定：

（1）局部通风机必须由指定人员负责管理，保证正常运转。

（2）压入式局部通风机和启动装置，必须安装在进风巷道中，距掘进巷道回风口不得小于 10 m；全风压供给该处的风量必须大于局部通风机的吸入风量，局部通风机安装地点到回风口间的巷道中的最低风速必须符合《煤矿安全规程》第一百零一条的有关规定。

（3）高瓦斯矿井、煤（岩）与瓦斯（二氧化碳）突出矿井、瓦斯矿井中高瓦斯区的煤巷、半煤岩巷和有瓦斯涌出的岩巷掘进工作面正常工作的局部通风机必须配备安装同等能力的备用局部通风机，并能自动切换。正常工作的局部通风机必须采用三专（专用开关、专用电缆、专用变压器）供电，专用变压器最多可向 4 套不同掘进工作面的局部通风机供电；备用局部通风机电源必须取自同时带电的另一电源，当正常工作的局部通风机故障时，备用局部通风机能自动启动，保持掘进工作面正常通风。

（4）其他掘进工作面和通风地点正常工作的局部通风机可不配备安装备用局部通风机，但正常工作的局部通风机必须采用三专供电；或正常工作的局部通风机配备安装一台同等能力的备用局部通风机，并能自动切换。正常工作的局部通风机和备用局部通风机的电源必须取自同时带电的不同母线段的相互独立的电源，保证正常工作的局部通风机故障时，备用局部通风机正常工作。

（5）必须采用抗静电、阻燃风筒。风筒口到掘进工作面的距离、混合式通风的局部通风机和风筒的安设、正常工作的局部通风机和备用局部通风机自动切换的交叉风筒接头的规格和安设标准，应在作业规程中明确规定。

（6）正常工作和备用局部通风机均失电停止运转后，当电源恢复时，正常工作的局部通风机和备用局部通风机均不得自行启动，必须人工开启局部通风机。

（7）使用局部通风机供风的地点必须实行风电闭锁，保证当正常工作的局部通风机停止运转或停风后能切断停风区内全部非本质安全型电气设备的电源。正常工作的局部通风机故障，切换到备用局部通风机工作时，该局部通风机通风范围内应停止工作，排除故障；待故障被排除，恢复到正常工作的局部通风后方可恢复工作。使用两台局部通风机同时供风的，两台局部通风机都必须同时实现风电闭锁。

（8）每 10 天至少进行一次甲烷风电闭锁试验，每天应进行一次正常工作的局部通风机与备用局部通风机自动切换试验，试验期间不得影响局部通风，试验记录要存档备查。

（9）严禁使用 3 台以上（含 3 台）局部通风机同时向一个掘进工作面供风。不得使用 1 台局部通风机同时向两个作业的掘进工作面供风。

（二）倒风装置

1. 短节倒风装置

如图 7 - 4a 所示，将连接常用通风机风筒一端的半圆与连接备用通风机风筒一端的半周胶黏、缝合在一起（其长度为风筒直径的 1 ~ 2 倍），套入共用风筒，并对接头部进行粘连防漏风处理，即可投入使用。常用风机运转时，由于风机风压作用，连接常用风机的风筒被吹开，将与此并联的备用风机风筒紧压在双层风筒段内，关闭了备用风机风筒。若常用风机停转，备用风机启动，则连接常用风机的风筒被紧压在双层风筒段内，关闭了常用风机风筒，从而达到自动倒风换流的目的。

2. 切换片倒风装置

如图 7 - 4b 所示，在连接常用风机的风筒与连接备用风机的风筒之间平面夹粘一片长度等于风筒直径 1.5 ~ 3.0 倍、宽度大于 1/2 风筒周长的倒风切换片，将其嵌套在共用风筒内并胶黏在一起，经防漏风处理后便可投入使用，常用风机运行时，由于风机风压作用，倒风切换片将连接备用风机的风筒关闭，若常用风机停机，备用风机启动，用倒风切换片又将连接常用风机的风筒关闭，从而达到自动倒风换流的目的。

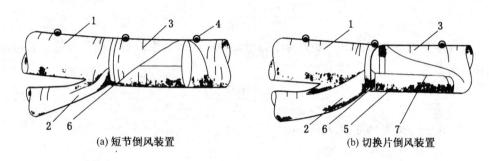

(a) 短节倒风装置　　　　　　　　　　(b) 切换片倒风装置

1—常用风筒；2—备用风筒；3—共用风筒；4—吊环；5—倒风切换片；6—风筒黏接处；7—缝合线

图 7 - 4　倒风装置

（三）三专两闭锁装置

三专是指专用变压器、专用开关、专用电缆，两闭锁则指风电闭锁和甲烷电闭锁。其功能是只有在局部通风机正常供风、掘进巷道内的瓦斯浓度不超过规定限值时，方能向巷道内机电设备供电，当局部通风机停转时，自动切断所控机电设备的电源；当瓦斯浓度超过规定限值时，系统能自动切断甲烷传感器控制范围内的电源，而局部通风机仍可正常运转。当局部通风机停转、停风区内瓦斯浓度超过规定限值时，局部通风机便自行闭锁，重新恢复通风时，要人工复电，先送风，当瓦斯浓度降到安全允许值以下时才能送电，从而提高了局部通风机连续运转供风的安全可靠性。

第三节　矿井气候条件

矿井气候是指矿井空气的温度、湿度和风速等参数的综合作用状态。这 3 个参数的不同组合，便构成了不同的矿井气候条件。矿井气候条件同人体的热平衡状态有密切联系，直接影响着井下作业人员的身体健康和劳动生产率的提高。

一、矿井主要热源

1. 井巷围岩传热

围岩原始温度是指井巷周围未被通风冷却的原始岩层温度。在许多深矿井中，围岩原始温度高，往往是造成矿井高温的主要原因。

在地表大气和大地热流场的共同作用下，岩层原始温度沿垂直方向上大致可划分为3个层带。在地表浅部由于受地表大气的影响，岩层原始温度随地表大气温度的变化而呈周期性变化，这一层带称为变温带。随着深度的增加，岩层温度受地表大气的影响逐渐减弱，而受大地热流场的影响逐渐增强，当达到某一深度处时，两者趋于平衡，岩温常年基本保持不变，这一层带称为恒温带。恒温带的温度比当地年平均气温高 1～2 ℃。在恒温带以下，由于受大地热流场的影响，在一定的区域范围内，岩层原始温度随深度的增加而增加，大致呈线性变化，这一层带称为增温带。在增温带内，岩层原始温度随深度的变化规律可用地温率或地温梯度来表示。地温率是指恒温带以下岩层温度每增加 1 ℃ 所增加的垂直深度，即

$$g_r = \frac{Z - Z_0}{t_r - t_{r0}} \qquad\qquad (7-1)$$

地温梯度是指恒温带以下，垂直深度每增加 100 m 时，原始岩温的升高值，它与地温率之间的关系为

$$G_r = \frac{100}{g_r} \qquad\qquad (7-2)$$

式中　　　G_r——地温梯度，℃/100 m；

$\quad\quad\quad g_r$——地温率，m/℃；

$\quad\quad\quad Z_0$、Z——恒温带深度和岩层温度测算处的深度，m；

$\quad\quad\quad t_{r0}$、t_r——恒温带温度和岩层原始温度，℃。

若已知 g_r 或 G_r 及 Z_0、t_{r0}，则对式（7-1）、式（7-2）进行变形后，即可计算出深度为 Z 的原岩温度 t_r。表 7-1 所列为我国部分矿区恒温带参数和地温率数值，仅供参考。

表 7-1　我国部分矿区恒温带参数和地温率数值

矿区名称	恒温带深度 Z_0/m	恒温带温度 t_{r0}/℃	地温率 g_r/（m·℃$^{-1}$）
辽宁抚顺	25～30	10.5	30
山东枣庄	40	17.0	45
河南平顶山	25	17.2	31～21
安徽罗河	25	18.9	59～25
安徽淮南潘集	25	16.8	33.7
辽宁北票台吉	27	10.6	40～37
广西合山	20	23.1	40
浙江长广	31	18.9	44
湖北黄石	31	18.8	43.3～39.8

2. 机电设备放热

在现代矿井中，由于机械化水平不断提高，尤其是采掘工作面的装机容量急剧增大，机电设备放热已成为这些矿井中不容忽视的主要热源，其中大部分将被采掘工作面风流所吸收。

3. 运输中煤炭及矸石的放热

在以输送机巷作为进风巷的采区通风系统中，运输中煤炭及矸石的放热是一种比较重要的热源。还包括矿物及其他有机物的氧化放热。

4. 人员放热

人体无论在静止状态下还是在运动状态下，都要进行新陈代谢。人体散热的方式主要通过皮肤表面与外界的对流、辐射和汗液蒸发 3 种基本形式进行。对流散热主要取决于周围空气的温度和风速，辐射散热主要取决于周围物体的表面温度，蒸发散热则主要取决于周围空气的相对湿度和风速。

各种气候参数中，空气温度对人体散热起着主要作用，空气湿度影响人体蒸发散热的效果，风速影响人体的对流散热和蒸发的效果。

总之，矿井气候条件对人体热平衡的影响是一种综合作用，各参数之间相互联系、相互影响。

在人员比较集中的采掘工作面，人员放热对工作面的气候条件也有一定的影响。人员放热与劳动强度和个人体质有关，计算式为

$$Q_{w0} = nq \tag{7-3}$$

式中　　Q_{w0}——人员放热量，kW；

　　　　n——工作面总人数；

　　　　q——每人发热量，静止状态时取 0.09 ~ 0.12 kW，轻度体力劳动时取 0.2 kW，中等体力劳动时取 0.275 kW，繁重体力劳动时取 0.47 kW。

5. 热水放热

井下热水放热主要取决于水温、水量和排水方式。矿井空气的温度是影响矿井气候的重要因素，最适宜的矿井空气温度为 15 ~ 20 ℃。

矿井空气的温度受地面气温、井下围岩温度、机电设备散热、煤炭等有机物的氧化、人体散热、水分蒸发、空气的压缩或膨胀、通风强度等多种因素的影响。随着井下通风路线的延长，空气温度逐渐升高。

在进风路线上，矿井空气的温度主要受地面气温和围岩温度的影响，有冬暖夏凉之感。

工作面温度基本上不受地面季节气温的影响，且常年变化不大。

在回风路线上，因通风强度较大，加上水分蒸发和风流上升膨胀吸热等因素影响，温度有所下降，常年基本稳定。

《煤矿安全规程》规定：进风井口以下的空气温度（干球温度，下同）必须在 2 ℃ 以上。生产矿井采掘工作面空气温度不得超过 26 ℃，机电设备硐室的空气温度不得超过 30 ℃；当空气温度超过时，必须缩短超温地点工作人员的工作时间，并给予高温保健待遇。采掘工作面的空气温度超过 30 ℃、机电设备硐室的空气温度超过 34 ℃ 时，必须停止作业。

二、矿井空气的湿度

空气的湿度是指空气中所含的水蒸气量，即空气的潮湿程度。

空气的潮湿程度一般用相对湿度来表示。相对湿度是每立方米空气中含有的水蒸气量

与同一温度下得饱和水蒸气量的百分比。对人体比较适宜的相对湿度为 50% ~ 60% 。

三、井巷中的风速

风速是指风流在单位时间内所流经的井巷的距离。风速过低或过高，对安全生产和人体健康均不利，因此井下工作地点和通风井巷中都要有一个合理的风速范围。《煤矿安全规程》规定的不同井巷中的允许风速标准见表 7 - 2。

表 7 - 2　井巷中的允许风速　　　　　　　　　　　　m/s

井 巷 名 称	允 许 风 速	
	最　　　低	最　　　高
无提升设备的风井和风硐		15
专为升降物料的井筒		12
风　桥		10
升降人员和物料的井筒		8
主要进、回风巷		8
架线电机车巷道	1.0	8
输送机巷，采区进、回风巷	0.25	6
采煤工作面、掘进中的煤巷和半煤岩巷	0.25	4
掘进中的岩巷	0.15	4
其他通风人行巷道	0.15	

此外，《煤矿安全规程》还规定，设有梯子间的井筒或修理中的井筒，风速不得超过 8 m/s；梯子间四周经封闭后，井筒中的最高允许风速可按表 7 - 2 执行。

无瓦斯涌出的架线电机车巷道中的最低风速可低于表 7 - 2 中的规定值，但不得低于 0.5 m/s。

综合机械化采煤工作面，在采取煤层注水和采煤机喷雾降尘等措施后，其最大风速可高于表 7 - 2 中的规定值，但不得超过 5 m/s。

第四节　识　图　与　绘　图

一、基本视图知识

《煤矿安全规程》规定，井下煤矿必须及时填绘反映实际情况的下列图纸：

（1）矿井地质和水文地质图。

（2）井上、下对照图。

（3）巷道布置图。

（4）采掘工程平面图。

（5）通风系统图。

（6）井下运输系统图。

（7）安全监测装备布置图。

（8）排水、防尘、防火注浆、压风、充填、瓦斯抽采等管路系统图。

（9）井下通信系统图。

（10）井上、下配电系统图和井下电气设备布置图。

（11）井下避灾路线图。

二、矿井通风管理中经常使用的图件

矿井通风管理中经常使用的图件有矿井通风系统图（包括矿井通风系统图、矿井通风系统平面示意图和矿井通风系统立体示意图）、通风网络图。

三、采区通风系统图

采区通风系统图用以反映井下某一区域的通风状况，便于分析区域通风系统和风量分配的合理性。采区通风系统图绘制内容主要包括井巷中风流方向、风量、局部通风机位置和通风设施的安装地点等，如图7-5所示。

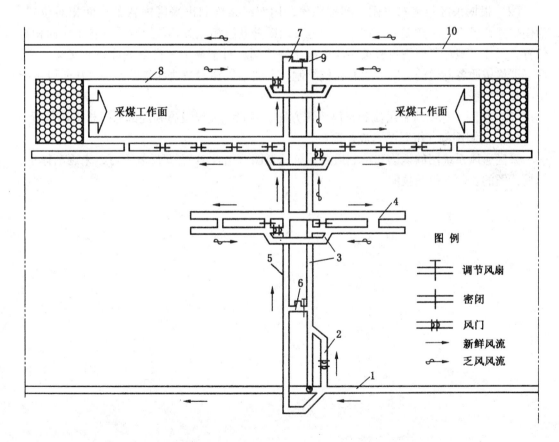

1—进风大巷；2—进风联络巷；3—运输上山；4—运输平巷；5—轨道上山；6—采区变电所；
7—绞车房；8—回风平巷；9—回风石门；10—总回风巷

图7-5 采区通风系统示意图

四、采区通风系统图的识读步骤

（1）首先要清楚看图的目的，将从采区通风系统图中获得哪些信息或应该获得哪些信息。

（2）弄懂图中的图例符号和含义。

（3）观察采区通风系统中有几条上山，判断进、回风上山。进风上山与进风大巷及回风上山与回风大巷的连接形式。

（4）观察采掘工作面的通风方式。弄懂采掘工作面的进、回风巷是通过哪些巷道与进、回风上山连接的。观察局部通风机的安装位置和风筒的延伸方向及回风流的方向和风量分布情况，还要观察采区内风门、风窗控制的风流的情况。

（5）沿着主要风流路线从进风上山到回风上山，按标明的风流方向和巷道名称走几遍，这样能大体上掌握采区通风系统图所反映的实际通风情况。

五、采区通风系统示意图的绘制步骤

（1）首先识读采区巷道布置图，了解各种巷道、硐室及采掘工作面的平面位置。

（2）根据采区巷道布置图，不按比例，用双线条绘制出采区内各工作面相对位置。为使矿井通风系统示意图能较切合实际地反映矿井巷道相互关系，绘制采区各工作面相对位置，尺寸一般尽可能按投影关系与大致比例绘制。对于在水平投影下重叠或交叉巷道，可不严格按照各巷道的实际位置和比例绘制，只要求能够清楚地反映出各巷道在通风系统中的相互关系。

（3）在图中标明新鲜风流和乏风风流方向、风量、通风设施和局部通风机安装位置。

（4）绘制图例、填写图名或标题栏。

采区通风系统图的识读和绘制通风系统示意图可结合图 7 - 5 反复练习，来逐渐体悟、掌握读图的要领和绘图技能。

第八章 瓦 斯 管 理

第一节 瓦斯检查与分析

一、煤矿井下低氧环境的地点、原因及其危害

1. 井下容易出现低氧环境的地点

井下容易出现低氧环境的主要地点有通风不良的巷道内、火区附近的巷道内、停风的独头巷道内、有瓦斯大量涌出的巷道内、采空区及废弃的巷道内、防火墙（密闭）附近。

2. 造成低氧环境的主要原因

（1）煤炭、坑木及其他有机物的氧化。

（2）瓦斯、煤尘的爆炸。

（3）人员的呼吸。

（4）井下火灾。

（5）井巷中排出的大量瓦斯。

3. 低氧环境对人体的危害

当空气中的氧气浓度降低时，人体就会产生不良的生理反应，出现种种不舒适的症状，严重时可能导致缺氧死亡。人体缺氧症状与空气中氧气浓度的关系见表8-1。

表8-1 人体缺氧症状与空气中氧气浓度的关系

氧气的浓度（体积分数）/%	人 体 反 应
17	静止时无影响，工作时出现喘息和呼吸困难等现象
15	呼吸及心跳急促，耳鸣目眩，感觉和判断力降低，失去劳动能力
10~12	失去理智，时间稍长有生命危险
6~9	失去知觉，停止呼吸，如不及时抢救几分钟内可能导致死亡

二、便携式光学甲烷检测仪测定精度的影响因素及校正

（1）严重缺氧地点，由于气体成分变化大，用便携式光学甲烷检测仪测定瓦斯时，测定结果将比实际浓度大很多（试验可知，氧气浓度每降低1%，瓦斯浓度测定结果约偏大0.2%）。

(2) 高原地点空气密度小、气压低，使用时应对仪器进行相应的调整，或根据当地测定地点的温度和大气压力计算校正系数进行测定结果校正。当温度和气压变化较大时也需要对测点的瓦斯或二氧化碳浓度进行校正：

$$K' = 345.82 \frac{t' + 273}{p} \qquad (8 - 1)$$

$$X = X'K' \qquad (8 - 2)$$

式中　K'——校正系数；

　　　p——测量地点大气压力，Pa；

　　　t'——测量地点温度，℃；

　　　X——真实瓦斯浓度，%；

　　　X'——仪器测得的瓦斯浓度，%。

例如，在井下某地点用便携式光学甲烷检测仪测定的风流中瓦斯浓度为 0.86%，同时测得该地点空气温度为 28 ℃，大气压力为 78805 Pa。

求算校正系数 $K' = 345.82$（$t' + 273$）/$p = 345.82$（$28 + 273$）/78805 = 1.32，该地点真实瓦斯浓度值为 0.86% × 1.32 = 1.14%。

(3) 测定时，如果空气中含有一氧化碳、硫化氢等其他气体时，因为没有这些气体的吸收剂，将使瓦斯测定结果偏高。这时，应再加一个辅助吸收管，管内装有颗粒活性炭，以消除硫化氢影响；装有 40% 氧化铜和 60% 二氧化锰的混合物，可消除一氧化碳的影响。

三、检查瓦斯、氧气、二氧化碳浓度时的注意事项

1. 检查盲巷内瓦斯、氧气和二氧化碳浓度时的注意事项

(1) 进入盲巷内检查瓦斯浓度时不能少于两人，而且前后间隔 3 ~ 5 m，边走边查，一人检查一人监护，检查时，使用便携式光学甲烷检测仪。

(2) 检查时，瓦斯浓度达到 3% 或其他有害气体超过《煤矿安全规程》规定时，应立即返回，停止向内检查。

(3) 检查瓦斯浓度的同时，必须随时检查氧气的浓度，当氧气含量低于《煤矿安全规程》规定时，停止向内检查。

(4) 检查过程中发现高浓度瓦斯时，要将便携式光学甲烷检测仪移至低浓度处读数。

(5) 进入盲巷时，注意四周及支架状况，千万不能引起坚硬物体的撞击。

2. 检查冒高区瓦斯、氧气和二氧化碳浓度时的注意事项

(1) 首先要观察冒高区地点附近的顶板支护完好情况，以及冒空区内的情况，不能贸然进入检查。

(2) 由于冒高区处在无风或微风的状态下，极易使瓦斯悬浮在这些地点，导致冒高区内积聚了大量高浓度的瓦斯，会使氧气含量降低，所以在检查瓦斯浓度的同时，必须检查氧气的浓度。

(3) 为了防止冒高区内，有冒顶和有毒有害气体或缺氧伤人的可能，任何人不准进入检查，只能利用瓦斯检查棍或长管、长杆插入冒高区检查。在有条件的情况下，可以采

用束管进行连续监测。

（4）在检查冒高区时，如果发现氧气含量减少、二氧化碳含量增加，无论瓦斯浓度高低，都要加强防火方面的检查。

四、矿井瓦斯涌出量

1. 矿井瓦斯涌出量的表示方法

矿井瓦斯涌出量是指在正常生产过程中，涌入矿井采掘空间的瓦斯量，表示方法有绝对瓦斯涌出量和相对瓦斯涌出量两种。

2. 瓦斯涌出量的计算方法

（1）绝对瓦斯涌出量。单位时间内涌出的瓦斯量，常用单位是 m^3/min。

$$Q_{CH_4} = QC \tag{8-3}$$

式中　Q_{CH_4}——绝对瓦斯涌出量，m^3/min；

　　　　Q——总回风量，m^3/min；

　　　　C——瓦斯浓度，%。

（2）相对瓦斯涌出量。矿井（工作面）在正常生产条件下，月平均日产 1 t 煤所涌出的瓦斯量，常用单位是 m^3/t。

$$q_{CH_4} = \frac{Q_{CH_4} N 1440}{T} \tag{8-4}$$

式中　q_{CH_4}——矿井（工作面）相对瓦斯涌出量，m^3/t；

　　　Q_{CH_4}——矿井（工作面）绝对瓦斯涌出量，m^3/min；

　　　　T——矿井（工作面）月产煤量，t；

　　　　N——矿井（工作面）月生产天数，d。

正常生产条件是指测定区域（矿井、煤层、翼、水平或采区）的实际产量（包括回采和掘进煤产量）达到该区域核定产量或正常产量60%以上的条件。

3. 风排瓦斯量及抽采瓦斯量

（1）风排瓦斯量。回风系统中风流排出的瓦斯量，有工作面风排瓦斯量、采区风排瓦斯量、矿井风排瓦斯量等，计量单位一般采用 m^3/min。

（2）抽采瓦斯量。矿井中利用瓦斯抽采系统抽出的瓦斯量，有工作面抽采瓦斯量、采区抽采瓦斯量、矿井抽采瓦斯量等，计量单位一般采用 m^3/min。

第二节　瓦斯超限、积聚处理

一、井下临时停风、盲巷和局部通风机恢复通风的处理

对于停风的独头巷道（或盲巷），在恢复通风前，必须首先检查瓦斯。

经检查瓦斯证实停风的独头巷道中的瓦斯浓度不超过 1% 和二氧化碳浓度不超过 1.5%，同时检查局部通风机及其开关地点附近 10 m 以内风流中瓦斯浓度不超过 0.5% 时，可以人工开启局部通风机直接恢复独头巷道的通风。

如果停风的独头巷道内瓦斯浓度超过 1% 或二氧化碳浓度超过 1.5% 时，必须在采取专门的排放瓦斯措施后，证实停风区瓦斯浓度不超过 1% 和二氧化碳浓度不超过 1.5%、局部通风机及其开关地点附近 10 m 以内风流中瓦斯浓度不超过 0.5% 时，方可人工正常开启局部通风机，恢复独头巷道的通风。

二、瓦斯爆炸的预防措施与瓦斯积聚的处理

（一）瓦斯爆炸的预防措施

1. 引起瓦斯爆炸的主要热源

（1）电气火花。例如，矿灯失爆、带电作业、电缆漏电短路、电缆明接头、电气开关失爆、井下照明及机械设备电源及电气部分失爆。

（2）爆破火焰。例如，裸露爆破、炮泥装填不足、最小抵抗线不够、胆药不合格等。

（3）撞击和摩擦火花。例如，截齿与坚硬夹石的撞击与摩擦，坚硬岩石冒落时的撞击，金属表面的摩擦，机械设备之间的摩擦、撞击等都可能产生火花引爆瓦斯。

（4）明火。例如，井下火灾、电气焊火花等。

2. 防止瓦斯积聚的措施

为了防止瓦斯积聚，必须加强通风，使井下各处的瓦斯浓度符合《煤矿安全规程》的要求；严格执行瓦斯检查制度，防止瓦斯超限；及时处理局部积存的瓦斯，对于井下易积存瓦斯的地点应采取加大风量、提高风速等措施，将瓦斯稀释并排走；对巷道冒空地点的瓦斯要采取充填、封闭或导风的方法处理。

3. 防止引燃瓦斯的措施

严格火源管理；严格执行爆破制度，严禁裸露爆破及使用不合格的炸药；严格按照有关规定，选择、安装和使用煤矿井下许用的电气设备，加强检查与维修，防止电气设备产生火花；加强摩擦火花及静电的管理和控制；减少明火，防止出现火灾，控制电气焊使用次数。

4. 防止瓦斯爆炸事故扩大的措施

（1）实行分区通风，每一生产水平和每一采区，都必须布置单独回风巷，采掘工作面都应采用独立通风。

（2）通风系统力求简单，不用的巷道及时封闭。

（3）装有主要通风机的出风井口，必须安装防爆门（盖）。

（4）生产矿井主要通风机，必须设有反风设施并能在 10 min 内改变巷道中的风流方向。

（5）巷道中要设置隔爆设施、水棚或岩粉棚。

（6）每一矿井每年都必须编制周密的灾害预防和处理计划。加强救护组织，提高职工的抗灾自救能力。

（二）巷道冒高区瓦斯积聚的处理

1. 风袖排除法

冒落空间所在的巷道内或附近的地点有风筒通风时，可在风筒上接出风袖（接出分支风筒），向冒落空间内通风，排除积聚的瓦斯，如图 8 - 1a 所示。分支风筒直径的大小，根据其长度及冒落空间体积等情况而定。如果冒落空间的体积较大或体积不大但形状较

长，用一个分支风筒达不到目的时，可设几个分支风筒，也可以在分支风筒上再设三通分出小直径风筒。

2. 压风排除法

冒落空间所在的巷道内或附近地点有压风管路，根据冒落空间体积大小，在压风管路上分出一个或几个分支管，如图 8 - 1b 所示，利用压风将积聚的瓦斯排除。如果压风支管一处出风满足不了需要，可在压风支管上打若干个小孔，使压风在冒落空间内出风分布比较均匀。

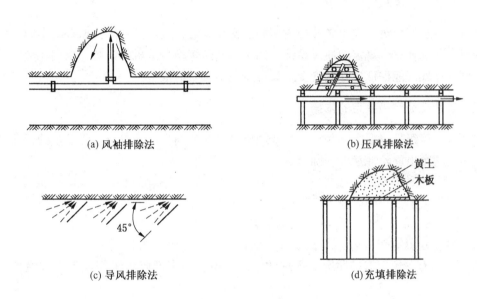

(a) 风袖排除法　　　　　　　　　　　　　(b) 压风排除法

(c) 导风排除法　　　　　　　　　　　　　(d) 充填排除法

图 8 - 1　巷道冒高区瓦斯积聚的处理方法

3. 导风排除法

利用导风障将巷道内的一部分风流导引到冒落空间内，如图 8 - 1c 所示，排出积聚的瓦斯，其方法比较简单。导风障可以用木板做成，也可以用其他材料做一个架子，架子上面敷设风筒布或油毛毡等即可。将导风障的下端向巷道迎风流方向倾斜，上端升向冒落空间内适当位置，并向巷道顺风流方向倾斜。这样，可将巷道内的一部分风流引入冒落空间，将积聚瓦斯排出。

4. 充填排除法

在冒落空间的下口架设顶梁，梁上铺水泥板或木板，上方空间内充填黄土或砂子一类的不燃材料，如图 8 - 1d 所示，消除积聚的瓦斯。

5. 刮板输送机底槽瓦斯积聚的处理

（1）增加工作面风量，提高巷道风速。

（2）封闭刮板输送机底槽。

（3）设专人清理输送机底槽淤煤，保持底槽畅通。

（4）利用压风系统，将压风管引至输送机底槽，用来吹散底槽瓦斯。

（5）在有条件的情况下，可以将刮板输送机架空，留有空间，并引导风流，稀释和排除瓦斯。

第三节　瓦斯等级鉴定

一、矿井瓦斯等级的概念

根据矿井的瓦斯涌出量和涌出形式等所划分的矿井瓦斯危险程度等级。

二、矿井瓦斯等级鉴定的意义

进行矿井瓦斯等级鉴定将矿井分成不同的瓦斯等级，按照矿井的瓦斯等级不同，供给所需的风量，选择符合规定的通风系统，选用不同防爆型号的机电设备，采用相应的瓦斯管理制度，这样既能保证矿井的安全，又可避免不必要的浪费。

三、矿井瓦斯等级鉴定的依据

矿井瓦斯等级是依据实际测定的瓦斯涌出量、瓦斯涌出形式以及实际发生的瓦斯动力现象、实测的突出危险性参数等确定的。

1. 突出矿井的鉴定依据

具备下列情形之一的矿井为突出矿井：

（1）发生过煤（岩）与瓦斯（二氧化碳）突出的。

（2）经鉴定具有煤（岩）与瓦斯（二氧化碳）突出煤（岩）层的。

（3）依照有关规定有按照突出管理的煤层，但在规定期限内未完成突出危险性鉴定的。

2. 高瓦斯矿井的鉴定依据

具备下列情形之一的矿井为高瓦斯矿井：

（1）矿井相对瓦斯涌出量大于 10 m^3/t。

（2）矿井绝对瓦斯涌出量大于 40 m^3/min。

（3）矿井任一掘进工作面绝对瓦斯涌出量大于 3 m^3/min。

（4）矿井任一采煤工作面绝对瓦斯涌出量大于 5 m^3/min。

3. 瓦斯矿井的鉴定依据

同时满足下列条件的矿井为瓦斯矿井：

（1）矿井相对瓦斯涌出量小于或等于 10 m^3/t。

（2）矿井绝对瓦斯涌出量小于或等于 40 m^3/min。

（3）矿井各掘进工作面绝对瓦斯涌出量均小于或等于 3 m^3/min。

（4）矿井各采煤工作面绝对瓦斯涌出量均小于或等于 5 m^3/min。

四、瓦斯等级鉴定测定内容及注意事项

1. 鉴定点需测定的内容

鉴定工作应当准确测定风量（巷道断面和平均风速），风流瓦斯浓度，风流二氧化碳浓度，以及气象条件（测点气温、气压、湿度等）等参数，统计井下瓦斯抽采量、月产煤量，全面收集煤层瓦斯压力、动力现象及预兆、瓦斯喷出、邻近矿井瓦斯等级等资料。

2. 风流瓦斯测定

（1）测定风流瓦斯应在巷道风流上部进行，用光学甲烷检测仪测定二氧化碳应在巷道风流的下部进行。

（2）矿井总回风或一翼回风中瓦斯或二氧化碳浓度的测定，应在相应的测风站内进行。

（3）采区回风流中瓦斯或二氧化碳的测定应在该采区全部分区回风流汇合后的测风站内（风流中）进行。

（4）采煤工作面回风流中瓦斯或二氧化碳的测定，应在距采煤工作面煤壁线 10 m 以外的采煤工作面回风巷中进行，并取其浓度最大值作为测定结果。

（5）掘进工作面回风流中的瓦斯或二氧化碳的测定，根据巷道及其通风方式确定。

3. 参数测定要求

（1）参数测定工作应当在鉴定月的上、中、下旬各取 1 天（间隔不少于 7 天），每天分 3 个班（或 4 个班）、每班 3 次进行。

（2）每班测 3 次（班初、班中、班末），全矿每个测定地点每班每次的测定时间应尽量在同一时刻进行。

（3）每个测定地点每次采气样 3 次，取其平均值为该次测定结果；每班 3 次的平均值为该班该处的测定结果（注意测定结果是指绝对瓦斯涌出量）。

（4）矿井瓦斯等级鉴定时，应取气样利用色谱分析仪进行瓦斯（二氧化碳）浓度测定的地点：矿井总回风、一翼回风、各生产采区回风。

注意：取气样地点，每班每处取 3 个气样（班初、班中、班末），气样要标注详细（时间、地点、编号）；并相应的测定其风量、湿度、温度、气压等参数。

（5）鉴定实测数据与最近 6 个月以来矿井安全监控系统的监测数据、通风报表和产量报表数据相差超过 10% 的，应当分析原因，必要时应当重新测定。

（6）测点应当布置在进、回风巷测风站（包括主要通风机风硐）内，如无测风站，则选取断面规整且无杂物堆积的一段平直巷道作测点。每一测定班应当在同一时间段的正常生产时间进行。

（7）绝对瓦斯涌出量按矿井、采区和采掘工作面等分别计算，相对瓦斯涌出量按矿井、采区或采煤工作面计算。

4. 瓦斯等级鉴定过程中的注意事项

（1）鉴定开始前应当编制鉴定工作方案，做好仪器准备、人员组织和分工、计划测定路线等。

（2）鉴定应根据当地气候条件选择在矿井绝对瓦斯涌出量最大的月份，且在矿井正常生产时进行。

（3）做好鉴定月生产天数和产量的统计工作。

（4）对抽采瓦斯的矿井，鉴定日内要在相应地点测定抽采的瓦斯量。

（5）在计算各区域瓦斯（二氧化碳）涌出量时，要扣除相应的进风流中的瓦斯（二氧化碳）浓度。

（6）煤与瓦斯突出矿井也必须按照矿井瓦斯等级鉴定工作内容进行测算工作。

（7）在进行矿井瓦斯等级鉴定工作的同时，还应采制煤样，进行煤尘爆炸性、煤层自燃倾向性鉴定工作，其结果一同上报。

第四节　防治煤与瓦斯突出

一、"四位一体"防治煤与瓦斯突出措施

1. 区域综合防突措施

包括区域突出危险性预测、区域防突措施、区域措施效果检验、区域验证。

2. 局部综合防突措施

包括工作面突出危险性预测、工作面防突措施、工作面措施效果检验、安全防护措施。

二、煤与瓦斯突出的一般规律

（1）煤与瓦斯突出危险性随开采深度增加而增大。

（2）煤与瓦斯突出多发生于地质构造区。

（3）煤层瓦斯含量高、瓦斯压力大，突出危险性就大。

（4）煤体破坏程度越严重，煤的强度越小，煤层透气性越差，越有利于突出的发生。

（5）煤层厚度大、倾角大或厚度、倾角及煤层走向急剧变化的区域，突出的可能性就大。

（6）采掘工作面应力集中区域容易发生突出。

（7）突出常发生于外力的冲击作用下。

（8）煤层围岩致密，厚度大，透气性差，有利于煤层瓦斯的储存，其突出危险性大。

（9）煤与瓦斯突出之前，大都出现明显的突出预兆。

三、安全防护措施

安全防护措施包括采掘工作面的远距离爆破、挡栏、反向风门、自救器、避难硐室（或救生舱）和压风自救系统等内容。

1. 采区避难所设置要求

（1）避难所设置向外开启的隔离门，其设置标准按照反向风门标准安设。室内净高不得低于 2 m，深度满足扩散通风的要求，长度和宽度应根据可能同时避难的人数确定，但至少应能满足 15 人避难，且每人使用面积不得少于 $0.5 \ m^2$。避难所内支护保持良好，并设有与矿（井）调度室直通的电话。

（2）避难所内放置足量的饮用水，安设供给空气的设施，每人供风量不得少于 $0.3 \ m^3/min$。如果用压缩空气供风时，设有减压装置和带有阀门控制的呼吸嘴。

（3）避难所内应根据设计的最多避难人数配备足够数量的隔离式自救器。

2. 反向风门的要求

在突出煤层的石门揭煤和煤巷掘进工作面进风侧，必须设置至少 2 道牢固可靠的反向风门。风门之间的距离不得小于 4 m。

反向风门距工作面的距离和反向风门的组数，应当根据掘进工作面的通风系统和预计

的突出强度确定，但反向风门距工作面回风巷不得小于 10 m，与工作面的最近距离一般不得小于 70 m，如小于 70 m 时应设置至少 3 道反向风门。

反向风门墙垛可用砖、料石或混凝土砌筑，嵌入巷道周边岩石的深度可根据岩石的性质确定，但不得小于 0.2 m；墙垛厚度不得小于 0.8 m。在煤巷构筑反向风门时，风门墙体四周必须掏槽，掏槽深度见硬帮、硬底后再进入实体煤不小于 0.5 m。通过反向风门墙垛的风筒、水沟、刮板输送机道等，必须设有逆向隔断装置。

人员进入工作面时必须把反向风门打开、顶牢。工作面爆破和无人时，反向风门必须关闭。

3. 挡栏措施

为降低爆破诱发突出的强度，可根据情况在炮掘工作面安设挡栏。挡栏可以用金属、矸石或木垛等构成。金属挡栏一般是由槽钢排列成的方格框架，框架中槽钢的间隔为 0.4 m，槽钢彼此用卡环固定，使用时在迎工作面的框架上再铺上金属网，然后用木支柱将框架撑成 45°的斜面。一组挡栏通常由两架组成，间距为 6～8 m。可根据预计的突出强度在设计中确定挡栏距工作面的距离。

4. 远距离爆破安全防护措施

井巷揭穿突出煤层和突出煤层的炮掘、炮采工作面必须采取远距离爆破安全防护措施。

石门揭煤采用远距离爆破时，必须制定包括爆破地点、避灾路线及停电、撤人和警戒范围等的专项措施。

在矿井尚未构成全风压通风的建井初期，在石门揭穿有突出危险煤层的全部作业过程中，与此石门有关的其他工作面必须停止工作。在实施揭穿突出煤层的远距离爆破时，井下全部人员必须撤至地面，井下必须全部断电，立井口附近地面 20 m 范围内或斜井口前方 50 m、两侧 20 m 范围内严禁有任何火源。

煤巷掘进工作面采用远距离爆破时，爆破地点必须设在进风侧反向风门之外的全风压通风的新鲜风流中或避难所内，爆破地点距工作面的距离由矿技术负责人根据曾经发生的最大突出强度等具体情况确定，但不得小于 300 m；采煤工作面爆破地点到工作面的距离由矿技术负责人根据具体情况确定，但不得小于 100 m。

远距离爆破时，回风系统必须停电、撤人。爆破后进入工作面检查的时间由矿技术负责人根据情况确定，但不得少于 30 min。

5. 避难所或压风自救系统

突出煤层的采掘工作面应设置工作面避难所或压风自救系统。应根据具体情况设置其中之一或混合设置，但掘进距离超过 500 m 的巷道内必须设置工作面避难所。

工作面避难所应当设在采掘工作面附近和爆破工操纵爆破的地点。根据具体条件确定避难所的数量及其距采掘工作面的距离。工作面避难所应当能够满足工作面最多作业人数时的避难要求，其他要求与采区避难所相同。

压风自救系统应当达到下列要求：

（1）压风自救装置安装在掘进工作面巷道和采煤工作面巷道内的压缩空气管道上。

（2）在距采掘工作面 25～40 m 的巷道内、爆破地点、撤离人员与警戒人员所在的位置以及回风巷有人作业处等地点都应至少设置一组压风自救装置。在长距离的掘进巷道中，应根据实际情况增加设置。

（3）每组压风自救装置应可供 5~8 个人使用，平均每人的压缩空气供给量不得少于 0.1 m³/min。

四、发生煤与瓦斯突出事故时的应对措施

当出现煤与瓦斯突出预兆时，现场人员要立即按照避灾路线撤离，撤离时每个人都必须佩戴好隔离式自救器，同时要将发生突出的地点、预兆情况及人员撤离情况向调度室汇报；立即切断突出地点及回风流中的一切电气设备的电源，撤离现场要关闭反向风门，并在突出区域或瓦斯区域内设置栅栏，以防人员进入，避免窒息死亡，当确定不能撤离突出的灾区时，要进入就近的避难硐室（或救生舱），关好铁门，打开供气阀，做好自救。

第九章　防灭火管理

第一节　煤　炭　自　燃

一、煤炭自燃的发展过程

1. 井下一氧化碳主要来源

井下一氧化碳的来源主要有井下火灾、煤的缓慢氧化自燃、瓦斯与煤尘爆炸及爆破作业等。

2. 煤炭自然发火的原因

煤在常温下吸收了空气中的氧气，产生低温氧化，释放微量的热量和初级氧化产物。由于散热不良，热量聚积，温度上升，促进了低温氧化作用的进程，最终导致自然发火。

3. 煤炭自燃的三个阶段

（1）潜伏期。煤暴露于空气中后，由于其表面具有较强的吸附氧的能力，会在煤的表面形成氧气吸附层，煤与氧相互作用形成过氧络合物。此期间煤的氧化处于缓慢状态，生成的热量及煤温的变化都微乎其微，吸附了氧的煤质量略有增加，煤被活化，煤的着火温度降低。通常把这个阶段称为潜伏期。

（2）自热期。经过潜伏期后，被活化了的煤能更快地吸附氧气，氧化速度加快，氧化产生的热量较大，如果不能及时散发，则煤的温度逐渐升高，这就是煤的自热期。当煤的温度超过自热的临界温度 T_1（$60 \sim 800$ ℃）时，煤的吸氧能力会自动加速，导致煤氧化过程急剧加速，煤温上升急剧加快，开始出现煤的干馏，生成 CO、CO_2、H_2、烃类气体和芳香族碳氢化合物等可燃气体。在此阶段内使用常规的检测仪表能够测量出来，甚至能被人的感官所察觉。通常把这个阶段称为自热期。

（3）燃烧期。当自热期的发展使煤温上升到着火点温度 T_1 时，引发煤炭自燃而进入燃烧期，此时会出现明显的着火现象（如明火，烟雾，产生一氧化碳、二氧化碳及其他可燃气体），并会出现特殊的火灾气味（如煤油味、松节油味或煤焦油味）。着火后，火源中心的温度可达 $1000 \sim 1200$ ℃。煤的着火温度因煤种不同而异，无烟煤为 400 ℃左右，烟煤为 $320 \sim 380$ ℃，褐煤为 $210 \sim 350$ ℃。

如果煤温不能上升到临界温度 T_1，或上升到这一温度后由于外界条件的变化煤温又降了下来，则煤的增温过程就自行放慢而进入冷却阶段，并继续氧化至惰性的风化状态，如图 9 – 1 虚线所示。

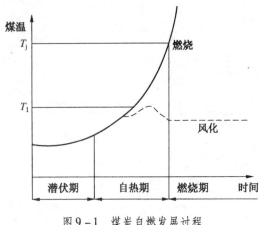

图 9-1　煤炭自燃发展过程

二、影响煤炭自燃的因素

1. 煤的自燃倾向性

（1）煤的变质程度。各种牌号的煤（即不同化学成分的煤）都有自然发火的可能，一般认为煤的炭化程度越高、挥发分含量越低、灰分越大，其自燃倾向性越弱；反之则越强。

（2）煤的孔隙率和脆性。煤的孔隙率越大，其吸附氧的能力也越大，因此孔隙率越大的煤越容易自燃。煤的脆性越大则越容易破碎，破碎后不但其接触氧的表面积大大增加，而且其着火温度明显降低，所以脆性越大的煤，越容易自然发火。因此，在矿井里最易发生自燃火灾的位置都是煤体较为破碎与碎煤集中堆积的地点。

（3）煤岩成分。煤岩成分有丝炭、镜煤、亮煤和暗煤，其中，丝炭结构松散、吸氧能力强、着火温度低（190~270 ℃），是煤自热的中心，在自燃中起"引火物"的作用；镜煤和亮煤脆性大，易破碎，有利于煤炭自燃；暗煤硬度大，难以自燃。

（4）煤的水分。实验表明，煤中水分少时有利于煤的自燃；若水分大时则会抑制煤的自燃，当煤中的水分蒸发后其自燃危险性会增大。

（5）煤中硫和其他矿物质。煤中含有硫和其他催化剂，则会加速煤的氧化过程。统计资料表明，含硫量大于3%的煤层均为自然发火的煤层，其中包括无烟煤。但当含硫量小于1%时，其对自燃的影响则不大。

（6）煤中的瓦斯含量。煤层孔隙内的瓦斯能够占据煤的孔隙空间和内表面，减少了煤的吸氧量；瓦斯逸出后，使煤炭氧化更为强烈，自燃危险性增加。

2. 煤层的赋存地质条件

（1）煤层厚度与倾角。一般来说，煤层越厚，倾角越大，回采时会遗留大量浮煤和残煤；同时，煤层越厚，回采推进速度越慢，采区回采时间往往超过煤层的自然发火期，而且不易封闭隔绝采空区，容易发生自燃火灾。据统计，80%的自燃火灾是发生在厚煤层的开采中。

（2）地质构造。断层、褶曲、破碎带及岩浆侵入区等地质构造地带，煤层松软易碎，裂隙多，吸氧性强，也容易发生自燃火灾。

（3）煤层埋藏深度。煤层埋藏深度越大，煤体的原始温度越高，煤中所含水分则较少，自燃危险性较大；但开采深度过小时又容易形成与地表的裂隙沟通，也会在采空区中形成浮煤自燃。

（4）围岩的性质。煤层围岩的性质对煤炭自然发火也有很大影响。如围岩坚硬、矿压显现大，容易压碎煤体，形成裂隙，而且坚硬的顶板垮落难以压实充填采空区；同时，垮落后有时会连通其他采区，甚至形成连通地面的裂隙，这些裂隙及难以压实充填的采空区使漏风无法杜绝，为煤炭自然发火提供了充分的条件。

3. 开拓系统

开采有自然发火危险的煤层时，开拓系统的布置十分重要。有的矿井由于设计不合理，管理不善，造成矿井巷道系统十分复杂，通风阻力很大，而且主要巷道又都开掘在煤层中，切割煤体严重，裂隙多、漏风大，因而造成煤层自然发火频繁。而有的矿井，设计合理，管理科学，使矿井的通风系统简单适用，在多煤层（或分层）开采时，采用联合布置巷道，将集中巷道（运输巷、回风巷、上山、下山等）开掘在岩石中，同时减少联络巷数目，取消采区集中上山煤柱等，对防止煤炭自然发火起到了积极作用。

4. 采煤方法

采煤方法对自然发火的影响主要有回采时间的长短、采出率的高低、采空区的漏风状况及近距离煤层同时开采时错距与相错时间等。合理的采煤方法应该是巷道布置简单、保证煤层切割与留设煤柱少、煤炭采出率高、工作面推进度快、采空区漏风少。这样可使煤炭自燃的条件难以得到满足，降低自然发火的可能性。

5. 漏风条件

只有向采空区不断供氧，才能促使煤炭氧化自燃，即采空区漏风是煤炭自燃的必要条件。但是，当漏风风流过大时，氧化生成的热量可被风流带走，不会发展成为自燃火灾，所以，必须既有风流通过且风速又不太大时，煤炭才会自然发火。采空区中、压碎的煤柱及煤巷冒顶与片帮等地点，往往具备这样的条件，因此这些地点容易发生自燃火灾。

三、井下易发生煤炭自燃火灾的地点

根据统计分析，采空区，煤柱，断层附近，煤巷冒高区，煤巷巷帮和碹后，破碎带，上、下隅角，地质构造破碎带，起采线及终采线等地点都是自燃火灾的多发场所。其中，自然发火发生在采空区、巷道及其他地点的分别占60%、29%和11%。

（1）采空区。自燃火区主要分布在有碎煤堆积和漏风同时存在、时间大于自然发火期的地点。从已发生自燃的火区分布来看，多煤层联合开采和厚煤层分层开采时，采空区自燃火源多位于终采线和上、下平巷附近，即所谓的"两道一线"；中厚煤层采空区的火区大多位于终采线和进风巷。当采空区有裂隙与地表或其他风路相通时，在有碎煤存在的漏风路线上都有可能发火。

（2）煤柱。服务期长、受采动压力影响大的煤柱，容易压酥碎裂，造成内部自然发火。

（3）巷道顶煤。采区石门、综采放顶煤工作面沿底掘进的进、回风巷等，巷道顶煤受压时间长，压酥破碎，风流渗透和扩散至内部（深处），便会发热自燃。综采放顶煤开采时上、下巷顶煤发火较严重。

（4）断层和地质构造附近。工作面搬家和不正常推进，以及工作面过地质构造带或破碎带都是煤自燃发生频率较高的区域。

四、煤炭自燃的判断

（1）在煤矿井下某一区域出现下列现象之一，即认定为发生了自然发火：

①煤因自燃出现明火、火炭或烟雾等现象。

②由于煤炭自热而使煤体、围岩或空气温度升高并超过 70 ℃以上。

③由于煤炭自热而分解出一氧化碳、乙炔或其他指标气体，在空气中的浓度超过预报

指标，并呈逐渐上升趋势。

（2）凡在煤矿井下某一区域发现下列现象之一时，即定为自然发火隐患：

①采空区或井巷中出现一氧化碳，其发生量呈上升趋势，但未达到自然发火临界指标。

②风流中出现二氧化碳，其发生量呈上升趋势，但未达到自然发火临界指标。

③煤炭、围岩、空气和水的温度升高，并超过正常温度。

④风流中氧气浓度降低，且呈下降趋势。

五、矿井风压对瓦斯涌出防火的影响

1. 风压的变化对瓦斯涌出的影响

（1）在压入式通风矿井中，当风压突然下降时（或通风产生的压力降低时），积存在采空区或盲巷内等地点的瓦斯涌出量会在短时间内增大。在抽出式通风矿井中，在短时间内能够抑制瓦斯的涌出，瓦斯涌出会相对较小。

（2）风压的变化会导致风量发生变化，当风量突然增大或减小时，会引起瓦斯涌出量的变化，使瓦斯涌出量产生波动和异常。当风量增加时，瓦斯涌出呈现一个动态过程，并且可能出现峰值。在阻力较大的巷道，风流量降低，会使瓦斯形成层流状态，造成瓦斯积聚现象。

2. 风压的变化对自然发火的影响

（1）漏风风量与漏风通道两端的压差成正比，与漏风风阻的大小成反比。因此风压越大，巷道裂隙漏风就会增加，会造成通风系统不稳定、风压异常，给自然发火提供条件。

（2）特别是采空区、火区防火墙（密闭），由于风压的变化，形成复杂的漏风形式，对自然发火影响较大。

六、判断密闭的漏风方向和测定压差

漏风风流压力差造成密闭漏风，如果密闭内压力大于外部压力，表明漏风方向向外，反之就相反，如果密闭前没有 U 形压差计，可用微风管或粉笔末检查该密闭是进风还是出风。密闭风压可以使用 U 形压差计测量，测量时打开密闭墙上的检查管，把接好压差计的胶管伸到密闭内，外面使用黄泥或者胶圈封闭管道口，把压差计水面调整水平，即可读出压力数据。如压力很小，使用水柱压差计无法读出数据时，也可以使用精度更高的矿井通风多功能参数测定仪进行测量。能通过对密闭内外气体、温度、压差等情况的测量，判断密闭是否存在火灾隐患。

根据密闭测量的参数进行分析，如果发现密闭内温度较外部温度明显升高，并且出现一氧化碳、二氧化碳等气体，存在明显的压差，表明密闭存在发火隐患，要立即向区矿技术部门汇报，采取措施进行处理。由于通风方式的不同，在漏风方向向外的情况下，容易检查出一氧化碳等有害气体，当漏风流向密闭内部时，测量的气体浓度和温度就会明显下降，对分析密闭发火有很大影响，当进风密闭发现一氧化碳、较高温度时，表明发火隐患相当严重。

七、U 形压差计的使用及注意事项

U 形压差计（图 9-2）由固定在木板上的 U 形玻璃管和刻度尺组成。U 形玻璃管内的工作液为汞或水。压差大时用汞，压差小时用水。工作液的正常高度为 U 形玻璃管高度的一半，刻度尺嵌在 U 形玻璃管中间，玻璃管的内径一般是 5~6 mm。U 形压差计可以用来测量密闭内外压差、孔板流量计压差、通风巷道两端压差等。使用 U 形压差计的注意事项如下：

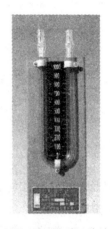

图 9-2　U 形压差计

（1）U 形压差计以水为工作液时，必须是蒸馏水或清净水。

（2）观察时，要将 U 形压差计垂直放置，使两液柱凹面持平。

（3）用 U 形压差计测定压差时，应按规定将压差计的胶管与管道上的压力接孔连接，当进入玻璃管两端的压力不相等时，则液面形成高低差（其差值即为压力差），并使其稳定 1~2 min，然后读取压力值。

（4）用 U 形压差计测量高负压管道的孔板流量计或文丘里流量计的压差时，U 形压差计的两根胶管必须同时接通两个测量嘴，以免压差计的工作液被负压吸走。为了操作方便，在压差计的一根玻璃管上安装一个玻璃旋塞阀，先关闭旋塞阀再接测量嘴，开放旋塞阀即可进行测量。

八、防火墙（密闭）管理

根据《煤矿安全规程》，永久性防火墙的管理应遵守下列规定：

（1）每个防火墙附近必须设置栅栏、警标，禁止人员入内，并悬挂说明牌。

（2）应定期测定和分析防火墙内的气体成分和空气温度。

（3）必须定期检查防火墙外的空气温度、瓦斯浓度，防火墙内外空气压差以及防火墙体。发现封闭不严或有其他缺陷或火区有异常变化时，必须采取措施及时处理。

（4）所有测定和检查结果，必须记入防火记录簿。

（5）矿井做大的风量调整时，应测定防火墙内的气体成分和空气温度。

（6）井下所有永久性防火墙都应编号，并在火区位置关系图中注明。防火墙的质量标准由煤矿企业统一制定。

九、防火墙的检查

在火区日常管理工作中，防火墙的检查必须遵循以下原则：

（1）防火墙前必须设有栅栏、提示警标，禁止人员入内，并悬挂说明牌。说明牌上应标明防火墙内外的气体成分、温度、气压差、测定日期和测定人员姓名等。

（2）每周检查一次。定期测定分析防火墙内外的气体成分、温度和压差，以及防火墙的破损变形情况。有安全隐患问题应每天至少检查一次，发现防火墙内外气体成分、温度、压差有异常变化时，每班至少检查一次。

（3）所有测定和检查结果都必须记入防火记录簿中，并及时绘制随时间变化的曲线图。这些数据和图表，矿通风部门负责人要按时审阅，发现问题必须采取措施，及时处

理，并报矿有关领导。

第二节　矿井外因火灾处理

一、外因火灾的预防

1. 外因火灾形成条件

（1）存在明火。吸烟、电焊、气焊、喷灯焊及用电炉、灯泡取暖都能引燃可燃物而导致外因火灾。

（2）电气火花。主要是由于电气设备性能不良、管理不善，如电钻、电动机、变压器、开关、插销、接线三通、电铃、电缆等出现损坏、过负荷、短路引起电火花，继而引燃可燃物。

（3）爆破火焰。裸露爆破及用动力电源爆破或不装水炮泥爆破，炮眼深度不足都会出现炮火，导致引燃可燃物而发火。

（4）瓦斯、煤尘爆炸引起火灾。

（5）机械摩擦及物体碰撞引燃可燃物，进而引起火灾。

2. 外因火灾预防措施

矿井外因火灾的预防主要从两个方面着手：一是井下尽量采用不燃性材料、不燃或难燃性材料制品，并防止可燃物大量积存；二是防止失控的高温热源。

预防外因火灾发生的技术途径有两个方面：一是防止火灾产生；二是防止已发生的火灾事故扩大，以尽量减少火灾损失。

（1）预防外因火灾产生的措施如下：

①防止失控的高温热源产生和存在。按《煤矿安全规程》及其执行说明要求，严格对高温热源、明火和潜在的火源进行管理。

②尽量不用或少用可燃材料，不得不用时应与潜在热源保持一定的安全距离。

③防止产生机电火灾。

④防止摩擦引燃。一是防止输送带摩擦起火。带式输送机应具有可靠的防打滑、防跑偏、超负荷保护和轴承温升控制等综合保护系统。二是防止摩擦引燃瓦斯。

⑤防止高温热源和火花与可燃物相互作用。

（2）限制已发生火灾的扩大和蔓延，是整个防火措施的重要组成部分。火灾发生后利用已有的防火安全设施，把火灾局限在最小的范围内，然后采取灭火措施将其熄灭，对于减少火灾的危害和损失是极为重要的，基本措施如下：

①在适当的位置建造防火门，防止火灾事故扩大。

②每个矿井地面和井下都必须设立消防材料库。

③每一矿井必须在地面设置消防水池，在井下设置消防管路系统。

④主要通风机必须具有反风系统或设备，并保持其状态良好。

二、直接灭火法的分类及注意事项

直接灭火法是指为在火灾开始时迅速地扑灭火灾，采用在燃烧区或燃烧区附近直接进行灭火的措施和方法。直接灭火法在火势微小、高温区或火区范围小时亦采用。

1. 直接灭火法的分类

（1）用消火液灭火。当火势不大或水源不充足时可用消火液临时灭火。它适用于硐室机电发火，一般井下自然发火很少使用。

（2）用水灭火。一般临时发现的高温点或小的自然发火，均直接用水扑灭。

（3）直接挖除火源灭火。发现浮煤发热或自燃时直接挖出浮煤、炽热物和火源，彻底根除火源。

（4）用高倍数泡沫灭火。

2. 直接灭火时的注意事项

（1）必须保持足够的供风量，防止瓦斯超限。

（2）必须有足够的水源或灭火器材，以达到控制住火势并能将其消灭，否则不能直接灭火，应及时采取其他方法处理，以免贻误时机。

（3）直接灭火必须设专人不间断地检测瓦斯浓度及其变化，一旦瓦斯浓度上升至接近爆炸临界值，灭火人员必须立即撤出灾区。

（4）必须统一指挥，注意自身安全，灭火人员要在上风侧，避免伤亡。

（5）不能用水扑灭带电设备火灾。

三、采用清除可燃物的方法灭火时应具备的条件及注意事项

清除可燃物的方法就是将已经发热或燃烧的煤炭，以及其他可燃物挖除、清理、运出井外。

1. 灭火时应具备的条件

消除可燃物是处理矿井火灾最有效的方法，采用这种方法时应具备的条件如下：

（1）火源范围小且能够直接达到。

（2）可燃物温度已降至 70 ℃以下，且无复燃或引燃其他物质的危险。

（3）无瓦斯或火灾气体爆炸危险。

（4）风流稳定，无一氧化碳中毒危险。

（5）需要爆破时，炮眼内温度不得超过 40 ℃。

（6）挖出的炽燃物要混以惰性物质，能够保证运输过程中无复燃的危险。

2. 灭火时的注意事项

挖除火源前要准备好充足的水量，指定排风路线，并做好其他准备工作。在清除火源时必须注意以下几点：

（1）挖除火源这一工作要由矿山救护队来担任，部分消防人员可配合作业。

（2）在挖除火源前，先用大量的压力水喷射，待火熄灭后再用手镐或耙子将燃烧物体扒出。

（3）扒出的余火，用水彻底浇灭，并运出井外。

（4）随时检查瓦斯情况，当发现瓦斯达到 1%时，立即送风冲淡；如不能冲淡时，应将全部人员撤出，在送风时要注意由于风量增大引起火势加大的危险。

（5）挖除煤炭需要爆破时，应对炮眼采取注水降温的措施，使炮眼温度降至 40 ℃以下。

（6）挖除的范围要超过发热煤炭以外 1～2 m，温度不超过 40 ℃的地方。

（7）需要临时支护的巷道，如使用坑木应先用水湿透后再进行支护工作。

（8）挖除火源后而形成的空硐要用不燃性材料（如砂、矸石、黄土等）充填严实。

四、其他直接灭火方法

1. 用砂子（或岩粉）灭火

把砂子（或岩粉）直接撒在燃烧物体上能隔绝空气，将火扑灭。通常用来扑灭初期电气设备火灾与油类火灾。

砂子成本低廉，灭火时操作简便，因此在机电硐室、材料仓库、爆炸材料库等地方均应设置防火砂箱。

2. 用化学灭火器灭火

目前煤矿上使用的化学灭火器有两类：一类是泡沫灭火器，另一类是干粉灭火器。

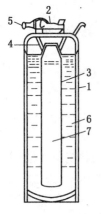

1—机身；2—机盖；3—玻璃瓶；
4—铁架；5—喷嘴；6—碱性
药液；7—酸性药液

图9-3　泡沫灭火器

（1）泡沫灭火器（图9-3），使用时将灭火器倒置，使内外瓶中的酸性溶液和碱性溶液互相混合，发生化学反应，形成大量充满二氧化碳的气泡喷射出去，覆盖在燃烧物体上隔绝空气。在扑灭电气火灾时，应首先切断电源。

（2）干粉灭火器。目前矿用干粉灭火器是以磷酸铵粉为主药剂的。磷酸铵粉末具有多种灭火功能，在高温作用下磷酸铵粉末进行一系列分解吸热反应，将火灾扑灭。磷酸铵粉末的灭火作用是切断火焰连锁反应；分解吸热使燃烧物降温冷却；分解出氨气和水蒸气，冲淡空气中氧的浓度，使燃烧物缺氧熄灭；分解出浆糊状的五氧化二磷，覆盖在燃烧物表面上，使燃烧物与空气隔绝而熄灭。常见的干粉灭火器有灭火手雷和喷粉灭火器。

3. 用高倍数空气机械泡沫灭火

高倍数空气机械泡沫是用高倍数泡沫剂和压力水混合，在强力气流的推动下形成的。它的形成借助于一套发射装置，泡沫剂经过引射泵被吸入高压水管与水充分混合形成均匀泡沫溶液。然后通过喷射器喷在锥形棉线发泡网上，经扇风机强力吹风，则连续产生大量泡沫。这就是空气机械泡沫。井下巷道空间很容易被大量泡沫所充满，形成泡沫塞推向火源，进行灭火，如图9-4所示。

高倍数空气泡沫灭火作用：泡沫与火焰接触时，水分迅速蒸发吸热，使火源温度急剧

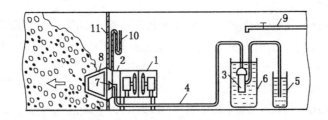

1—通风机；2—泡沫发射器，3—潜水泵；4—管路；5—泡沫剂；6—水桶；7—喷嘴；
8—棉线网；9—水管；10—压差计；11—密闭

图9-4　高倍数空气机械泡沫灭火装置

下降；生成的大量水蒸气使火源附近的空气中含氧量相对降低，当氧的含量低于 16%、水蒸气含量上升到 35% 以上时便能够使火源熄灭。另外，泡沫是一种很好的隔热物质，有很高的稳定性，所以它能阻止火区的热传导、对流和辐射等。泡沫能覆盖燃烧物，起到封闭火源的作用。

高倍数空气机械泡沫发生装置的型号有 GBP - 200 型和 GBP - 500 型。高倍数空气机械泡沫灭火速度快、效果好，可以实现较远距离灭火，而且火区容易恢复生产。扑灭井下各类巷道与硐室内的较大规模火灾均可采用。但是，高倍数空气机械泡沫灭火也存在一些缺点：

（1）泡沫难以充填整个巷道断面。

（2）火灾破坏巷道支架引起坍塌，泡沫难以通过垮塌严重的区域。

（3）最主要的危险是泡沫阻塞进风，特别是在打了隔墙的情况下，容易形成富燃料燃烧，或引起瓦斯积聚并被泡沫推向着火带。当然，这时供氧量减少，以及火区空气惰化的影响，也可能避免爆炸的发生，需根据环境条件而定。所以，在火源上风侧瓦斯浓度大的地区必须慎用。

（4）在下山着火时注泡沫，似乎有利于泡沫向下移动。但热风压的上浮作用会使炽热烟流向上流动，阻止泡沫向下流进着火带。

五、用水灭火

1. 用水灭火的优点

（1）利用强力水流可以打掉燃烧物质的火焰，并能浸湿燃烧物体的表面，防止继续燃烧。

（2）水有很大的吸热能力，覆盖在燃烧物体的表面，能吸收大量的热能，使物体冷却而停止燃烧。

（3）水遇到炽热的火焰产生大量的水蒸气，它能将燃烧物体表面与空气隔离开来。

（4）水的来源方便，它可利用水泵及管路从较远的地方送到火源地点。

2. 用水灭火时的注意事项

用水直接灭火虽然具有简单、经济等优点，但应当注意，不是所有的燃烧物和任何情况下都可以使用水灭火的，如使用不当反而不利，甚至是十分危险的，因此使用时应注意如下几点：

（1）要有充足的水量。因为少量的水或微弱的水流不但灭不了火，而且在高温的作用下生成氢气和一氧化碳，可以形成爆炸性混合气体，具有爆炸的危险。

（2）不能用水去扑灭油类火灾。

（3）不能用水去扑灭带电的电气设备及高压电线的火灾。

（4）扑灭火势猛烈的火灾时，不要把水流直接射向火源的中心。因为这样会产生大量的高温蒸汽，有被蒸汽烫伤的危险。

（5）在任何情况下，灭火人员都要站在火源的上风侧，并要保持有畅通的回风路线。

经验证明，在井筒和主要巷道中，尤其是在带式输送机巷道中装设水幕是必要的，当火灾发生时立即启动水幕，能很快地抑制火灾的发展。

第四部分
瓦斯检查工高级技能

第十章 矿 井 通 风

第一节 通风参数的测定

一、空气湿度

空气的湿度是指空气中所含的水蒸气量或潮湿程度,有绝对湿度和相对湿度两种表示方法。

1. 绝对湿度

绝对湿度是指单位体积湿空气中所含水蒸气的质量（g/m³）,用 f 表示。

空气在某一温度下所能容纳的最大水蒸气量称为饱和水蒸气量,用 $F_饱$ 表示。温度越高,空气的饱和水蒸气量越大。在标准大气压下,不同温度时的饱和水蒸气量和饱和水蒸气压力见表 10-1。

表 10-1　标准大气压下不同温度时的饱和水蒸气量和饱和水蒸气压力

温度/℃	饱和水蒸气量/（g·m⁻³）	饱和水蒸气压力/Pa	温度/℃	饱和水蒸气量/（g·m⁻³）	饱和水蒸气压力/Pa
-20	1.1	128	14	12.0	1597
-15	1.6	193	15	12.8	1704
-10	2.3	288	16	13.6	1817
-5	3.4	422	17	14.4	1932
0	4.9	610	18	15.3	2065
1	5.2	655	19	16.2	2198
2	5.6	705	20	17.2	2331
3	6.0	757	21	18.2	2491
4	6.4	811	22	19.3	2638
5	6.8	870	23	20.4	2811
6	7.3	933	24	21.6	2984
7	7.7	998	25	22.9	3171
8	8.3	1068	26	24.2	3357
9	8.8	1143	27	25.6	3557
10	9.4	1227	28	27.0	3784
11	9.9	1311	29	28.5	4010
12	10.0	1402	30	30.1	4236
13	11.3	1496	31	31.8	4490

2. 相对湿度

相对湿度是指空气中水蒸气的实际含量（f）与同温度下饱和水蒸气量（$F_{饱}$）比值的百分数，即

$$\varphi = \frac{f}{F_{饱}} \times 100\% \tag{10-1}$$

式中　　φ——相对湿度，%；

　　　　f——空气中水蒸气的实际含量（即绝对湿度），g/m^3；

　　　　$F_{饱}$——在同一温度下空气的饱和水蒸气量，g/m^3。

通常所说的湿度指的都是相对湿度，它反映的是空气中所含水蒸气量接近饱和的程度。一般认为相对湿度在 50% ~60% 对人体最为适宜。

一般情况下，在矿井进风路线上，有冬干夏湿之感。在采掘工作面和回风系统，因空气温度较高且常年变化不大，空气湿度也基本稳定，一般都在 90% 以上，甚至接近 100%。

矿井空气的湿度还与地面空气的湿度、井下涌水量大小及井下生产用水状况等因素有关。

二、湿空气密度

湿空气密度的计算式为

$$\rho_{湿} = 0.003484 \frac{p}{T}\left(1 - 0.378 \frac{\varphi p_{饱}}{p}\right) \tag{10-2}$$

$$T = 273 + t$$

式中　　p——空气的压力，Pa；

　　　　T——热力学温度，K；

　　　　t——空气的温度，℃；

　　　　φ——相对湿度，%；

　　　　$p_{饱}$——温度为 t 时的饱和水蒸气压力（表 10-1），Pa。

由式（10-2）可知，当压力和温度一定时，湿空气的密度总是小于干空气的密度。一般将空气压力为 101.325 kPa、温度为 20 ℃、相对湿度为 60% 的矿井空气称为标准矿井空气，其密度为 1.2 kg/m³。

三、空气温度和湿度测定仪器

测量矿井空气湿度的仪器主要有风扇湿度计和手摇湿度计，它们的测定原理相同。常用的是风扇湿度计（又称通风干湿表），如图 10-1 所示。它主要由两支相同的温度计和一个通风器组成，其中一支温度计的水银液球上包有湿纱布，称为湿温度计，另一支温度计称为干温度计，两支温度计的外面均罩着内外表面光亮的双层金属保护管，以防热辐射的影响；通风器内装有风扇和发条，上紧发条，风扇转动，使风管内产生稳定的气

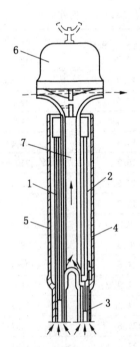

1—干温度计；2—湿温度计；3—湿棉
纱布；4、5—双层金属保护管；
6—通风器；7—风管
图 10-1　风扇湿度计

流,干、湿温度计的水银球处在同一风速下。

测定相对湿度时,先用仪器附带的吸水管将湿温度计的棉纱布浸湿,然后上紧发条,小风扇转动吸风,空气从双层金属保护管 4、5 的入口进入,经中间风管由上部排出。湿温度计的温度值低于干温度计的温度值,空气的相对湿度越小,蒸发吸热作用越显著,干、湿温度差就越大。根据湿温度计的读数 t' 和干、湿温度计的读数差值 Δt,由表 10-2 即可查出空气的相对湿度 φ。

表 10-2 由风扇湿度计读数值查相对湿度

湿温度计示数 t'/℃	干、湿温度计示数差 Δt/℃														
	0	0.5	1.0	1.5	2.0	2.5	3.0	3.5	4.0	4.5	5.0	5.5	6.0	6.5	7.0
	相对湿度 φ/%														
0	100	91	83	75	67	61	54	48	42	37	31	27	22	18	14
1	100	91	83	76	69	62	56	50	44	39	34	30	25	21	17
2	100	92	84	77	70	64	58	52	47	42	37	33	28	24	21
3	100	92	85	78	72	65	60	54	49	44	39	35	31	27	23
4	100	93	86	79	73	67	61	56	51	46	42	37	33	30	26
5	100	93	86	80	74	68	63	57	53	48	44	40	36	32	29
6	100	93	87	81	75	69	64	59	54	50	46	42	38	34	31
7	100	93	87	81	76	70	65	60	56	52	48	44	40	37	33
8	100	94	88	82	76	71	66	62	57	53	49	46	42	39	35
9	100	94	88	82	77	72	68	63	59	55	51	47	44	40	37
10	100	94	88	83	78	73	69	64	60	56	52	49	45	42	39
11	100	94	89	84	79	74	69	65	61	57	54	50	47	44	41
12	100	94	89	84	79	75	70	66	62	59	55	52	48	45	42
13	100	95	90	85	80	76	71	67	63	60	56	53	50	47	44
14	100	95	90	85	81	76	72	68	64	61	57	54	51	48	45
15	100	95	90	85	81	77	73	69	65	62	59	55	52	50	47
16	100	95	90	86	82	78	74	70	66	63	60	57	54	51	48
17	100	95	91	86	82	78	74	71	67	64	61	58	55	52	49
18	100	95	91	87	83	79	75	71	68	65	62	59	56	53	50
19	100	95	91	87	83	79	76	72	69	65	62	59	57	54	51
20	100	96	91	87	83	80	76	73	69	66	63	60	58	55	52
21	100	96	92	88	84	80	77	73	70	67	64	61	58	56	53
22	100	96	92	88	84	81	77	74	71	68	65	62	59	57	54
23	100	96	92	88	84	81	78	74	71	68	65	63	60	58	55
24	100	96	92	88	85	81	78	75	72	69	66	63	61	58	56
25	100	96	92	89	85	82	78	75	72	69	67	64	62	59	57
26	100	96	92	89	85	82	79	76	73	70	67	65	62	60	57
27	100	96	93	89	86	82	79	76	73	71	68	65	63	60	58
28	100	96	93	89	86	83	80	77	74	71	68	66	63	61	59

表10-2（续）

湿温度计示数 t'/℃	干、湿温度计示数差 Δt/℃														
	0	0.5	1.0	1.5	2.0	2.5	3.0	3.5	4.0	4.5	5.0	5.5	6.0	6.5	7.0
	相对湿度 φ/%														
29	100	96	93	89	86	83	80	77	74	72	69	66	64	62	60
30	100	96	93	90	86	83	80	77	75	72	69	67	65	62	60
31	100	96	93	90	87	84	81	78	75	73	70	68	65	63	61
32	100	97	93	90	87	84	81	78	76	73	71	68	66	63	61

图10-2 数显式湿度计

近些年来，随着科学技术的发展，矿井空气湿度的测量仪器也发生了变化，推出了指针式湿度计和数显式湿度计（图10-2），具有直读显示，测值准确，数据存取，调校、携带使用方便等特点。

四、使用干、湿温度计测定井巷空气湿度的方法

通常所说的湿度都是指相对湿度，井下空气湿度的测定方法一般有两种：一种是手摇湿度计测定方法，另一种是风扇式湿度计测定方法。

1. 手摇湿度计测定方法

手摇湿度计是将两支温度计装在一个金属框架上，其中一支为干温度计，另一支为湿温度计（水银球外包裹湿纱布）。测定时手握摇把以150 r/min的速度旋转1 min，由于湿纱布上水分蒸发，吸收热量，使湿温度计的读数比干温度计的读数低。根据干、湿温度计的读数差和干温度计上的读数从表10-2中直接查得相对湿度。

2. 风扇式湿度计测定方法

风扇式湿度计是将干、湿温度计分别装在两个套管内，套管上部装一个由发条带动的小风扇。测定时先将湿球纱布加水，然后用钥匙将发条上劲，风扇转动即吸风，在湿球周围形成了2.5 m/s的风速，待1~2 min，两温度计指示数稳定，读取指示数，根据干、湿温度计读数差值和干温度计读数从表10-2中查得相对湿度。

例如，用风扇式湿度计测定采煤工作面风流中的干温度平均值 $t_a = 18$ ℃，湿温度平均值 $t_b = 14$ ℃，两者的温度差 $\Delta t = 4$ ℃，经查表10-2得出相对湿度 $\varphi = 64\%$。

第二节　通风系统的建立和调节

一、风网中风流的基本规律

1. 通风阻力定律

通风阻力定律是指在矿井通风网络中，任一条井巷的风量、风压和风阻服从下面的关系：

$$h = RQ^2 \qquad (10-3)$$

式中 h——井筒风路中所具有的阻力，Pa；

　　R——风路的风阻，$N \cdot s^2 / m^8$；

　　Q——风路中通过的风量，m^3 / s。

2. 风量平衡定律

风量平衡定律是指在通风网络中，流入与流出某节点或闭合回路的各分支的风量的代数和等于零，即 $\sum Q_i = 0$。

若对流入的风量取正值，则流出的风量取负值。

对于图 10 – 3 所示的通风网络，以汇点 A 为例，则 $Q_1 + Q_2 + Q_6 = 0$。

对于闭合回路 $ABCD$，则 $Q_5 + Q_8 + Q_6 + Q_7 = 0$。

3. 风压平衡定律

在任何一闭合回路中，不同方向的风流，它们的风压或阻力必须平衡或相等，这一定律称为风压平衡定律。风压平衡定律是能量守恒方程在矿井通风中的另一表现形式。若以顺时针方向为正，逆时针为负，则在任一闭合回路中各个风压或风阻的代数和为零，即 $\sum h_i = 0$。

对于图 10 – 3 所示的闭合回路 $ABCD$，$h_1 + h_2 + h_3 + h_4 = 0$。

当闭合回路中有通风动力（机械风压或自然风压）存在时，则通风动力的代数和与各路风压的代数和相等。

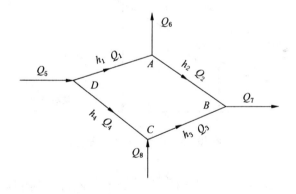

图 10 – 3　风流流经闭合回路

二、通风能量方程

1. 空气流动连续性方程

根据质量守恒定律，对于流动参数不随时间变化的稳定流，流入某空间的流体质量必然等于流出其空间的流体质量。矿井通风中，空气在井巷中的流动可以看做是稳定流，同样满足质量守恒定律。

如图 10 – 4 所示，风流从 1 断面流向 2 断面，在流动过程中既无漏风又无补给，则流入 1 断面的空气质量 M_1 与流出 2 断面的空气质量 M_2 相等，即

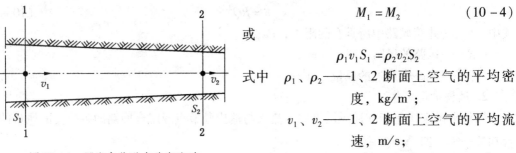

$$M_1 = M_2 \qquad (10-4)$$

或

$$\rho_1 v_1 S_1 = \rho_2 v_2 S_2$$

式中　ρ_1、ρ_2——1、2 断面上空气的平均密度，kg/m^3；

v_1、v_2——1、2 断面上空气的平均流速，m/s；

S_1、S_2——1、2 断面的断面积，m^2。

图 10-4　风流在巷道中稳定流动

式（10-4）为空气流动的连续性方程，适用于可压缩流体和不可压缩流体。

对于不可压缩流体，即 $\rho_1 = \rho_2$，则有 $v_1 S_1 = v_2 S_2$。

2. 空气流动的能量方程

如图 10-5 所示的通风巷道，因风流流动时，空气分子之间及空气分子与巷道周壁之间均要发生摩擦而形成阻力造成能量损失，所以，若使点 1 的风流经过点 2，必须对点 1 处风流施加一定的能量，即只有在巷道中点 1 和点 2 存在一个总能量差时，才能使风流流动。这样，对于图中所示流动风流，其能量方程可表述为

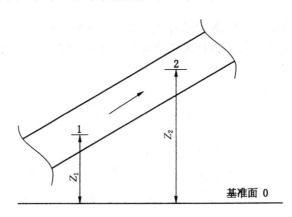

图 10-5　井巷风流能量变化

$$h_{通1-2} = (p_1 - p_2) + \left(\frac{\rho_1 v_1^2}{2} - \frac{\rho_2 v_2^2}{2} \right) + (Z_1 \rho_1 - Z_2 \rho_2) g \qquad (10-5)$$

式中　$h_{通1-2}$——1 m^3 的空气从点 1 流到点 2 时所形成的能量损失，J/m^3 或 Pa；

p_1、p_2——点 1 和点 2 的绝对静压，Pa；

v_1、v_2——点 1 和点 2 的风流速度，m/s；

Z_1、Z_2——点 1 和点 2 距基准面的垂高，m；

ρ_1、ρ_2——点 1 和点 2 的空气密度，kg/m^3；

g——重力加速度，9.81 m/s^2。

三、矿井通风阻力

矿井通风阻力是空气在井巷流动时，井巷阻止风流流动的作用力；通风压力与通风阻力互为反作用力，方向相反，数值相等。

矿井通风阻力包括摩擦阻力和局部阻力两类。摩擦阻力是矿井阻力的主要部分。

（一）摩擦阻力

井下风流沿井巷或管道流动时，由于空气的黏性，受到井巷壁面的限制，造成空气分子之间相互摩擦（内摩擦），以及空气与井巷或管道周壁间的摩擦，从而产生阻力，这种阻力称为摩擦阻力。

摩擦阻力的计算式为

$$h_{摩} = \alpha \frac{LU}{S^3} Q^2 \tag{10-6}$$

或

$$h_{摩} = R_{摩} Q^2 \tag{10-7}$$

式中　　α——井巷的摩擦阻力系数，kg/m^3 或 $N \cdot s^2/m^4$；

L——井巷的长度，m；

U——井巷的周长，m；

S——井巷的净断面积，m^2；

$h_{摩}$——井巷的摩擦阻力，Pa；

$R_{摩}$——井巷的摩擦风阻，井巷几何尺寸和通风特征不变时是一个定值，$N \cdot s^2/m^8$。

（二）局部阻力

在风流运动过程中，由于井巷边壁条件的变化，风流在局部地区受到局部阻力物（如巷道断面突然变化、风流分岔与交汇、断面堵塞等）的影响和破坏，引起风流流速大小、方向和分布的突然变化，导致风流本身产生很强的冲击，形成极为紊乱的涡流，造成风流能量损失，这种均匀稳定风流经过某些局部地点所造成的附加的能量损失，就叫做局部阻力。

1. 局部阻力的类型

井下巷道千变万化，产生局部阻力的地点很多，有巷道断面的突然扩大与缩小（如采区车场、井口、调节风窗、风桥、风硐等）处，巷道的各种拐弯（如各类车场、大巷、采区巷道、工作面巷道等）处，各类巷道的交叉、交汇（如井底车场、中部车场）处等。在分析产生局部阻力原因时，常将局部阻力分为突变类型和渐变类型两种（图 10-6），图 10-6a、图 10-6c、图 10-6e、图 10-6g 属于突变类型，图 10-6b、图 10-6d、图 10-6f、图 10-6h 属于渐变类型。

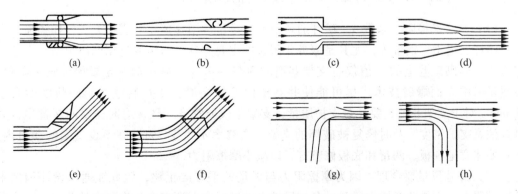

(a)　　　　　　(b)　　　　　　(c)　　　　　　(d)

(e)　　　　　　(f)　　　　　　(g)　　　　　　(h)

图 10-6　巷道的突变类型与渐变类型

2. 局部阻力计算

实验证明，不论井巷局部地点的断面、形状和拐弯如何千变万化，也不管局部阻力是突变类型还是渐变类型，所产生的局部阻力的大小都和局部地点的前面或后面断面上的速压成正比。与摩擦阻力类似，局部阻力 $h_局$ 一般也用速压的倍数来表示：

$$h_局 = \xi \frac{\rho}{2} v^2 \tag{10-8}$$

式中　　$h_局$——局部阻力，Pa；

　　　　ξ——局部阻力系数，无因次；

　　　　v——局部地点前后断面上的平均风速，m/s；

　　　　ρ——风流的密度，kg/m³。

将 $v = Q/S$ 代入式（10-8），得

$$h_局 = \xi \frac{\rho}{2S^2} Q^2 \tag{10-9}$$

式（10-8）和式（10-9）就是紊流通用局部阻力计算公式。需要说明的是，在查表确定局部阻力系数 ξ 值时，一定要和局部阻力物的断面积 S、风量 Q、风速 v 相对应。

（三）降低矿井通风阻力的方法

降低矿井通风阻力是一项非常庞大的系统工程，要综合考虑诸多方面的因素。首先要保证通风系统运行安全可靠，矿井主要通风机要在经济、合理、高效区运转，及时调节矿井总风量，尽量避免通风机风量过剩和不足；通风网络要合理、简单、稳定；通风方法和通风方式要适应降阻的要求（如抽出式通风要比压入式通风阻力大，中央并列式通风路线要长）；减少局部风量调节（主要是增阻调节法）的地点和数量，使调节后的总风阻接近不加调节风窗时的风阻，调节幅度要小、质量要高。降低矿井通风阻力的重点在最大阻力路线上的公共段通风阻力。由于矿井通风系统的总阻力等于该系统最大阻力路线上的各分支的摩擦阻力和局部阻力之和，因此在降阻之前首先要确定通风系统的最大阻力路线，通过阻力测定，了解最大阻力路线上的阻力分布状况，找出阻力较大的分支，对其实施降阻措施。

1. 降低摩擦阻力的措施

摩擦阻力是矿井通风阻力的主要部分，因此降低井巷摩擦阻力是通风技术管理的重要工作。由公式 $h_摩 = \alpha \frac{LU}{S^3} Q^2$ 可知，降低摩擦阻力的措施如下：

（1）减小摩擦阻力系数 α。矿井通风设计时尽量选用 α 值小的支护方式，如锚喷、砌碹、锚杆、锚索、钢带等，尤其是服务年限长的主要井巷，一定要选用摩擦阻力较小的支护方式，如砌碹巷道的 α 值仅有支架巷道的 30% ~ 40%。施工时一定要保证施工质量，应尽量采用光面爆破技术，尽可能使井巷壁面平整光滑，使井巷壁面的凹凸度不大于 50 mm。对于支架巷道，要注意支护质量，支架不仅要整齐一致，有时还要刷帮背顶，并且要注意支护密度。及时修复被破坏的支架，失修率不大于 7%。在不设支架的巷道内，一定要注意把顶板、两帮和底板修整好，以减小摩擦阻力。

（2）井巷风量要合理。因为摩擦阻力与风量的平方成正比，因此在通风设计和技术管理过程中，不能随意增大风量，各用风地点的风量在保证安全生产要求的条件下，应尽

量减少。掘进初期使用局部通风机通风时，要对风量加以控制。及时调节主要通风机的工况，减少矿井富余总风量。避免巷道内风量过于集中，要尽可能使矿井的总进风早分开、总回风晚汇合。

（3）保证井巷通风断面。因为摩擦阻力与通风断面积的三次方成反比，所以扩大井巷断面能大大降低通风阻力，当井巷通过的风量一定时，井巷断面扩大33%，通风阻力可减少一半，故常用于主要通风路线上高阻力段的减阻措施中。当受到技术和经济条件的限制，不能任意扩大井巷断面时，可以采用双巷并联通风的方法。在日常通风管理工作中，要经常修整巷道，减少巷道堵塞物，使巷道清洁、完整、畅通，保持巷道足够断面。

（4）减少巷道长度。因为巷道的摩擦阻力和巷道长度成正比，所以在矿井通风设计和通风系统管理时，在满足开拓开采的条件下，要尽量缩短风路长度，及时封闭废弃的旧巷和甩掉那些经过采空区且通风路线很长的巷道，及时对生产矿井通风系统进行改造，选择合理的通风方式。

（5）选用周长较小的井巷断面。在井巷断面相同的条件下，圆形断面的周长最小，拱形次之，矩形和梯形的周长较大。因此，在矿井通风设计时，一般要求立井井筒采用圆形断面，斜井、石门、大巷等主要井巷采用拱形断面，次要巷道及采区内服务年限不长的巷道可以考虑矩形断面和梯形断面。

2. 降低局部阻力的措施

产生局部阻力的直接原因，是局部阻力地点巷道断面的变化，引起了井巷风流速度的大小、方向、分布的变化。因此，降低局部阻力就是改善局部阻力物断面的变化形态，减少风流流经局部阻力物时产生的剧烈冲击和巨大涡流，减少风流能量损失，主要方法如下：

（1）最大限度地减少局部阻力地点的数量。井下尽量少使用直径很小的铁风桥，减少调节风窗的数量；应尽量避免井巷断面的突然扩大或突然缩小，断面比值要小。

（2）当连接不同断面的巷道时，要把连接的边缘做成斜线形或圆弧形（图10-7）。

（3）巷道拐弯时，转角越小越好（图10-7b），在拐弯的内侧做成斜线形和圆弧形。要尽量避免出现直角弯。巷道尽可能避免突然分岔和突然汇合，在分岔和汇合处的内侧也要做成斜线形或圆弧形。

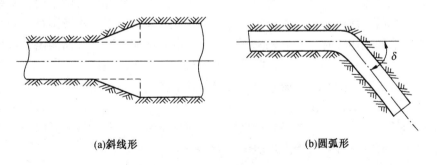

(a)斜线形　　　　　　　　　　(b)圆弧形

图10-7　降低局部阻力的方法

（4）减少局部阻力地点的风流速度及巷道的粗糙程度。

（5）在风筒或通风机的入风口安装集风器，在出风口安装扩散器。

（6）减少井巷正面阻力物，及时清理巷道中的堆积物，采掘工作面所用材料要按需使用，不能集中堆放在井下巷道中。巷道管理要做到无杂物、无淤泥、无片帮，保证有效通风断面。在可能的条件下尽量不使成串的矿车长时间地停留在主要通风巷道内，以免阻挡风流，使通风状况恶化。

3. 实现减小巷道通风阻力的要求

（1）从巷道的平整度入手，使巷道的形状整齐、尽量平滑，尽量采用近似圆形巷道。保持混凝土或料石砌碹的巷道周壁光滑；采用木支架和 U 型金属支架时，刷好帮顶；支架被压坏时及时处理。

（2）从增大巷道的断面入手，采取清、卧、套等手段扩大巷道断面，对于矿井（采区）设计，在技术及经济条件允许的条件下，尽量设计大断面巷道。

（3）从减少局部阻力考虑，巷道施工（设计）尽量直，减少弯曲。断面不同的两条巷道连接时，连接要光滑，断面要逐渐变化。

（4）从巷道目前的使用现状考虑，把巷道中不用的矿车、坑木、碎石堆或其他无用的物资清走，以减小局部阻力。

第三节　矿井通风管理

一、矿井机械通风方法的特点、适用条件

1. 抽出式通风

在矿井主要通风机的作用下，矿内空气处于低于当地大气压力的负压状态，当矿井与地面间存在漏风通道时，漏风从地面漏入井内。此外，在抽出式通风中，进风井口不安设通风设施，便于运输、行人和通风管理。在瓦斯矿井采用抽出式通风，若主要通风机因故停止运转，井下风流压力提高，在短时间内可以防止瓦斯从采空区涌出，比较安全。因此，目前我国大部分矿井，一般采用抽出式通风。

2. 压入式通风

在矿井主要通风机的作用下，矿内空气处于高于当地大气压力的正压状态，当矿井与地面间存在漏风通道时，漏风从井内漏向地面。压入式通风矿井中，由于要在矿井的主要进风巷中安装风门，使运输、行人不便，漏风量较大，通风管理工作较困难。同时当矿井主要通风机因故停止运转时，井下风流压力降低，有可能使采空区瓦斯涌出量增加，造成瓦斯积聚，对安全不利。因此，在瓦斯矿井中很少采用压入式通风。

矿井浅部开采时，由于地表塌陷出现裂缝与井下沟通，为避免用抽出式通风将塌陷区内的有害气体吸入井下，可在矿井开采第一水平时采用压入式通风，当开采下一水平时再改为抽出式通风。此外，当矿井煤炭自然发火比较严重时，为避免将火区内的有毒有害气体抽到巷道中，有时也可采用压入式通风。

3. 混合式通风

能产生较大的通风压力，通风系统的进风部分处于正压，回风部分处于负压，工作面大致处于中间状态，其正压或负压均不大，矿井的内部漏风小。但因使用的通风设备多，动力消耗大，通风管理复杂，一般很少采用。

二、矿井局部通风管理

矿井局部通风方法根据通风动力的不同，除局部通风机通风外还包括矿井全风压通风和引射器通风两种。

（一）矿井全风压通风

利用矿井全风压实现通风，是直接利用矿井主要通风机所造成的风压，借助风障和风筒等导风设施将新鲜风流引入工作面，并将乏风风流排出掘进巷道。

1. 利用纵向风障导风

如图 10-8 所示，在掘进巷道中安设纵向风障，将巷道分隔成两部分，一侧进风，一侧回风。选择风障材料的原则应是漏风小、经久耐用、便于取材。短巷道掘进时可用木板、帆布等材料，长巷道掘进时用砖、石和混凝土等材料。纵向风障在矿山压力作用下将产生变形破坏，容易产生漏风。当矿井主要通风机正常运转，并有足够的全风压克服导风设施的阻力时，全风压能连续供给掘进工作面风量，无须附加局部通风机，管理方便，但其工程量大，有碍于运输。所以，只适用于地质构造稳定、矿山压力较小、长度较短，使用通风设备不安全或技术上不可行的局部地点巷道掘进中。

2. 利用风筒导风

如图 10-9 所示，利用风筒将新鲜风流导入工作面，工作面乏风风流由掘进巷道排出。为了使新鲜风流进入导风筒，应在风筒入口处的贯穿风流巷道中设置挡风墙和调节风门。利用风筒导风法辅助工程量小，风筒安装、拆卸比较方便。通常适用于需风量不大的短巷掘进通风中。

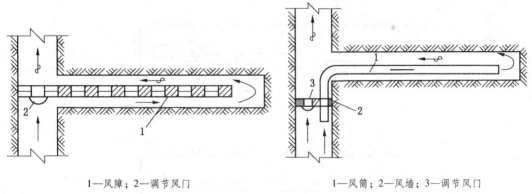

1—风障；2—调节风门　　　　　　　　1—风筒；2—风墙；3—调节风门

图 10-8　利用纵向风障导风　　　　　　图 10-9　利用风筒导风

3. 利用平行巷道通风

如图 10-10 所示。当掘进巷道较长，利用纵向风障和风筒导风有困难时，可采用两条平行巷道通风。采用双巷掘进，在掘进主巷的同时，距主巷 10～20 m 平行掘一条副巷（或配风巷），主、副巷之间每隔一定距离开掘一个联络眼，前一个联络眼贯通后，后一个联络眼便封闭上。利用主巷进风、副巷回风，两条巷道的独头部分可利用风筒或风障导风。

利用平行巷道通风，可以缩短独头巷道的长度，不用局部通风机就可保证较长巷道的

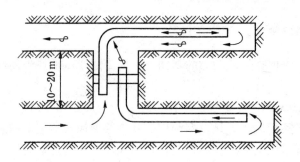

图 10 - 10　利用平行巷道导风

通风，连续可靠，安全性好。因此，平行巷道通风适用于有瓦斯、冒顶和透水危险的长巷掘进，特别适用于在开拓布置上为满足运输、通风和行人需要而必须掘进两条并列的斜巷、平巷或上、下山的掘进中。

（二）引射器通风

利用引射器产生的通风负压，通过风筒导风的通风方法称为引射器通风。引射器通风一般采用压入式，如图 10 - 11 所示。利用引射器通风的主要优点是无电气设备、无噪声。水力引射器通风还能起降温、降尘作用。在煤与瓦斯突出严重的煤层掘进时，用它代替局部通风机通风，设备简单，安全可靠。缺点是供风量小，需要水源或压气。适用于需风量不大的短巷道掘进通风，也可在含尘量大、气温高的采掘机械附近采取水力引射器与其他通风方法的混合式通风。

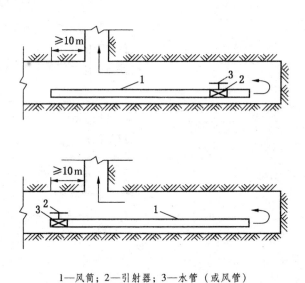

1—风筒；2—引射器；3—水管（或风管）

图 10 - 11　引射器通风

（三）实现双局部通风机供风的机电工作原理

掘进工作面双局部通风机供电方式是指在主要通风机专用供电线路的基础上，利用动力电源作为备用局部通风机的备用电源，通过自动切换、备用局部通风机的专用磁力起动器，实现局部通风机的安全、可靠供电，双局部通风机供风的机电工作原理如图 10 - 12 所示。

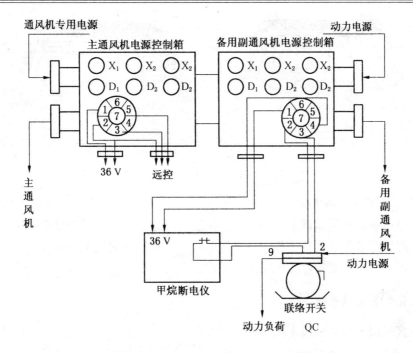

图 10 - 12   双局部通风机供风的机电工作原理

当主要局部通风机开关和备用局部通风机开关进行连接控制时，可实现双局部通风机供电，即当主要局部通风机因故障停机时，其备用局部通风机自动启动工作，实现双风机自动切换功能。这时动力电源通过备用局部通风机开关作备用局部通风机的专用电源，此时供掘进工作面工作的动力电源处于闭锁断电状态。当主要通风机专供线路故障处理完后，直接启动主要局部通风机开关，启动主要局部通风机开关时自动切断备用局部通风机电源，使其继续保持备用状态。

三、风量调节

1. 风量调节方法

风量调节方法有局部风量调节法和矿井总风量调节法两种。局部调节法就是对采区、采区之间和生产水平之间的风量进行调节的方法，矿井总风量调节法就是增减矿井总风量的调节方法。

局部风量调节法分为增加风阻调节法、降低风阻调节法和增加风压调节法。其中增加风阻调节法是矿井中最常用的方法，这种方法具有简单易行的特点，其缺点是增加了矿井的总风阻，会使总风量减少。

2. 利用风窗调节巷道风量

利用风窗调节风量，就是增阻调节风量的一种形式，实质就是以并联风网中阻力较大的分支阻力值为依据，在需增加风量的分支外的其他并联的分支中增加一项局部阻力，使并联各分支的阻力达到新的平衡，以保证风量按需供应。在调节支路回风侧设置调节风窗（图 10 - 13）、临时风帘、风幕等调节装置。其中调节风窗由于其调节风量范围大，制造和安装都较简单，在生产中使用得最多。

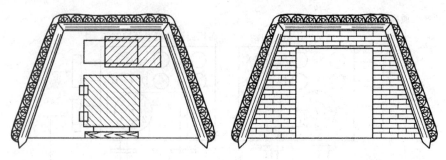

图 10 - 13　调节风窗

3. 采掘工作面风量调节措施的落实

利用调节风窗进行风量调节，要先选择围岩完好地点安设，调节风窗的窗口设在巷道的上方，做好风量调节的准备工作。风量调节时，经常检查采掘工作面及其回风流瓦斯浓度，瓦斯浓度增大时，必须停止风量调节工作。

四、优化采区通风系统

优化采区通风系统应从以下几个方面考虑：

（1）采区必须有独立的风道，实行分区通风。采掘工作面、硐室应采用独立通风。

（2）要按照瓦斯、气候条件等要求，合理配风。要尽量减小采区漏风，并避免新鲜风流到达工作面之前被加热与污染。要保证通风阻力小，通风能力大，风流畅通。

（3）通风网络要简单，以便在发生事故时易于控制风流和撤退人员。为此应尽量减少通风构筑物的数量。对于必须设置的通风设施和通风设备，要选择好适当位置。

（4）要保证风流流动的稳定。在采区通风系统中，采掘工作面尽量避免处于角联风路中。

（5）要有较强的抗灾和防灾能力，为此要设置防尘管路、避灾线路、避难硐室和灾变时的风流控制能力。

（6）采掘工作面的进风和回风不得经过采空区或冒顶区。

（7）采区内布置的机电硐室、绞车房要配足风量。

（8）采区的通风系统要有利于采空区瓦斯的合理排放及防止采空区遗煤自燃。

五、巷道贯通

1. 巷道贯通的要求

根据《煤矿安全规程》第一百零八条，贯通巷道必须遵守下列规定：

（1）掘进巷道贯通前，综合机械化掘进巷道在相距 50 m 前、其他巷道在相距 20 m 前，必须停止一个工作面作业，做好调整通风系统的准备工作。

（2）贯通时，必须由专人在现场统一指挥，停掘的工作面必须保持正常通风，设置栅栏及警标，经常检查风筒的完好状况和工作面及其回风流中的瓦斯浓度，瓦斯浓度超限时，必须立即处理。掘进的工作面每次爆破前，必须派专人和瓦斯检查工共同到停掘的工作面检查工作面及其回风流中的瓦斯浓度，瓦斯浓度超限时，必须先停止在掘工作面的工作，然后处理瓦斯，只有在 2 个工作面及其回风流中的瓦斯浓度都在 1.0% 以下时，掘进的工作面方可爆破。每次爆破前，2个工作面入口必须有专人警戒。

（3）贯通后，必须停止采区内的一切工作，立即调整通风系统，风流稳定后，方可恢复工作。

间距小于20 m的平行巷道的联络巷贯通，必须遵守上款各项规定。

2. 巷道贯通通风瓦斯管理措施的落实

（1）贯通前，检查通防设施的完好。对方工作面必须保持正常通风，正常检查工作面及其回风流中的瓦斯浓度。瓦斯浓度超限时，立即进行处理。

（2）贯通时，检查停掘的工作面必须保持正常通风，经常检查风筒的完好状况和工作面及其回风流中的瓦斯浓度，瓦斯浓度超限时，必须立即处理。掘进的工作面每次爆破前，必须到停掘的工作面检查工作面和回风流中的瓦斯浓度，瓦斯浓度超限时，必须先停止在掘工作面的工作，然后处理瓦斯，只有在2个工作面及其回风流中的瓦斯浓度都在1.0%以下时，掘进的工作面方可爆破。

（3）贯通后，必须停止采区内的一切工作，立即进行风流调整，实现全风压通风，并检查风流中瓦斯浓度，符合《煤矿安全规程》的有关规定后，方可恢复工作。

3. 巷道贯通前后的安全注意事项

（1）掘进巷道与其他巷道贯通，应制定预防冒顶和防止瓦斯、煤尘爆炸，以及透水等事故的专项安全技术措施。

（2）在贯通前要做好正常通风工作，保证两端的巷道内不积存瓦斯，并做好贯通时调整风流的准备工作，准备工作应包括以下内容：

①绘制巷道贯通前后的通风系统图，图上标明通风设施、风流方向、风量和瓦斯涌出量等，并预计贯通后的风流方向、风量、瓦斯变化情况。

②明确贯通时调整风流设施的布置和要求，并做好有关准备工作。

（3）掘进工作面每次装药爆破前，必须派专人和瓦斯检查工共同到对方工作面，检查该工作面及其回风流的瓦斯浓度。瓦斯浓度超限时，先停止掘进工作面的作业，然后处理瓦斯，只有在2个工作面及其回风流中的瓦斯浓度都在1%以下时，方可进行掘进工作和装药爆破。每次爆破后，都要检查通风、瓦斯、煤尘、顶板、支架等情况。如果发现有异常情况，应立即处理。

（4）间距小于20 m的平行巷道，其中一个巷道进行爆破时，2个工作面的人员都必须撤至安全地点。

（5）在地质构造复杂地区进行贯通工作，要按规定处理破碎顶板，防止冒顶事故，贯通有积水或老巷的巷道时，要提前排干积水和处理好瓦斯。

（6）在有突出危险的煤层中，掘进工作面与煤层巷道交叉贯通前，被贯通的煤层巷道必须超过贯通位置，其超前距不得小于5 m，并且贯通点周围10 m内的巷道应加强支护。在掘进工作面与被贯通巷道距离小于60 m的作业期间，被贯通巷道内不得安排作业，并保持正常通风，且在爆破时不得有人。

（7）贯通后要组织人员立即进行风流调整，把握好关停局部通风机和关启通风设施的顺序，实现全风压通风，并检查风流和瓦斯浓度，符合《煤矿安全规程》的有关规定后，方可恢复工作。

（8）贯通调整风流期间，回风系统必须停电，停止一切与贯通无关的工作。

第四节　识图与绘图

一、矿井通风系统图

矿井通风系统图是反映矿井通风线路、通风状态、通风网络结构和通风设施的图纸，是在采掘工程平面图的基础之上发展而来的，通风系统图上要标注主要通风机型号、风量、风压、等积孔、电动机型号、铭牌功率、井巷风流方向、通风设施及各测风站风量。

通风系统图要按季度绘制，并按月补充修改。多煤层同时开采的矿井，还必须绘制分层通风系统图。

二、矿井通风系统图的识读步骤

（1）搞清楚图中图例所代表的含义。一般来说，矿井通风系统图的下方都有图例。

（2）找到矿井的所有进、回风井口位置和总进、回风大巷。一般来说，应在图中部找进风井，在中上部或两翼上部找回风井。总进风大巷与进风井相通，总回风大巷与回风井相接。

（3）观察采区通风系统中有几条上山，判断进、回风上山。搞清楚进风上山与进风大巷、回风上山与回风大巷连接的形式。

（4）观察采掘工作面的通风方式。要弄清楚采煤工作面的进、回风巷道是通过哪些巷道与进、回风上山连接的。观察局部通风机的安装位置和风筒的延伸方面及回风流的方向。还要观察采区内风门、风窗控制的风流方向和风量。

（5）沿着主要风流路线，从进风井到回风井按标明的风流方向和巷道名称走几遍，这样即能大体上掌握矿井通风系统图所反映的实际通风情况。

三、通风网络

1. 通风网络的概念及基本结构

一般把矿井或采区通风系统中风流分岔、汇合线路的结构形式和控制风流的通风构筑物统称为通风网络。矿井通风网络基本结构有串联网络、并联网络和角联网络 3 种。

（1）串联网络：多条风路依次连接起来的网络。

（2）并联网络：两条或两条以上的风路，从某一点分开，又在另一点汇合的网络。

（3）角联网络：由一条或多条风路把两条并联风路连通的网络。

2. 通风网络图

用不按比例、不反映空间关系的单线条来表示矿井通风网络的图，叫做通风网络图。通风网络图可以把各通风巷道之间的关系和风流流动情况更加清晰地表示出来，便于分析、研究通风系统的合理性，进行通风网络计算，改善和加强通风管理。

3. 通风网络图的识读步骤

沿着风流流动路线，根据串联、并联、角联网络的特点，按由内往外的顺序分析各分支、网络间的关系，以便进行通风网络有关参数的计算，分析矿井通风系统供风是否稳定、合理与安全，矿井通风网络图如图 10 – 14 所示。

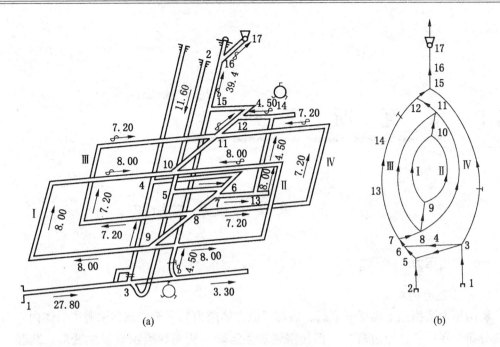

图 10 - 14　矿井通风网络图

4. 采掘工作面通风网络图的绘制步骤

（1）在采掘工作面通风系统图上，沿风流流动路线将各分风点和合风点依次编号，再沿编号顺序将风流流动路线按各分岔点、汇合点的结构依次绘成单线图，在各线路段上标明风流方向、巷道风阻、通过风量及通风阻力等数据。

（2）几个相距很近的汇合点，可以简化为一点，某些局部区段可简化为一条单线，但应注明此段的总风阻、总风量和总阻力。

（3）应画出主要漏风地段及主要通风设施。

（4）通风网络图线要均匀，并联网络最好绘成相对称的圆弧曲线。

第十一章　瓦　斯　管　理

第一节　采煤工程基本知识

一、矿山压力

1. 矿山压力的定义

矿山压力系指地下煤层开采后，破坏了原岩体应力的平衡状态，引起了岩体内应力的重新分布。在重新分布过程中，促使围岩产生运动，从而导致围岩发生变形、断裂、位移、垂直垮落，我们把煤层上覆岩层在运动过程中，对支架、围岩所产生的作用力，称为矿山压力。

2. 矿山压力显现

在矿山压力的作用下，引起一系列的自然现象，如顶板下沉和垮落、底板的鼓起、片帮、支架的变形和损坏、充填物下沉压缩、煤岩层和地表移动、露天矿边坡滑移、冲击地压、煤与瓦斯突出等，这一系列现象称为矿山压力显现。

3. 顶板岩石垮落过程

当煤层中采掘出来空间后，顶板岩石因失去煤的支撑，首先出现下沉，产生裂纹，这个过程称为变形阶段；随后，裂纹扩大张开，顶板裂成块状，进入松动阶段，然后成块状垮落，称为垮落阶段。如果垮落空间不再扩大，顶板不再垮落而变形成拱形，即达到自然平衡，这个阶段称为拱平衡阶段或暂时稳定阶段。

4. 初次来压和周期来压

长壁采煤工作面自开切眼开始推进，一直到达终采线为止的整个回采工作期间，工作面矿山压力不是均衡的。矿山压力的这种不均衡性，突出表现为工作面的初次来压和周期来压现象。

初次来压：采煤工作面自开切眼开始，向前推进到一定距离的时候，第一次出现矿山压力异常增大的显现，如顶板剧烈下沉、支架载荷突增、煤壁片帮严重、采空区有顶板断裂的闷雷声，有时伴随基本顶岩块的滑落失稳，导致顶板台阶下沉等现象。

采煤工作面初次来压时有以下特点：

（1）由于基本顶的剧烈运动，使工作面顶板下沉量和速度急剧增加。

（2）工作面支架受力猛增，顶板破碎，并出现平行煤壁的裂隙，甚至出现工作面顶板台阶下沉。

（3）煤壁片帮严重。

（4）基本顶因折断而垮落时，在采空区深处发出沉闷的雷鸣声，而后发生剧烈的响动，垮落有时还伴有暴风并扬起大量煤尘。

周期来压：初次来压后，工作面暂时摆脱了基本顶失稳的影响，顶板状况大大好转，但随着工作面继续推进，基本顶悬露面积又不断扩大，便呈现出周期性的破断失稳，即基本顶将始终经历"稳定—失稳—再稳定"的变化，对工作面产生周期性的来压显现，称为周期来压。

工作面的初次来压和周期来压，不仅对工作面的顶板控制产生较大威胁，而且会使工作面的瓦斯涌出量增大，给工作面的通风瓦斯安全管理带来较大困难。因此，在矿井通风瓦斯管理中，必须掌握工作面围岩活动规律，以便及时采取应对措施。

二、采空区处理

采煤工作面空间以内的顶板必须维护，维护宽度称为采煤工作面控顶距，控顶距以外的空间称为采空区。为降低顶板对工作面的压力，随工作面的推进要及时处理采空区。采空区的处理方法有垮落法、充填法、煤柱支撑法和缓慢下沉法等4种。

1. 垮落法

垮落法是有步骤、人为地使采空区直接顶垮落下来（放顶工作），从而减轻直接顶对工作面的压力，并利用垮落的岩石支撑上部未垮落的基本顶，它是一种非常经济、合理、方便，应用最广泛的采空区处理方法。

2. 充填法

充填法可分为局部充填法和全部充填法两种。局部充填法是用砌矸石带来支撑采空区的顶板，矸石的来源可用挑顶或挖底的方法取得，也可以用煤层中的夹石。这种方法劳动强度大，煤层越厚越困难，仅适用于顶板不易垮落、采高较小的煤层。全部充填法是利用充填管路，将充填物（页岩、河砂等）送至由高粱秆（秫秸）或尼龙帘子所围成的空间，我国抚顺矿区便是采用此法处理采空区的。

3. 煤柱支撑法

煤柱支撑法（又称刀柱法）是在采空区里按一定规律留煤柱支撑顶板，这种方法会使煤炭损失量增大，适用于顶板极难垮落、采高较大的中厚煤层。

4. 缓慢下沉法

缓慢下沉法是采用撤除采空区全部支护的方法，使顶板在垮落前靠本身的挠曲下沉与底板相接触。它适用于塑性顶板，当底板具有底鼓性质时更为适合。

三、采空区上方岩体"三带"划分

采煤工作面的围岩活动规律与采后上覆岩层的移动直接相关。按岩层破坏的程度不同，采煤工作面后方在垂直方向上划分为三带：垮落带、断裂带和弯曲下沉带，如图11-1所示。

紧靠煤层的顶板为垮落带，破断的岩块呈不规则垮落，排列极不整齐，碎胀系数较大，此区域在多数情况下为直接顶垮落，垮落带的高度为采高的2~4倍。

垮落带上方为断裂带，断裂带中破断岩块呈规则整齐排列，碎胀系数较小。对高瓦斯矿井而言，断裂带中往往积聚有大量的高浓度瓦斯，是采区瓦斯抽采利用钻孔的最佳终孔

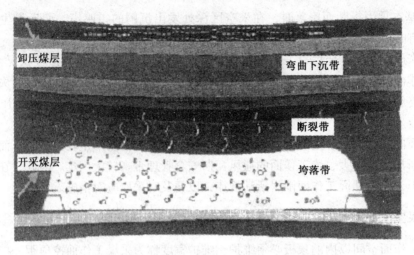

图 11 - 1 采空区上方岩体三带分布示意图

位置。

弯曲下沉带位于断裂带之上，直达地表。

第二节 瓦斯防治基本知识

一、瓦斯在煤层中的赋存状态

1. 煤的孔隙特征

煤体是一种复杂的多孔性固体，既有成煤胶结过程中产生的原生孔隙，也有成煤后的构造运动形成的大量孔隙和裂隙，形成了较大的自由空间和孔隙表面。

2. 瓦斯在煤层中的赋存状态

瓦斯在煤体中的赋存状态有两种，即游离状态和吸附状态。

游离状态也称自由状态，这种状态的瓦斯以自由气体存在，呈现出压力并服从自由气体定律，存在于煤体或围岩的裂隙和较大孔隙（孔径大于 $0.01~\mu m$）内，如图 11 - 2 所示。游离瓦斯量的大小与储存空间的容积和瓦斯压力成正比，与瓦斯温度成反比。

吸附状态的瓦斯主要吸附在煤的微孔表面上（吸着瓦斯）和煤的微粒结构内部（吸收瓦斯）。吸着状态是在孔隙表面的固体分子引力作用下，瓦斯分子被紧密地吸附于孔隙表面上，形成很薄的吸附层；而吸收状态是瓦斯分子充填到几埃（$1~\text{Å} = 10^{-10}~\text{m}$）到十几埃的微细孔隙内，占据着煤分子结构的空位和煤分子之间的空间，如同气体溶解于液体中的状态。吸附瓦斯量的大小，与煤的性质、孔隙结构特点，以及瓦斯压力和温

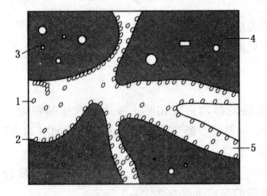

1—游离瓦斯；2—吸着瓦斯；3—吸收
瓦斯；4—煤体；5—孔隙

图 11 - 2 瓦斯在煤体内的存在形态示意图

度有关。

　　煤体中的瓦斯含量是一定的，但以游离状态和吸附状态存在的瓦斯量是可以相互转化的，这取决于温度、压力及煤中水分等条件的变化。当温度降低或压力升高时，一部分瓦斯将由游离状态转化为吸附状态，这种现象叫做吸附；反之，如果温度升高或压力降低时，一部分瓦斯就由吸附状态转化为游离状态，这种现象叫做解吸。

　　值得一提的是，在当今开采深度内，煤层内的瓦斯主要是以吸附状态存在的，游离状态的瓦斯只占煤中瓦斯总量的 10% 左右。

二、煤层瓦斯含量及其影响因素

　　1. 瓦斯含量

　　煤的瓦斯含量是指单位体积（或质量）的煤在自然状态下所含有的瓦斯量（标准状态下的瓦斯体积），常用单位为 m^3/t。煤的瓦斯含量包括游离瓦斯和吸附瓦斯。

　　2. 影响煤层瓦斯含量的因素

　　煤层瓦斯含量的大小，主要取决于煤层保存瓦斯的自然条件。例如，煤层和围岩的结构（如透气性）和物理化学特性（如吸附性能）、成煤后的地质运动和地质构造、煤层的赋存条件、围岩性质等。主要影响因素如下：

　　（1）煤的吸附特性。煤是天然的吸附体，其煤化程度越高，存储瓦斯的能力越强，在其他条件相同时，高变质煤比低变质煤的瓦斯含量高。一般来说，煤的吸附特性越强，瓦斯含量越高。

　　（2）煤层的埋深。煤层的埋藏深度增加不仅加大了地应力，使煤层与围岩的透气性变差，而且加大了瓦斯向地表运移的距离，有利于瓦斯的储存。在不受地质构造影响的区域，当深度不太大时，煤层瓦斯含量随埋深增大而呈线性增加。当深度很大时，瓦斯含量趋于常数。

　　（3）煤层露头和倾角。煤层露头是瓦斯向地面释放的出口，露头时间越长，瓦斯释放越多，如果煤层有露头，瓦斯能沿煤层流动而逸散到大气中去，瓦斯含量就不会很大；反之，如果煤层没有露头，煤层瓦斯难以逸散，它的含量就越大。煤层倾角大时，瓦斯可沿着一些透气性好的地层向上运移和释放，瓦斯易于释放，瓦斯含量就低；反之，煤层倾角小时，一些透气性差的地层就起到了封存瓦斯的作用，瓦斯不易释放，瓦斯含量就高。

　　（4）煤层与围岩的透气性。煤层与围岩的透气性对煤层瓦斯含量影响较大，其围岩的透气性越好，煤层瓦斯越易流失，煤层瓦斯含量就小；反之，煤层及围岩透气性越差，瓦斯则不易流失，煤层瓦斯含量就大。当围岩是泥岩、页岩、砂页岩、粉砂岩和致密的灰岩等低透气性岩层时，易于形成高瓦斯压力，煤层瓦斯含量大。如煤系地层中岩石以中砂岩、粗砂岩、砾岩和裂隙或溶洞发育的灰岩为主时，由于其透气性好，煤层瓦斯含量低。

　　（5）地质构造。地质构造是影响煤层瓦斯含量的最重要因素之一。在围岩属低透气性的条件下，封闭型地质构造有利于瓦斯的储存，而开放型地质构造有利于瓦斯的泄放。在同一矿区不同地点瓦斯含量的差别，往往是地质构造因素造成的结果。

　　闭合的或倾伏的背斜或穹隆，通常是理想的储存瓦斯构造。顶板如为致密岩层而又未遭到破坏时，瓦斯在背斜轴部积聚，形成所谓气顶（图 11 - 3a 和图 11 - 3b），瓦斯含量明显增高。但是，当背斜轴顶部岩层是透气性岩层或因张力形成连通地表或其他储气构造的裂隙时，其瓦斯含量因能转移反而比翼部少。

对向斜而言，当轴部顶板岩层受到的挤压应力比底板岩层强烈，使顶板岩层和两翼煤层透气性变小，瓦斯就易于储存在向斜轴部（图 11 – 3f）。当煤层或围岩的裂隙发育透气性较好时，轴部的瓦斯容易通过构造裂隙和煤层转移到围岩和向斜的翼部，瓦斯含量反而减少。

受构造力作用在煤层局部形成的大型煤包（图 11 – 3c 至图 11 – 3e），由于周围煤层在应力作用下压向煤包，形成煤包内瓦斯的封闭条件，瓦斯含量大。同理，由两条封闭性断层与致密岩层圈闭的地垒或地堑构造，也可成为瓦斯含量增高区（图 11 – 3g 和图 11 – 3h）。

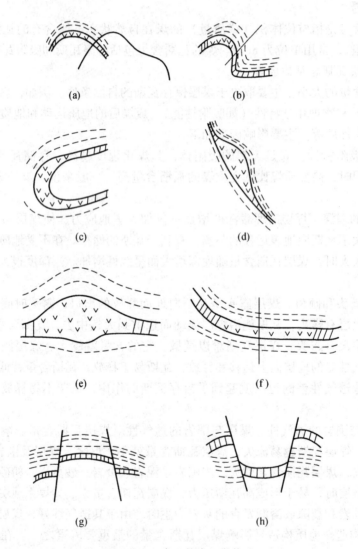

图 11 – 3　常见储存瓦斯构造

断层对煤层瓦斯含量的影响比较复杂。一方面要看断层（带）的封闭性，另一方面要看与煤层接触的对盘岩层的透气性。开放型断层（张性、张扭性或导水性断层），不论它与地表是否直接相通，断层附近的煤层瓦斯含量都会降低（图 11 - 4a）。封闭型断层（压性、压扭性、不导水性断层），煤层对盘岩层透气性低时，可以阻止瓦斯的释放，可能形成高瓦斯区。如果断层的规模大而断距长时，在断层附近也可能出现一定宽度的瓦斯含量降低区（图 11 - 4b）。

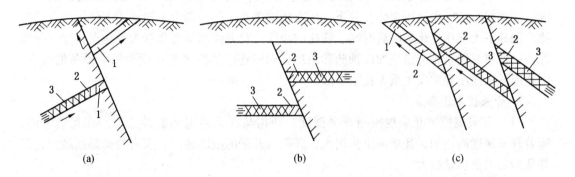

1—瓦斯丧失区；2—瓦斯含量降低区；3—瓦斯含量异常增高区
图 11 - 4　断层对煤层瓦斯含量的影响

（6）水文地质条件。煤层和岩层的水文地质条件是影响瓦斯释放条件的另一个重要因素，有地下水活跃的地区通常瓦斯含量小。因为一方面这些地区的天然裂隙比较发育，煤、岩层有较好的透气性，瓦斯易于释放；另一方面，地下水的长期活动可以带走相当数量的溶解瓦斯。

（7）岩浆岩。岩浆岩呈岩床、岩脉、岩墙、岩珠产状。沿煤层呈岩床状侵入的岩浆岩分布状态对煤层瓦斯含量的影响较为显著，其原因一是煤层受力揉搓粉碎形成破坏结构的软煤分层；二是煤热力变质，碳化程度增高，进一步生成瓦斯；三是岩浆岩处于顶板部位，对排放瓦斯通路起封闭作用。

总之，影响煤层瓦斯含量的因素是多种多样的。上述只是就原则上、趋势上的影响分析，在矿井瓦斯管理实际工作中，必须结合本井田和本矿井具体情况进行全面的调查和深入细致的分析研究，找出影响本井田、本矿井瓦斯含量的主要因素，作为预测瓦斯含量和瓦斯涌出量的参考，为瓦斯管理工作提供可靠基础。

三、影响矿井瓦斯涌出量的因素

1. 自然因素

（1）煤层和围岩的瓦斯含量。煤层和围岩的瓦斯含量是决定瓦斯涌出量多少的最根本也是最重要的因素。煤层和围岩的瓦斯含量越高，开采时矿井瓦斯涌出量越大；反之则小。

（2）地面大气压变化。地面大气压在一年内夏冬两季的差值可达 5.5 ~ 8 kPa，一天内，有时可达 2 ~ 2.7 kPa。地面大气压变化可影响井下大气压的相应变化，其对采空区（包括采煤工作面后部的开放型采空区）和封闭不严的老采空区（封闭型采空区）或大空间坍冒处瓦斯涌出量的影响比较明显，尤其是在矿井通风能力相对较弱的边远区域影响显著。其原因是在正常情况下，井下风流的压力与采空区内瓦斯混合气体的压力处于一种相对平衡的状态，瓦斯涌出量是相对均衡稳定的，当地面大气压突然下降时，瓦斯积聚区（开放型采空区和封闭型采空区）的气体压力将高于风流的压力，瓦斯就会更多地涌入风流中，使矿井的瓦斯涌出量增大；反之，矿井的瓦斯涌出量将减少。美国在1910—1960年，有一半的瓦斯爆炸事故发生在大气压急剧下降时。所以，在生产规模较大的老矿井内，应掌握本矿区大气压变化与井下气压变化的关系、瓦斯涌出量随地面大气压变化的规律，如井下大气压变化的滞后时间、变化的幅度，瓦斯涌出量变化较大的地点、变化时段等，以便研究制定相应措施加以预防和治理，同时还应加强日常瓦斯和机电设备的管理，防止因瓦斯涌出异常发生重大瓦斯事故。

2. 开采技术因素

（1）开采规模。开采规模指开采深度、开拓与开采范围和矿井产量。在瓦斯带内，随着开采深度的增加，瓦斯涌出量增大；开拓与开采的范围越广、煤岩的暴露面越大，矿井瓦斯涌出量也就越大。

（2）开采顺序与回采方法。首先开采的煤层瓦斯涌出量大；采用采空区丢失煤炭多、采出率低的采煤方法，采空区瓦斯涌出量大；顶板控制采用陷落法比充填法能造成顶板更大范围的破坏和卸压，邻近层瓦斯涌出量就较大；采煤工作面周期来压时，瓦斯涌出量也会大大增加。

（3）生产工艺。瓦斯从煤层暴露面（煤壁和钻孔）和采落的煤炭内涌出的特点是初期瓦斯涌出量的强度大，然后大致按指数函数的关系逐渐衰减，如图11-5所示。所以，落煤时瓦斯涌出量总是大于其他工序。综合机械化工作面推进度快，产量高，在瓦斯含量大的煤层内采用综合机械化放顶煤开采比采用综合机械化开采、高档普采等采煤工艺时，瓦斯涌出量大。

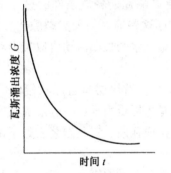

图 11-5　瓦斯从暴露面涌出的变化规律

（4）风量变化。矿井风量变化时，瓦斯涌出量和风流中的瓦斯浓度会发生扰动，但很快就会转变为另一种稳定状态。无邻近层的单一煤层回采时，由于瓦斯主要来自煤壁和采落的煤炭，采空区积存的瓦斯量不大，回风流的瓦斯浓度随风量减少而增加或随风量增加而减小，如图11-6所示。

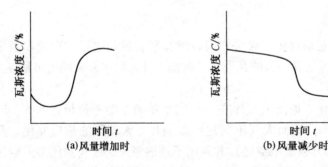

(a) 风量增加时　　　　　　　　(b) 风量减少时

图 11-6　单一煤层风量变化时回风流中瓦斯浓度变化动态

煤层群开采和综采放顶煤工作面的采空区内、煤巷的冒顶孔洞内，往往积存大量高浓度瓦斯。一般情况下，风量增加时，起初由于负压和采空区漏风的加大，一部分高浓度瓦斯被漏风从采空区或孔洞内带出，绝对瓦斯涌出量迅速增加，回风流的瓦斯浓度可能会急剧上升，然后瓦斯浓度开始下降，经过一段时间后，绝对瓦斯涌出量恢复到或接近原来的数值，回风流中的瓦斯浓度才会降低到原值以下，如图 11－7a 所示。风量减少时，情况相反，如图 11－7b 所示。这类瓦斯浓度变化的时间，可由几分钟到几天不等，峰值浓度和瓦斯涌出量变化取决于采空区的范围、采空区内的瓦斯浓度、漏风情况和风量调节的快慢与幅度。所以，采区风量调节时、反风时，以及综放工作面放顶煤时，必须密切注意风流中的瓦斯浓度变化。因此，为了降低风量调节时回风流中瓦斯浓度的峰值，可以采取分次增加风量的方法。每次增加的风量和时间间隔，应尽可能使回风流中的瓦斯浓度不超过《煤矿安全规程》的规定。

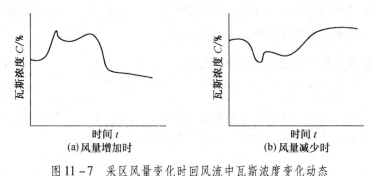

图 11－7　采区风量变化时回风流中瓦斯浓度变化动态

（5）采区通风系统。采区通风系统对采空区内和回风流中瓦斯浓度分布有重要影响。

（6）采空区的防火墙（密闭）质量。采空区内往往积存着大量高浓度瓦斯（可达 60%～70%），如果封闭的防火墙（密闭）质量不好，或进、回风侧的通风压差较大，就会造成采空区大量漏风，使矿井的瓦斯涌出量增大。

总之，影响矿井瓦斯量的因素是多方面的，在实际工作中，应该通过经常和专门的观测分析，找出其主要因素和规律，才能采取有针对性的措施控制瓦斯的涌出。

四、工作面瓦斯的主要来源

采煤工作面瓦斯涌出来源主要有两部分：从本煤层（煤壁、采落煤炭及工作面采空区遗留煤炭）涌出的瓦斯和受采动影响的邻近煤层（包括邻近煤层已采区）与围岩涌出的瓦斯。

测定回采区和掘进区绝对瓦斯涌出量时，应分别测定进风流和回风流的瓦斯浓度和风量，回风侧与进风侧绝对涌出量的差值即为该区的绝对瓦斯涌出量。

五、瓦斯涌出不均衡系数

1. 瓦斯涌出不均衡系数的表示方法

在正常生产工程中，矿井绝对瓦斯涌出量受各种因素的影响，其数值是经常变化的，但在一般时间内，总是围绕一个平均值上下波动，其峰值与平均值的比值称为瓦斯涌出不均衡系数。

瓦斯涌出不均衡系数表示为

$$K_g = \frac{Q_{max}}{Q_a} \qquad (11-1)$$

式中　　K_g——给定时间内的瓦斯涌出不均衡系数；

　　　　Q_{max}——该时间内的最大瓦斯涌出量，m^3/min；

　　　　Q_a——该时间内的平均瓦斯涌出量，m^3/min。

2. 瓦斯涌出不均衡系数的应用

在矿井通风设计和通风能力核定中，确定矿井总风量选取风量备用系数时，要考虑矿井瓦斯涌出不均衡系数；在编制采掘作业规程和一通三防设计中，也要用到采区或工作面的瓦斯涌出不均衡系数。通常情况下，矿井瓦斯涌出不均衡系数按照全矿井、一翼、采区、工作面的顺序依次递增。

总之，任何矿井的瓦斯涌出在时间上与空间上都是不均匀的，生产过程中应有针对性地采取措施，使瓦斯涌出比较均匀稳定。

六、检定管测定井下有毒有害气体的浓度

1. 常用测定仪器

抽气唧筒（图3-9）、秒表和分别测定硫化氢、二氧化氮、二氧化硫、氨气、氢气浓度的检定管。测定方法基本同比长式一氧化碳检测管。

2. 特点

各种有害气体的比长式检定管结构及工作原理基本相同，只是检定管内装的指示粉各不相同，颜色变化各有差异。我国煤矿用比长式气体检定管的主要性能见表11-1。

表11-1　我国煤矿用比长式气体检定管主要性能表

检定管名称	型号	测量范围（体积比）	最小分辨率	最小检测浓度	颜色变化
H_2S	1	$(3\sim100)\times10^{-6}$	5×10^{-6}	3×10^{-6}	白→棕色
SO_2	1	$(2.5\sim100)\times10^{-6}$	5×10^{-6}	2.5×10^{-6}	紫→土黄色
NO_2	1	$(1\sim50)\times10^{-6}$	2.5×10^{-6}	1×10^{-6}	白→黄绿色
NH_3	1	$(20\sim200)\times10^{-6}$	20×10^{-6}	20×10^{-6}	橘黄→蓝灰色
H_2	1	$0.5\%\sim3.0\%$	0.5%	0.3%	白→淡红

注：检测 NO_2 气体时，须加用氧化管。

第三节　瓦斯超限、积聚处理

一、矿井瓦斯爆炸

1. 柯瓦德爆炸三角形

氧气浓度变化时，瓦斯爆炸界限随之变化，如图11-8所示，氧气浓度降低时，爆炸下限变化不大（BE 线），爆炸上限则明显降低（CE 线）。氧气浓度低于12%时，混合气

体就失去了爆炸性。

2. 矿井瓦斯的二次爆炸

在瓦斯爆炸后，在爆炸源附近形成的半真空状态的低压区内发生的，由于瓦斯重新积聚并达到爆炸浓度而导致的瓦斯再次爆炸，就叫做二次爆炸。

3. 矿井瓦斯爆炸引起煤尘参与爆炸的机理

当井下发生瓦斯爆炸时，由于产生的冲击波，可将沉积的煤尘吹扬起来，当其浓度达到爆炸范围时，在滞后于爆炸冲击波的爆炸火焰传到后就会引起煤尘参与爆炸。

4. 正向冲击和反向冲击

瓦斯爆炸后，高温气体以很大的压力从爆炸源处形成的冲击叫做正向冲击（即进程冲击）；而因爆炸源处空气稀薄呈现半真空状态的低压

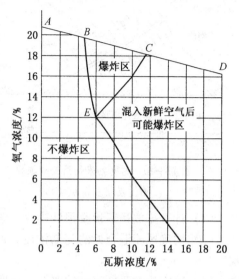

图 11 - 8　柯瓦德爆炸三角形

区，会导致原先向外冲击的气流反过来向爆炸源处冲击，形成的冲击叫做反向冲击（即回程冲击）。

二、瓦斯层状积聚的形成、预防与处理

在巷道周壁不断涌出瓦斯的情况下，或者巷道本身虽无瓦斯涌出，但风流中含有瓦斯时，如果巷道内风速太小，不能造成瓦斯与空气的紊流混合，瓦斯就会浮在巷道顶板附近形成一个比较稳定的带状瓦斯层，形成顶板附近瓦斯层状积聚，层厚可由几厘米到几十厘米，层长可由几米到几十米，层内自下而上瓦斯浓度逐渐增大。预防与处理的措施如下：

（1）加大巷道的风流速度，使风流速度大于 0.5 ~ 1 m/s，以便瓦斯与空气充分紊流混合，并随风流排出。

（2）加大巷道顶板附近的风速。

①在顶梁下面加导风板（图 11 - 9），将风流引向顶板附近，将积聚的瓦斯吹散。

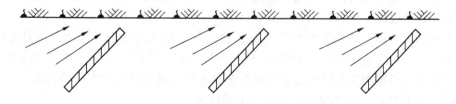

图 11 - 9　导风板处理巷道顶板层状瓦斯积聚

②沿顶板铺设风筒，每隔一段接一短管，将风流引向顶板附近，将积聚的瓦斯吹散。

③铺设有短管的压风管，将积聚的瓦斯吹散。

（3）将瓦斯源封闭隔绝。如果顶板裂隙发育，从中不断有较多瓦斯涌出，可用木板和岩土将其隔绝填实。

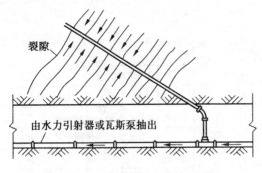

图 11 - 10　钻孔抽采瓦斯处理顶板
附近层状瓦斯积聚

由水力引射器或瓦斯泵抽出

裂隙

（4）抽采瓦斯。如果顶板有集中瓦斯源，可在集中瓦斯源附近安设引射器或向顶板打钻，接抽采管路抽采瓦斯（图 11 - 10）。

（5）加强顶板附近瓦斯浓度的检查，检查时，仪器进气口接胶皮管，进气端必须送到顶板附近进行测定。

三、排放瓦斯安全技术措施及注意事项

1. 排放瓦斯安全技术措施

（1）计算排放瓦斯量及预计排放瓦斯时间。

（2）明确风流混合处的瓦斯浓度，制定控制送入独头巷道风量的方法，严禁"一风吹"。

（3）确定排放瓦斯流经的路线，标明通风设施、电气设备的位置。

（4）明确撤人范围，指定警戒人位置。

（5）明确停电范围，停电地点及断、复电的执行人。

（6）明确必须检查瓦斯的地点和复电时的瓦斯浓度。

（7）明确排放瓦斯的负责人和参加人员及各自承担的责任。

（8）文图齐全、清楚，通风设施、机电设备及瓦斯监测传感器等应该上图的，都要准确，不能遗漏。

2. 执行瓦斯排放措施时的注意事项

（1）编制排放瓦斯措施时，必须根据不同地点的不同情况制定有针对性的措施。禁止使用"通用"措施，更不准几个地点用一个措施。批准的瓦斯排放措施，必须由矿总工程师或通风安全副总工程师负责贯彻，责任落实到人，凡参加审查、贯彻、实施的人员，都必须签字备查。

（2）排放瓦斯前必须先检查局部通风机及其开关地点附近 10 m 以内风流中的瓦斯浓度，其瓦斯浓度都不超过 0.5% 时，方可人工开动局部通风机向独头巷道送入有限的风量，逐步排放积聚的瓦斯；同时还必须使独头巷道中排出的风流与全风压风流混合处的瓦斯和二氧化碳浓度都不得超过 1.5%。

（3）排放瓦斯时，应有瓦斯检查人员在独头巷道回风流与全风压风流混合处经常检查瓦斯浓度，当瓦斯浓度达到 1.5% 时，应指令风量调节人员，减少向独头巷道的送入风量，确保独头巷道排出的瓦斯和二氧化碳在全风压风流混合处的浓度均不超限。

（4）排放瓦斯时，严禁局部通风机发生循环风。

（5）排放瓦斯时，独头巷道的回风系统内必须切断电源、撤出人员；还应有矿山救护队在现场值班。

（6）排放瓦斯后，经检查证实，整个独头巷道内风流中的瓦斯浓度不超过 1%、氧气浓度不低于 20% 和二氧化碳浓度不超过 1.5%。且稳定 30 min 后瓦斯浓度没有变化时，才可以恢复局部通风机的正常通风。

（7）独头巷道恢复正常通风后，必须由电工对独头巷道中的电气设备进行检查，证

实完好后，方可人工恢复局部通风机供风的巷道中的一切电气设备的电源。

第四节 防治煤与瓦斯突出

一、瓦斯动力现象

动力现象是煤体在力的作用下产生位移的一种现象。动力现象有很多种，如冒顶、片帮、煤与瓦斯突出、冲击地压等，而如果在这些现象中还伴随有瓦斯的参与或瓦斯的明显变化，就可以称作是瓦斯动力现象。发生了瓦斯动力现象，不一定就是煤与瓦斯突出，需要鉴定才能确认。

煤与瓦斯突出是煤矿中一种极其复杂的动力现象，它能在很短的时间内，由煤体向巷道或采场突然喷出大量的瓦斯及碎煤，在煤体中形成特殊形状的孔洞，并形成一定的动力效应，如推倒矿车、破坏支架等。喷出的粉煤可以充填数百米长的巷道，喷出的瓦斯—粉煤流有时带有暴风般的性质，瓦斯可以逆风流运行，充满数千米长的巷道。因此，煤与瓦斯突出是威胁煤矿安全生产的严重自然灾害之一。

煤与瓦斯突出可分为煤与瓦斯突然突出（以下简称突出）、煤的压出（以下简称压出）和煤的倾出（以下简称倾出）3种类型，这3种类型的动力现象均伴随瓦斯涌出。

1. 突出

突出的基本特征：

（1）突出的煤向外抛出的距离较远，具有分选现象。

（2）抛出煤的堆积角小于自然安息角。

（3）抛出煤的破碎程度较高，含有大量碎煤和一定数量手捻无粒感的煤粉。

（4）有明显的动力效应，如破坏支架、推倒矿车、损坏或移动安装在巷道内的设施等。

（5）有大量的瓦斯涌出，瓦斯涌出量远远超过突出煤的瓦斯含量，有时会使风流逆转。

（6）突出孔洞呈口小腔大的梨形、舌形、倒瓶形、分岔形或其他形状。

2. 压出

压出的基本特征：

（1）压出有两种形式，即煤的整体位移和煤有一定距离的抛出，但位移和抛出的距离都较小。

（2）压出后，在煤层与顶板之间的裂隙中常留有细煤粉，整体位移的煤体上有大量的裂隙。

（3）压出的煤呈块状，无分选现象。

（4）巷道瓦斯涌出量增大，抛出煤的吨煤瓦斯涌出量大于 $30~m^3/t$。

（5）压出可能无孔洞或呈口大腔小的楔形、半圆形孔洞。

3. 倾出

倾出的基本特征：

（1）倾出的煤按自然安息角堆积、无分选现象。

（2）倾出的孔洞多为口大腔小，孔洞轴线沿煤层倾斜或铅锤（厚煤层）方向发展。

（3）无明显动力效应。

（4）常发生在煤质松软的急倾斜煤层中。

（5）巷道瓦斯涌出量明显增加，抛出煤的吨煤瓦斯涌出量大于 30 m^3/t。

二、突出区域加强控制通风风流设施的措施

（1）井巷揭穿突出煤层前，具有独立的、可靠的通风系统。

（2）突出矿井、有突出煤层的采区、突出煤层工作面都有独立的回风系统。采区回风巷是专用回风巷，并要求在采区巷道中，专门用于回风，不得用于运料、安设电气设备，而且不得行人。

（3）在突出煤层中，严禁任何 2 个采掘工作面之间串联通风。

（4）开采突出煤层时，工作面回风侧不应设置风窗。

（5）煤巷、半煤岩巷和有瓦斯涌出的岩巷掘进工作面正常工作的局部通风机必须配备安装同等能力的备用局部通风机，并能自动切换。正常工作的局部通风机必须采用三专（专用开关、专用电缆、专用变压器）供电，专用变压器最多可向 4 套不同掘进工作面的局部通风机供电；备用局部通风机电源必须取自同时带电的另一电源，当正常工作的局部通风机故障时，备用局部通风机能自动启动，保持掘进工作面正常通风。

（6）在突出煤层的石门揭煤和煤巷掘进工作面进风侧，必须设置至少 2 道牢固可靠的反向风门。风门之间的距离不得小于 4 m。反向风门距工作面的距离和反向风门的组数，应当根据掘进工作面的通风系统和预计的突出强度确定，但反向风门距工作面回风巷不得小于 10 m，与工作面的最近距离一般不得小于 70 m，如小于 70 m 时应设置至少 3 道反向风门。

反向风门墙垛可用砖、料石或混凝土砌筑，嵌入巷道周边岩石的深度可根据岩石的性质确定，但不得小于 0.2 m，墙垛厚度不得小于 0.8 m。在煤巷构筑反向风门时，风门墙体四周必须掏槽，掏槽深度见硬帮、硬底后再进入实体煤，不小于 0.5 m。通过反向风门墙垛的风筒、水沟、刮板输送机道等，必须设有逆向隔断装置。

人员进入工作面时必须把反向风门打开、顶牢。工作面爆破和无人时，反向风门必须关闭。

第五节　矿井瓦斯抽采

一、矿井瓦斯抽采的目的

（1）减少涌入开采空间的瓦斯量，预防瓦斯超限，确保矿井安全。

（2）开采保护层时抽采被保护层的卸压瓦斯，可减少融入保护层工作面和采空区的卸压瓦斯量，保证保护层安全顺利地回采；而抽采被保护层的瓦斯，可以扩大保护范围与程度，而且事后在被保护层内进行掘进和回采时，瓦斯涌出量会显著减少。

（3）降低煤层瓦斯压力，防止煤与瓦斯突出。

（4）开发利用瓦斯资源，变害为利。

二、瓦斯抽采系统

能够造成一定负压将瓦斯从煤层中抽出并安全输送到地面上来的机械设备，称为瓦斯抽采设备。由瓦斯抽采设备和管路构成的系统，称为瓦斯抽采系统，它主要由瓦斯泵、抽采管路系统和安全装置三部分组成。

1. 瓦斯泵

国内常用的瓦斯泵主要有离心式鼓风机、回旋式鼓风机和水环式真空泵 3 种。离心式鼓风机适用于瓦斯出量大（30 ~ 1200 m³/min）、负压要求不高（3.9 ~ 49 kPa）的抽采瓦斯矿井；回旋式鼓风机适用于瓦斯流量较大（1 ~ 600 m³/min）、负压较高（19.61 ~ 88.2 kPa）的抽采瓦斯矿井；水环式真空泵适用于瓦斯抽出量小、煤层透气性低、管路系统阻力大、需要高负压抽采瓦斯的矿井，同时适用于抽出瓦斯浓度较低或瓦斯浓度经常变化的矿井，特别适用于瓦斯浓度变化大的邻近层瓦斯抽采。

2. 抽采管路系统

瓦斯抽采管路系统包括主管、分（干）管、支管和附属装置。

（1）主管：用以抽排和输送整个矿井或几个抽采区的抽采瓦斯量。

（2）分（干）管：用以抽排和输送一个抽采区或一个阶段的抽采瓦斯量。

（3）支管：用以抽排和输送一个工作面或一个钻场的抽采瓦斯量。

（4）附属装置：包括用于调节、测定管路中的瓦斯浓度、流量和压力的阀门、测量装置及放水装置。

3. 安全装置

（1）三防装置。所谓三防装置是指安设在地面瓦斯抽采泵吸气管路中具有防回火、防回气、防爆炸作用的安全装置。正常情况下，高浓度瓦斯在抽采输送过程中，一般不会发生爆炸事故，但在井下抽采系统被破坏、管路积水堵塞或损坏、进气瓦斯浓度降低时，遇有火源就可能导致瓦斯爆炸；也可能由于突然停机、机械故障使抽采失常和地面防空管受雷击起火而发生回气燃爆等事故。因此，《煤矿安全规程》规定，干式抽放瓦斯泵吸气侧管路系统中，必须装设有防回火、防回气和防爆炸作用的安全装置，并定期检查，保持性能良好。抽瓦斯泵站放空管的高度应超过泵房房顶 3 m。在利用瓦斯的系统中必须装设有防回火、防回风和防爆炸作用的安全装置。目前，国内采用的三防装置按照结构大致可分为水封式、铜网式、板片式、卵石式、多能式等类型。

（2）放水装置。瓦斯抽采管路上的放水装置有很多形式，大致可分为人工放水器和自动放水器两种。

三、矿井瓦斯抽采方法

1. 开采煤层瓦斯抽采方法

首先直接在开采煤层中提前 3 ~ 5 年掘出采准巷道，然后封闭巷道，并连接抽采管进行抽采的方法叫做本煤层巷道抽采瓦斯法。这种方法可以一直抽到回采工作开始时。

2. 邻近层瓦斯抽采方法

在开采煤层群时，如果矿井瓦斯涌出量主要来自于邻近层，则可由开采煤层向距一定距离的顶（底）板其他煤层中打钻抽采，这种方法叫做邻近层瓦斯抽采法，也可以称作穿层钻孔抽采。抽采开采煤层顶板上的邻近层瓦斯的方法，叫做上邻近层抽采；抽采开采煤层底板中的邻近层瓦斯的方法，叫做下邻近层抽采（图11－11）。

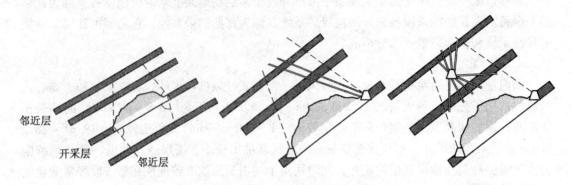

图11－11　邻近层（穿层钻孔）抽采瓦斯

3. 采空区瓦斯抽采方法

如果矿井瓦斯涌出量主要来源于采空区，而且威胁到井下安全时，就应对采空区进行瓦斯抽采，具体方法如下：

（1）加固进、回风侧的密闭墙，在回风侧接出管子进行抽采。图11－12所示为采空区上隅角埋管抽放瓦斯。

（2）开掘顶板尾巷，通过尾巷接出瓦斯管进行瓦斯抽采。

（3）现采采空区设密闭墙插管或向采空区打钻抽采、预埋管抽放。图11－13所示为回风巷打钻抽采采空区瓦斯。

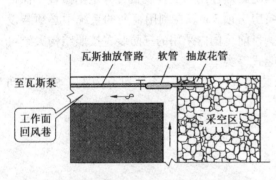

图11－12　采空区上隅角埋管抽放瓦斯

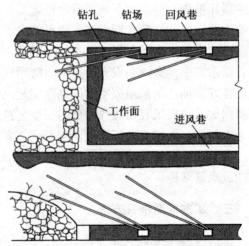

图11－13　回风巷打钻抽采采空区瓦斯

4. 地面钻孔抽采方法

地面钻孔抽采方法由于钻孔贯穿煤层，钻孔与煤层的层理面垂直或斜交，瓦斯很容易沿层理面流入钻孔，有利于提高抽采效果。此外，抽采工作是在采煤和掘进之前进行，所以能使生产过程中的瓦斯涌出量大大减少。因为被抽采煤层没受采动影响，煤层压力没有较大的变化，因此，对于透气性较低的煤层，可能达不到预抽的效果。这种方法适用于煤层瓦斯含量较大、透气性较好和有一定倾斜角度的中、厚煤层，如图 11 – 14 所示。

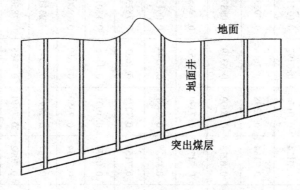

图 11 – 14　地面井预抽煤层瓦斯

5. 综合抽采方法

在一个抽采工作面同时采用两种或两种以上方法进行瓦斯抽采，即综合瓦斯抽采方法。

6. 抽采负压、真空度

抽采负压与抽出量的关系，国内外有不同的看法。瓦斯在煤层内流动的快慢取决于压差和透气系数，但煤层内的瓦斯压力为几个到几十个大气压，而钻孔内的瓦斯压力变化不可能超过 1 个大气压。所以，提高抽采负压对瓦斯的抽出量影响不大，反而增加了孔口和管道系统的漏气，管内防水也更困难。

真空度是指用百分数表示的真空压强与标准大气压的比值。

四、孔板流量计测算抽采瓦斯流量

1. 孔板流量计测算抽采瓦斯流量的原理

充满管道的流体流经管道内的节流装置，在节流件附近造成局部收缩，流速增加，在其上、下游两侧产生静压力差。在已知有关参数的条件下，根据流动连续性原理和伯努利方程可以推导出差压与流量之间的关系而求得流量。

2. 孔板流量计测算瓦斯流量的计算方法

$$\overline{Q} = \frac{1}{\sqrt{9.8}} Kb \sqrt{\Delta h} \delta_T \delta_p \qquad (11-2)$$

$$K = 189.76 a_0 m D^2$$

$$m = \left(\frac{d}{D}\right)^2$$

式中　$\overline{Q}$——用标准孔板测定的混合瓦斯流量，m³/min；

　　　K——流量校正系数；

　　　a_0——标准孔板流量系数；

　　　m——截面比；

表 11 - 2　实际孔板流量校正系数 K 值

管径 D/mm	标准孔板流量系数 a_0 与流量校正系数 K	截面比 m													
		0.05	0.10	0.15	0.20	0.25	0.30	0.35	0.40	0.45	0.50	0.55	0.60	0.65	0.70
15	a_0	0.6155	0.6192	0.6257	0.6335	0.6426	0.6532	0.6654	0.6815	0.6992	0.7192	0.7406	0.7673	0.7961	0.8223
	K	0.0013	0.0026	0.0040	0.0054	0.0069	0.0070	0.0099	0.0118	0.0134	0.0154	0.0174	0.0197	0.0221	0.0246
20	a_0	0.6151	0.6188	0.6252	0.6330	0.6423	0.6528	0.6647	0.6808	0.6984	0.7184	0.7398	0.7664	0.7953	0.8218
	K	0.0023	0.0047	0.0071	0.0096	0.0122	0.0125	0.0177	0.0207	0.0239	0.0273	0.0309	0.0349	0.0939	0.0437
25	a_0	0.6137	0.6184	0.6247	0.6325	0.6417	0.6524	0.6640	0.6801	0.6976	0.7176	0.7390	0.7655	0.7945	0.8215
	K	0.0037	0.0073	0.0111	0.0150	0.0190	0.0232	0.0275	0.0322	0.0371	0.0425	0.0481	0.0544	0.0612	0.0681
38	a_0	0.6137	0.6173	0.6234	0.6313	0.6402	0.6512	0.6624	0.6783	0.6954	0.7154	0.7371	0.7633	0.7823	0.8208
	K	0.0084	0.0169	0.0256	0.0236	0.0329	0.0425	0.0525	0.0634	0.0748	0.0870	0.1001	0.1145	0.1301	0.1464
50	a_0	0.6128	0.6162	0.6221	0.6293	0.6387	0.6492	0.6607	0.6764	0.6934	0.7134	0.7350	0.7610	0.7900	0.8200
	K	0.0145	0.0292	0.0333	0.0487	0.0633	0.0799	0.0972	0.1159	0.1355	0.4567	0.1793	0.2041	0.2311	0.2598
75	a_0	0.6109	0.6140	0.6196	0.6261	0.6357	0.6460	0.6574	0.6727	0.6892	0.7092	0.7310	0.7565	0.7858	0.8185
	K	0.0306	0.0655	0.0992	0.1337	0.1696	0.2062	0.2456	0.2872	0.3310	0.3785	0.4292	0.4845	0.5452	0.6116
100	a_0	0.6090	0.6117	0.6170	0.6238	0.6327	0.6428	0.6541	0.6690	0.6850	0.7050	0.7270	0.7520	0.7815	0.8170
	K	0.0578	0.1161	0.1755	0.2366	0.3001	0.3547	0.4231	0.4965	0.5736	0.6576	0.7461	0.8436	0.9513	1.0726
125	a_0	0.6078	0.6105	0.6160	0.6223	0.6310	0.6411	0.6524	0.6675	0.6835	0.7032	0.7252	0.7500	0.7794	0.8145

表 11-2（续）

管径 D/mm	标准孔板流量系数 a_0 与流量校正系数 K	截面比 m													
		0.05	0.10	0.15	0.20	0.25	0.30	0.35	0.40	0.45	0.50	0.55	0.60	0.65	0.70
125	K	0.0901	0.1810	0.2740	0.3690	0.4677	0.5703	0.6770	0.7917	0.9120	1.0425	1.1826	1.3343	1.5021	1.6905
	a_0	0.6067	0.6093	0.6150	0.6209	0.6294	0.6394	0.6506	0.6660	0.6820	0.7015	0.7235	0.7480	0.7773	0.8120
150	K	0.1293	0.2602	0.3939	0.5302	0.6718	0.8190	0.9722	1.1374	1.3103	1.4976	1.6990	1.9162	2.1572	2.4268
	a_0	0.6055	0.6081	0.6134	0.6195	0.6277	0.6377	0.6488	0.6645	0.6805	0.6998	0.7218	0.7460	0.7751	0.8095
175	K	0.1760	0.3534	0.5347	0.7200	0.9120	1.1118	1.3197	1.5447	1.7800	2.0334	2.3071	2.6012	2.9279	3.2756
	a_0	0.6043	0.6069	0.6119	0.6180	0.6260	0.6360	0.6470	0.6630	0.6790	0.6980	0.7200	0.7440	0.7730	0.8070
200	K	0.2294	0.4607	0.6979	0.9382	1.1879	1.4483	1.7189	2.0130	2.3193	2.6491	3.0058	3.3884	3.8138	4.2651
	a_0	0.6035	0.6059	0.6109	0.6172	0.6255	0.6355	0.6465	0.6622	0.6782	0.6972	0.7190	0.7430	0.7717	0.8057
225	K	0.2899	0.5812	0.8804	1.1858	1.5023	1.8315	2.1738	2.5446	2.9318	3.3489	3.7990	4.2826	4.8188	5.3892
	a_0	0.6027	0.6050	0.6100	0.6165	0.6250	0.6350	0.6460	0.6615	0.6775	0.6965	0.7180	0.7420	0.7705	0.8045
250	K	0.3575	0.7175	1.0852	1.4623	1.8531	2.2593	2.6816	3.1382	3.6159	4.1303	4.6835	5.2801	5.9398	6.6434
	a_0	0.6018	0.6040	0.6090	0.6157	0.6245	0.6345	0.6455	0.6608	0.6768	0.6958	0.7170	0.7410	0.7693	0.8033
275	K	0.4318	0.8639	1.3109	1.7710	2.2406	2.7316	3.2422	3.7932	4.3706	4.9926	5.6663	6.3803	7.1760	8.0264
	a_0	0.6010	0.6030	0.6080	0.6150	0.6240	0.6340	0.6450	0.6600	0.6760	0.6950	0.7160	0.7400	0.7680	0.8020
300	K	0.5132	1.0298	1.5576	2.1006	2.6642	3.2483	3.8555	4.5087	5.1953	5.9347	6.7255	7.5828	8.5255	9.5366

注: D 小于等于 300 mm 时, a_0 值采用内插法求得; D 大于 300 mm 时, a_0 值采用 D-300 mm 时的值。

表 11 - 3　压 力 校 正 系 数 δ_p 值

压力 p_T mmHg	kPa	δ_p	压力 p_T mmHg	kPa	δ_p	压力 p_T mmHg	kPa	δ_p	压力 p_T mmHg	kPa	δ_p	压力 p_T mmHg	kPa	δ_p
150	19.99	0.444	225	29.99	0.544	300	39.99	0.629	375	49.99	0.702	450	59.99	0.769
155	20.66	0.452	230	30.66	0.550	305	40.66	0.633	380	50.66	0.707	455	60.66	0.774
160	21.33	0.458	235	31.33	0.556	310	41.33	0.639	385	51.33	0.712	460	61.33	0.778
165	21.99	0.466	240	31.99	0.562	315	41.99	0.643	390	51.99	0.716	465	61.99	0.782
170	22.66	0.472	245	32.66	0.568	320	42.66	0.649	395	52.66	0.720	470	62.66	0.786
175	23.33	0.480	250	33.33	0.574	325	43.33	0.654	400	53.33	0.725	475	63.33	0.791
180	23.99	0.488	255	33.99	0.579	330	43.99	0.659	405	53.99	0.729	480	63.99	0.794
185	24.66	0.493	260	34.66	0.585	335	44.66	0.663	410	54.66	0.734	485	64.66	0.799
190	25.33	0.500	265	35.33	0.590	340	45.33	0.669	415	55.33	0.739	490	65.33	0.803
195	25.99	0.506	270	35.99	0.596	345	45.99	0.674	420	55.99	0.743	495	65.99	0.807
200	26.66	0.513	275	36.66	0.601	350	46.66	0.678	425	56.66	0.748	500	66.66	0.811
205	27.33	0.519	280	37.33	0.607	355	47.33	0.683	430	57.33	0.752	505	67.33	0.815
210	27.99	0.525	285	37.99	0.612	360	47.99	0.689	435	57.99	0.756	510	67.99	0.819
215	28.66	0.532	290	38.66	0.617	365	48.66	0.693	440	58.66	0.761	515	68.66	0.823
220	29.33	0.538	295	39.33	0.623	370	49.33	0.698	445	59.33	0.765	520	69.33	0.827

表 11 - 3（续）

压力 p_T mmHg	kPa	δ_P	压力 p_T mmHg	kPa	δ_P	压力 p_T mmHg	kPa	δ_P	压力 p_T mmHg	kPa	δ_P	压力 p_T mmHg	kPa	δ_P
525	69.99	0.831	600	79.99	0.889	675	89.99	0.942	750	99.99	0.993	825	109.99	1.040
530	70.66	0.835	605	80.66	0.892	680	90.66	0.946	755	100.66	0.997	830	110.66	1.043
535	71.33	0.839	610	81.33	0.896	685	91.33	0.949	760	101.33	1.000	835	111.33	1.047
540	71.99	0.843	615	81.99	0.900	690	91.99	0.953	765	101.99	1.003	840	111.99	1.050
545	72.66	0.847	620	82.66	0.903	695	92.66	0.956	770	102.66	1.006	845	112.66	1.053
550	73.33	0.850	625	83.33	0.907	700	93.33	0.960	775	103.33	1.009	850	113.33	1.056
555	73.99	0.854	630	83.99	0.910	705	93.99	0.963	780	103.99	1.013	855	113.99	1.059
560	74.66	0.868	635	84.66	0.914	710	94.66	0.967	785	104.66	1.016	860	114.66	1.062
565	75.33	0.862	640	85.33	0.918	715	95.33	0.970	790	105.33	1.019	865	115.33	1.065
570	75.99	0.866	645	85.99	0.922	720	95.99	0.973	795	105.99	1.023	870	115.99	1.068
575	76.66	0.870	650	86.66	0.925	725	96.66	0.977	800	106.66	1.026	875	116.66	1.071
580	77.33	0.874	655	87.33	0.928	730	97.33	0.980	805	107.33	1.029	880	117.33	1.074
585	77.99	0.878	660	87.99	0.932	735	97.99	0.984	810	107.99	1.031	885	117.99	1.077
590	78.66	0.881	665	88.66	0.935	740	98.66	0.987	815	108.66	1.034	890	118.66	1.080
595	79.33	0.886	670	89.33	0.939	745	99.33	0.990	820	109.33	1.037	895	119.33	1.083

  d——孔板孔径；

  D——管道直径，m；

  Δh——在孔板前后端所测的压差，Pa；

  δ_T——温度校正系数；

  δ_p——压力校正系数；

  b——瓦斯浓度校正系数。

3. 孔板流量计测定瓦斯流量的方法

应用孔板流量计来测定、计算管道内的瓦斯流量时，必须同时测量如下参数：

（1）孔板前后端的压差值。

（2）测量地点的大气压力值。

（3）管道内的气体压力值，正压或负压。

（4）管道内的气体温度。

（5）管道内的瓦斯浓度。

通过测定上述有关参数，并将有关测定值代入式（11-2），同时选取表11-2至表11-5中的参数，则可计算出管道中的瓦斯流量。

表11-4 瓦斯浓度校正系数 b 值

瓦斯浓度 X $(X = e + f)$ /%		f								
		0	1	2	3	4	5	6	7	8	9
e	0	1.000	1.002	1.004	1.007	1.009	1.011	1.014	1.016	1.019	1.021
	10	1.024	1.026	1.028	1.031	1.032	1.035	1.038	1.040	1.043	1.054
	20	1.048	1.050	1.053	1.056	1.058	1.060	1.063	1.066	1.068	1.071
	30	1.074	1.077	1.080	1.082	1.085	1.088	1.091	1.095	1.097	1.100
	40	1.103	1.106	1.109	1.113	1.116	1.119	1.122	1.125	1.128	1.131
	50	1.134	1.137	1.141	1.144	1.148	1.151	1.154	1.158	1.162	1.164
	60	1.168	1.172	1.176	1.179	1.182	1.186	1.190	1.194	1.198	1.202
	70	1.206	1.210	1.214	1.220	1.222	1.225	1.229	1.234	1.238	1.243
	80	1.247	1.251	1.256	1.260	1.263	1.269	1.274	1.278	1.283	1.287
	90	1.292	1.297	1.302	1.308	1.313	1.318	1.324	1.328	1.334	1.339
	100	1.344									

表11-5 温度校正系数 δ_T 值

温度 T $(T = t_1 + t_2)$/℃		t_1								
		0	1	2	3	4	5	6	7	8	9
t_2	40	0.968	0.966	0.964	0.963	0.961	0.960	0.958	0.957	0.955	0.954
	30	0.983	0.982	0.980	0.979	0.977	0.975	0.974	0.972	0.971	0.969
	20	1.000	0.998	0.997	0.995	0.993	0.992	0.990	0.988	0.987	0.985
	10	1.017	1.016	1.014	1.012	1.010	1.008	1.007	1.005	1.003	1.001

表 11 - 5（续）

温度 T $(T = t_1 + t_2)$/℃		t_1									
		0	1	2	3	4	5	6	7	8	9
t_2	0	1.035	1.034	1.033	1.032	1.029	1.027	1.025	1.023	1.021	1.019
	-0	1.035	1.037	1.039	1.041	1.043	1.045	1.047	1.049	1.052	1.054
	-10	1.056	1.058	1.059	1.061	1.063	1.066	1.068	1.070	1.072	1.074
	-20	1.076	1.078	1.080	1.083	1.085	1.086	1.089	1.091	1.094	1.095
	-30	1.098	1.099	1.103	1.105	1.108	1.109	1.112	1.115	1.117	1.119
	-40	1.122	1.123	1.126	1.129	1.131	1.133	1.136	1.139	1.141	1.143

4. 瓦斯流量计算实例

例如，某矿抽采瓦斯支管直径 $D = 38$ mm，安装孔板流量计的孔板孔径 $d = 12$ mm。测得孔板压差 $\Delta h = 98.1$ Pa，管内的瓦斯浓度 $X = 50\%$。测定地点的大气压力 $p_D = 82.66$ kPa，瓦斯管内负压 $p_G = 1.33$ kPa，管内瓦斯温度 $t = 25$ ℃，试计算抽采的混合瓦斯量 Q 和纯瓦斯量 Q_c。

解：

（1）求算孔板实际流量特性系数 K：

$$m = \left(\frac{d}{D}\right)^2 = \left(\frac{12}{38}\right)^2 = 0.0997 \approx 0.1$$

根据 m 和 D 值，查表 11 - 2，得 $K = 0.0169$。

（2）计算混合瓦斯量：

由 $X = 50\%$，查表 11 - 4，得 $b = 1.134$；由 $t = 25$ ℃，查表 11 - 5，得 $\delta_T = 0.992$。则

$$p_T = p_D - p_G = (82.66 - 1.33)\text{kPa} = 81.33 \text{ kPa}$$

查表 11 - 3，得 $\delta_p = 0.896$，则

$$Q = \frac{1}{\sqrt{9.8}} Kb\sqrt{\Delta h}\delta_T\delta_p = \left(\frac{1}{\sqrt{9.8}} \times 0.0169 \times 1.134\sqrt{98.1} \times 0.992 \times 0.896\right)\text{m}^3/\text{min}$$

$$= 0.054 \text{ m}^3/\text{min}$$

（3）计算纯瓦斯量 Q_c：

$$Q_c = Q \times 0.5 = 0.027 \text{ m}^3/\text{min}$$

五、有关设置井下临时抽采瓦斯泵站的规定

根据《煤矿安全规程》第一百四十七条，设置井下临时抽采瓦斯泵站时，应遵守下列规定：

（1）临时抽采瓦斯泵站应安设在抽采瓦斯地点附近的新鲜风流中。

（2）抽出的瓦斯可引排到地面、总回风巷、一翼回风巷或分区回风巷，但必须保证稀释后风流中的瓦斯浓度不超限。在建有地面永久抽采系统的矿井，临时泵站抽出的瓦斯可送至永久抽采系统的管路，但矿井抽采系统的瓦斯浓度必须符合本规程第一百四十八条的规定。

（3）抽出的瓦斯排入回风巷时，在排瓦斯管路出口必须设置栅栏、悬挂警戒牌等。栅栏设置的位置是上风侧距管路出口5 m、下风侧距管路出口30 m，两栅栏间禁止任何作业。

（4）在下风侧栅栏外必须设甲烷断电仪或矿井安全监控系统的甲烷传感器，巷道风流中瓦斯浓度超限时，实现报警、断电，并进行处理。

六、防止瓦斯抽采管路积水的措施

瓦斯管路要敷设在曲线段最少、距离最短、矿车不经常通过的巷道中，并架设一定高度和固定在巷壁上，以免水淹腐蚀管路。为了及时排除瓦斯抽采管路中的积水，防止抽采管路中积水的存在，应在抽采管路下弯处安设放水器。

抽采瓦斯管路工作时，不断有水积存在管路的低洼处，为减少阻力，保证管路安全有效的工作，应及时排放积水。因此在瓦斯抽采管路中每200～300 m（最长不超过500 m）的低洼处应安设一只放水器。放水器有人工放水器（图11-15）与自动放水器两大类。

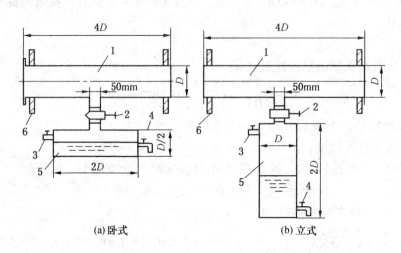

1—瓦斯管路；2—阀门；3—空气入口阀门；4—放水阀门；5—放水器；6—法兰盘

图11-15　人工放水器结构示意图

人工放水器放水操作过程：管路工作时，放水器的阀门3、4关闭，阀门2开启，管路积水流入位置较低的放水器内。当放水时，首先关闭阀门2，切断负压，打开阀门3、4，放水器内的积水自动流出，水放完后，关闭阀门3、4，打开阀门2。

负压自动放水器如图11-16所示。这种放水器的每个工作循环由积水与放水两个阶段组成。在积水阶段开始时，浮筒与托盘在其重力作用下处于最低位置，进水阀口敞开，在抽采负压作用下，大气进气口与放水阀门均处于关闭状态，抽采管路的积水通过进水口流入放水器。随着积水的增加，水位上升，当水位上升到足以浮起浮筒的高度时，浮筒便随着水位的上升沿着导向杆上浮，当浮筒碰到托盘时，浮筒暂停上升。水位继续上升，浮筒浮力不断增大，当浮力大于浮筒、托盘和导向杆重力之和时，浮筒又随着水位上升而继续上升。浮筒上升到固定在托盘上的导向杆顶开通大气的密封球阀时，大气进入放水器，改变了筒内的负压状态，同时托盘上的磁铁与固定在上盖上的磁铁之间的距离也达到规定值，在磁力作用下，托盘与导间杆突然被吸起，进水阀口被托盘上的胶垫堵头堵死，使放水器与负压管路隔绝而仅与大气相通，积水阶段结束而放水阶段开始。当筒内气压与静水压力之和能把放水阀密封球打开时，便把筒内的积水放出，水面下降浮筒也随之下降，而托盘与导向杆在磁力作用下固定不动。当浮筒下沉碰到中心导向杆上的撞块时，浮筒暂停下沉，随着水位进一步降低，浮筒的浮力也越来越小，当磁力、进水口负压吸力与浮筒浮力承受不了浮筒与托盘等的重力时，托盘与中心导向杆等被拉下，从而使放水器重新与抽采管相通，同时进气阀与放水阀关闭，放水阶段终止，积水阶段开始。每次放水量的大小取决于放水器的容积和抽采负压。负压越高，一次放水量越大，反之亦然。

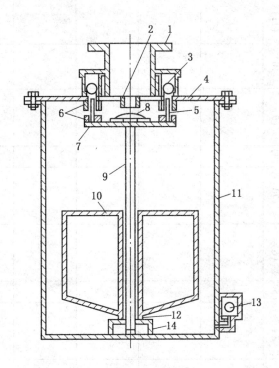

1—进水管；2—进水口；3—通大气阀；4—外筒盖；5—侧面导向杆；
6—磁铁；7—托盘；8—胶垫堵头；9—中心导向杆；10—浮筒；
11—外筒；12—挡环；13—放水阀；14—导向座
图 11-16　负压自动放水器结构示意图

第六节　瓦斯等级鉴定

瓦斯等级鉴定的基础表格格式、内容见表 11-6。每一测点所测定的瓦斯和二氧化碳的基础数据，应按表 11-6 的格式填写，采用四班制的矿井应按四班制绘制，进风流有瓦斯时应增加进风巷的测点数据。

表 11-6　瓦斯和二氧化碳涌出量测定基础数据表

××集团公司×××矿×××井　　　　年　月　日

序号	测点名称	气体名称	句别日期	第 一 班			第 二 班			第 三 班			三班平均风量/ (m³·min⁻¹)	抽采瓦斯量/ (m³·min⁻¹)	总涌出量/ (m³·min⁻¹)	月工作日/ t	月产煤量/ t	气温/ ℃	湿度/ %	气压/ Pa	说明
				风量/ (m³·min⁻¹)	浓度/ %	涌出量/ (m³·min⁻¹)	风量/ (m³·min⁻¹)	浓度/ %	涌出量/ (m³·min⁻¹)	风量/ (m³·min⁻¹)	浓度/ %	涌出量/ (m³·min⁻¹)									
				(1)	(2)	(3)	(4)	(5)	(6)	(7)	(8)	(9)	(10)	(11)	(12)	(13)	(14)				
		CH_4	上																		
			中																		
			下																		
		CO_2	上																		
			中																		
			下																		

第十二章　矿井火灾、粉尘防治

第一节　防治煤炭自燃

一、火风压及其危害

1. 火风压

发生火灾时，高温烟流流过巷道内的空气成分和温度都发生了变化，导致该活动空气密度发生变化，当流经倾斜或垂直巷道时，形成与自然风压作用相仿的附加风压。所谓火风压就是指烟流流经有高差的巷道时，由于风流温度升高和空气成分变化等原因而引起该巷道位能差的变化值。

2. 火风压的计算方法

图 12 - 1 所示的通风系统中，在 F 点发火，由于火源下风侧 3—4 风路的风温和空气成分发生变化，从而导致其密度减小，该回路产生火风压，根据火风压定义可得

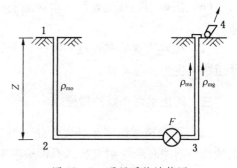

图 12 - 1　通风系统计算图

$$H_火 = 11.77 \Delta h \frac{t_火 - t_0}{T}$$

式中　　$H_火$——火风压，Pa；

　　　　Δh——回路的高差，m；

　　　　t_0、$t_火$——火灾前、后空气温度，℃；

　　　　T——绝对温度与 $t_火$ 之和。

3. 火风压的特性

（1）火风压产生于烟流流过的有高差的倾斜或垂直巷道中。

（2）火风压的作用相当于在高温烟流流过的风路上安设了一系列辅助通风机。

（3）火风压的作用方向总是向上。

因此，当其产生于上行通风巷道时，作用方向与主要通风机风压相同；产生于下行通风巷道时，作用方向与主要通风机风压相反，成为通风阻力，称之为负火风压。火风压的大小和方向取决于烟气流过巷道的高度、通过火源的风量、巷道倾角、火源温度和火源产生的位置。

4. 火风压的危害

（1）使矿井原有通风系统遭到破坏。

（2）使风量增加或减少。

（3）使局部地区风流逆转。

（4）造成井下人员伤亡。

（5）造成灾害的扩大，增加灭火难度。

二、处理煤巷或半煤岩巷发火点的一般方法

（1）注水降温。其优点是经济实用，来源广泛、操作简单、注水方便；缺点是淋水大、易垮落。

（2）注浆封堵。其优点是经济实用，材料来源广泛；缺点是容易形成拉沟现象，不能向高处堆积。

（3）充氮气隔绝。其优点是可使防治区域缺氧惰化，迅速灭火；可造成防治区域正压，能防止或杜绝新鲜空气流入；具有降温作用；扩散半径大，惰化覆盖面广；无腐蚀或不损坏综采设备。缺点是氮气在防治区滞留的时间不是太长，氮气易遗失；氮气能迅速遏制火灾，但灭火降温困难，使火区完全熄灭时间相当长；具有窒息性，对人体有害。

（4）凝胶封注。其优点是吸水性大，对可见火源灭火速度快；缺点是流量小，价格高，有效覆盖范围小。

（5）三相泡沫。其优点是可向采空区高处堆积；水浆成为泡沫，可避免浆体的流失；粉煤灰或黄泥固体颗粒的分布更为均匀，提高了防灭火的有效性；氮气被封装在泡沫之中，能较长时间滞留在采空区中；泡沫堆积没有安全隐患，还不会发生溃浆。

（6）阻燃剂。其优点是保水吸湿能力强，价格低廉；缺点是腐蚀设备，危害人体健康。

（7）隔绝灭火。其优点是及时封闭，断绝供氧条件，效率高，效果好；缺点是封闭巷道影响生产，时间长。

三、防止引燃瓦斯的措施

（1）严禁携带烟草和点火物品下井；必须有防止烟火进入井筒的安全措施；井下严禁使用灯泡取暖和使用电炉；不得从事电焊、气焊和喷灯焊接等工作；井口房、通风机房和抽采瓦斯泵房周围 20 m 范围以内严禁有明火；矿灯应完好，否则不得发出；严禁在井下拆开、敲打、撞击矿灯；严格井下火区管理。

（2）在有瓦斯和煤尘爆炸危险的煤层中，采掘工作面使用煤矿安全炸药和瞬发电雷管；使用毫秒延期电雷管时，最后一段的延时不得超过 130 ms，打眼、装药、封泥和爆破必须符合规定要求；严禁裸露爆破；严禁用炮崩落溜煤眼中的煤、矸石。

（3）井下电气设备的选用应符合《煤矿安全规程》的要求，井下不得带电检修、搬迁电气设备；井下防爆电气的运行、维护和修理工作，必须符合防爆性能的各项要求；必须坚持使用局部通风机的三专两闭锁装置。

四、火灾期间的气体监测

1. 直接灭火火源下风侧的气体监测

下风侧监测用以了解爆炸的危险性和直接灭火的效果是很有效的，但也是危险的。若专职救护队员尚未在现场，则应由配备氧气呼吸器的兼职救护队员执行监测下风侧气体的

任务，并应用皮带、绳索或电缆作为联络线，首先在一个隔墙的上风侧 3 m 处建立双层风障。该隔墙应有一个便于自动关闭的向下风侧开的风门。隔墙位于下风侧至少 90 m 处，最好达 180 m，可使监测处大气温度低一些。在完成上述工作后，若能保证安全，应监测最远的回风巷（若有几条平行回风巷，监测最远一条可达到最好监测效果）。因为距进风愈近的回风巷，其气体浓度常为隔墙漏风冲淡，而掩盖可能的危险。矿工的位置分布如下：第一名在风障的上风侧，第二名在隔墙（风门）上风侧，第三名进入取样点监测。最好连续监测，也可以每 15 min 测一次，但至少 30 min 监测一次。

2. 直接灭火人员上风侧的气体监测

直接灭火人员上风侧的气体也应监测，用以保证撤退路线的安全。特别是相邻平行巷与着火巷风向相反时，更应如此。当火势发展时，热风压将迫使烟流由上部回风巷经联络巷防火墙（密闭）进入着火巷而切断上风侧灭火人员的退路。主要应检测 CO，当其浓度超过 150×10^{-6} 时，应采取加大进风（在该浓度下，灭火人员可以工作 1 h，然后在新鲜风流区域休息至少 2 h）、佩戴自救器或者撤退的应变措施。

3. 双巷间联络巷的气体监测

为安设喷水管路，在联络巷打开切口前必须监测气体浓度，特别是风流方向，若随意开切口，可能出现高温烟流扑面的危险，要仔细观察，倾听漏风方向。若未带发烟管也可用粉笔、岩粉检查风流方向。还应注意不同联络巷的风流方向可能不同，要检测每一联络巷的风向及变化。

4. 巷道顶板稳定性的观察

由于高温烟流可能破坏火源上、下风侧巷道的顶板，所以直接灭火人员应经常观察顶板的稳定性。如前所述，在回风侧检测 CH_4 和 CO 浓度，不要仅注意单个浓度值多高，还要看其浓度增高的趋势。若检测 CO_2 浓度，要查清 CO_2 的来源是来自火源还是来自采空区。CO/CO_2 的比率是决策的可靠依据之一。这个比值不会受风流稀释的影响。例如，当风量增加 2 倍时，CO 和 CO_2 浓度会降低 2 倍，但 CO/CO_2 的浓度比值不变，该比值随火源大小和温度增加而增加。

五、检查处理煤巷或半煤岩巷发火点的一般方法

1. 寻找发火点的一般方法

（1）煤炭自然发火在发生明火之前，火源附近顶板下的空气温度已超过正常温度，一般在 25 ~ 35 ℃以上，并能测出微量的一氧化碳，这是发火的一个显著标志。

（2）在巷道煤柱中发火时，火源大部分处于离巷道顶板上帮的表面 0.5 ~ 5 m 深的地方，很少发生在下帮。产生的火烟则由火源附近的裂缝涌出，沿着风流方向在巷道的上部流动，这时可根据火烟气味或烟流方向去寻找火源，在确保人的安全条件下，最好是逆着风向寻找火源。

（3）当火风压很大，已经发生了风流逆转，而且井下某一区域已经形成火烟弥漫时，逆转的风路里的火烟流向就可以比较确切地指示出发火地点。

2. 用直观感觉识别自然发火

根据自然发火征兆，可以通过直观感觉来识别发火，其主要方法如下：

（1）嗅觉法。如果在井下闻到煤油、汽油、松节油或焦油气味，就表明风流上方某地点煤炭自燃已发展到自热后期，这些气味是煤炭低温干馏产物（如芳香烃）散发出来的。这是寻找高温点或圈定高温区的常用方法，这种方法既可靠又容易掌握。但有些矿井的煤层在自热后期散发的气味不明显，因此还需掌握其他方法。

（2）观察法。如果发现巷道中出现雾气或巷道周壁及支架上出现水珠（工人常称为煤壁"出汗"），则表明煤壁内部可能发生煤炭自热。应注意利用其他方法判别煤炭是否开始自燃。

（3）体感法。一是用手触摸煤壁或触摸从煤壁处渗出的水，若温度比平时高，说明煤炭可能自热或内燃；二是当人接近火区附近（如在火区的回风侧）时，因氧含量减少，有毒有害气体含量增加等原因，会有头痛、闷热、精神疲乏、皮肤微痛等不舒适的感觉，此时应引起注意，并马上检查风流中一氧化碳和二氧化碳的浓度，若比平时高，则说明煤炭已经开始自燃。

3. 测定空气和围岩温度

（1）直接测温法。直接测温法是将测温传感器直接放入测温钻孔中或埋在采空区内测定煤岩体温度的方法，常采用的是热电偶和热敏电阻。直接测温时采空区顶板的垮落或底板裂变易引起测温仪表和导线的破坏和折断，即使用钢套管作保护也易被损坏。

（2）间接测温法。间接测温法主要有无线电测温法、气味剂法和红外辐射测温法等。

无线电测温方法是将含有热记录装置的无线电传感器埋入采空区，根据测得的热量发射出无线电信号，无线电传感器受采空区高湿恶劣环境影响难以成功应用。

气味剂法是将含有低沸点和高蒸气压并具有浓烈气味的液态物质，如硫醇和紫罗兰酮等，将其封装在胶囊中，在设定的高温下，胶囊破裂而发出气味。气味剂法因靠漏风传播气味，移动速度慢，分布区域小，较难测取。

红外辐射测温法则是通过测定巷道壁面的红外辐射能量而测定出煤壁表面温度的方法。当火源离巷道表面较远时，红外辐射测温仪因接触不到热表面就无能为力了。

六、气样采集

1. 采集气样的方法

采集气样之前，首先对球胆进行冲洗。其方法是把预测地点的气体通过采样器压入球胆内，球胆中部膨胀厚度不小于5 cm。左手拿球胆底部，将球胆平放在大腿上，右手由上向下挤压球胆，排出球胆内气体，如此操作3次冲洗球胆。

2. 密闭内气样采集

进入密闭前栅栏外，首先观察密闭外U形压差计，判断密闭是进风还是出风，如果密闭前没有U形压差计，可用微风管或粉笔末检查该密闭是进风还是出风。

（1）密闭进风时的采样：将取样胶管通过测气孔送入密闭内，或将胶管连接在留好的管子上，在胶管四周用黄泥或其他材料堵严实。不得使密闭外新鲜空气混入气样中，用采样器抽拉10~15次后，即可对冲洗的球胆采集气样，将球胆充足充饱，用夹子夹紧球胆口，并填写采样记录，将标签贴在球胆上。

（2）密闭出风时的采样：将取样胶管通过测气孔送入密闭内，或将胶管直接连接在留好的管子上，在胶管四周用黄泥或其他材料堵严实，用采样器抽拉4~6次后，对冲洗过的采样球胆充气采样，应将采样球胆充足充饱，用夹子夹紧球胆口，并填写采样记录等。

3. 工作面上隅角及巷道冒高处取样要求

将取样杆送至顶板 10 ~ 20 cm 外，用取样器取样，视采样空间大小、气体来源等情况，具体决定抽拉次数和对球胆的冲洗次数，在取样的同时测量温度，应将球胆充足充饱后，用夹子夹紧球胆口，详细观察该地点有无积热现象和自燃征兆，并作详细记录。

4. 工作面回风巷、运输巷后部采空区取样要求

取样杆送入后部采空区，用采样器抽拉 4 ~ 6 次后取样，在取样的同时测量温度，将球胆冲洗后方可取样，并仔细观察有无自燃征兆和积热现象，要作详细记录。

5. 工作面进、回风流中及工作面架间取样要求

（1）在工作面进、回风流中取样时，应将取样杆置于巷道上方，取样位置视现场情况而定，一般应设在终采线附近，在取样的同时测量温度。用取样器取样时，应将球胆按要求冲洗后，方可取样。

（2）架间取样，应将取样杆置于工作面后部采空区或顶板上方。在取样的同时测量温度。将球胆按要求冲洗后再取样，应对工作面进行观察有无积热、气味异常等现象，并作详细记录。

6. 探气孔（钻孔）取样要求

用细竿或其他材料将胶管送入探气孔内（长度不少于 1 m），并用黄泥将胶管周围堵严实。确保外部气体不得进入，用采样器抽拉 10 ~ 15 次，将球胆按要求冲洗后方可取样。取样后要及时用棉纱等封实探气孔。

采样后，应将球胆口绑扎牢固，以免漏气，应及时将气样送化验室进行气体分析，自采样到气体分析间隔时间不得超过 10 h。送样时向值班人员汇报现场情况，并认真填写取样时间地点、对应球胆号、温度等。

7. 气体采集注意事项

（1）井下测温、采集气体时，要首先注意观察采集地点巷道的顶、帮支护情况。

（2）采集火区及可疑发火的地点时，必须携带多功能报警仪（一氧化碳、氧气、甲烷报警仪），要两人同行，两人隔一定距离，边检查边进入。

（3）进入检查地点后，应先检查风流上风侧瓦斯及一氧化碳浓度，然后检查下风侧气体，按顺风方向进入检查采集区域。

（4）进入火区测温、取气样发现异常现象应立即退出，落实情况后再进行采集。

（5）带齐所需设备，如采样器、气囊、胶管和连接器等，采气样时要检查好工具，防止跑、漏气。

8. 密闭内外气体测量注意事项

检查密闭时要严格按规定操作，发现现场有安全隐患，要先消除隐患再进行检查。不得盲目进入栅栏内检查，应首先把连接瓦斯入口的橡胶管或瓦斯检测仪伸入栅栏内测定地点，在有冒顶的巷道中，要将橡胶管伸入冒顶高处，由低到高逐渐向上检查，检查人员的头部不得伸入栅栏内，以防缺氧窒息。在瓦斯积聚区测量瓦斯浓度时，用瓦斯检测仪取样后，要在新鲜风流中读数。当栅栏内和密闭外瓦斯及其他有害气体及温度情况都正常，氧气浓度大于 18%，气体浓度没有超过《煤矿安全规程》第一百条的规定时，方可进入栅栏内检查、测定密闭观测孔及密闭周围的有害气体及温度情况。检查完成后，要及时将结果填写到瓦斯检查工手册，所填写的数据要向通风调度汇报，上井后填写防火检查班报。

当栅栏内瓦斯浓度达到 3%、氧气浓度低于 18% 或其他气体浓度超过《煤矿安全规程》规定时，必须停止到栅栏内检查，揭示警标，禁止人员入内。如果栅栏内局部瓦斯积聚浓度达到 2%、体积超过 0.5 m³，要停止附近 20 m 内的工作，撤出人员，切断电源，并报告矿调度室。

七、检测火区（发火隐患区域）空间有毒有害气体注意事项

（1）检查火区及可疑发火的地点时，必须两人同行。进入检查地点后，应先检查风流上风侧的瓦斯及一氧化碳浓度，然后逐步检查下风侧，按顺风方向进入检查区域。进入火区后，两人应相隔一定距离（5 m 左右），边检查边进入，并根据平时资料确定检查方式（即是一步一检查还是几步一检查），禁止不经检查直接闯入；当发现有异常现象时，应立即退出，并设好栅栏、警标，同时汇报有关领导采取措施进行处理。

（2）在对采空区密闭、废弃巷道、盲巷等进行检查时，在确认顶板支架完好、没有冒落危险的基础上，同时检测氧气、瓦斯、二氧化碳、一氧化碳浓度，以确保检测人员安全。火区密闭要检查墙温、气温、水温及各种气体浓度的变化，重点掌握一氧化碳浓度的变化。检查时，发现有人工作的地点或回风流中一氧化碳浓度超过 24×10^{-6} 时，要将人员撤出，在适当地点设好栅栏，并向通风区及矿调度室汇报。严禁佩戴自救器检查火区或探险。

（3）冒高地点应挂牌管理，按规定进行检查，检查时要用长把工具。发现温度高于常温且有上升趋势或有微量一氧化碳时，应增加观察次数，并向有关领导汇报，以便采取有效措施。

（4）用球胆采取气样时，下井前要保证球胆不漏气，吸气球完好。

（5）取样前必须将球胆中的气体排出，特别是原来盛过较高浓度的有害气体时，应用新鲜空气将其冲洗干净。

（6）取样数量以充满球胆为宜，应避免因气体太多、压力太大而鼓破球胆。

（7）采样后，应将球胆口绑扎牢固，以避免漏气，并及时将气样送通风化验室进行化验，自采样到化验的间隔时间不得超过 10 h。

（8）根据检测记录的数据，每天在坐标纸上描出一氧化碳、二氧化碳、氧气等气体浓度的变化曲线。

（9）对爆破地点的炮烟影响、高浓度二氧化碳对一氧化碳的干扰等，要根据该处一氧化碳有无上升趋势进行正确判断，防止误报，必要时可用色谱仪进行分析对照。

（10）定期向工程技术人员汇报检测情况。

第二节　矿井粉尘治理技术

一、减尘技术

减尘是指减少和抑制尘源产尘，从而减少井下空气中煤尘的浓度。减尘的目的：一是减少产尘总量和产尘强度，二是减少呼吸性粉尘所占的比例。它是防尘技术措施中最积极最有效的措施，主要通过向煤（岩）层注水、采空区灌水、湿式作业等实现。

（一）煤层注水

煤层注水是在采煤和掘进之前，利用钻孔向煤层注入压力水，使水沿着煤层的层理、节理或裂隙向四周扩散并渗入煤体中的微孔中去，增加煤的水分，使煤体和其内部的原生煤尘都得到预先润湿。同时，使煤体的塑性增强，以减少采掘时生成煤尘的数量。煤层注水是防治煤尘的一项根本措施。

1. 钻孔布置方式

煤层注水的方式有长钻孔注水（图 12 - 2）、短钻孔注水、深孔注水和巷道钻孔注水（图 12 - 3）等多种方式。

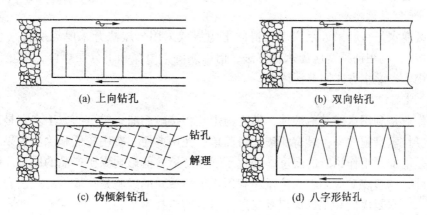

(a) 上向钻孔　　　　　　　　　(b) 双向钻孔

(c) 伪倾斜钻孔　　　　　　　　(d) 八字形钻孔

图 12 - 2　长钻孔注水

2. 封孔

封孔深度和封孔质量是煤层注水的重要环节。封孔深度应超过沿巷道边缘煤体的卸压带宽度，一般不小于 6 m，当注水压力大于 2.5 MPa 时，应大于 6 ~ 20 m。

封孔方法有两种：一种是水泥砂浆封孔，另一种是封孔器封孔。

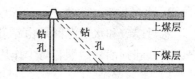

图 12 - 3　巷道钻孔注水

3. 注水

（1）注水方法。一是利用矿井地面储水池，通过井下供水管网实施静压注水；二是利用井下的水泵实施动压注水。

（2）注水压力。注水压力的高低取决于煤层透水性的强弱和钻孔的注水速度。通常，透水性强的煤层采用低压（小于 3 MPa）注水，透水性较弱的煤层采用中压（3 ~ 10 MPa）注水，必要时可采用高压注水（大于 10 MPa）。

（3）注水速度（注水流量）。一般来说，小流量注水对煤层湿润效果最好，只要时间允许，就应采用小流量注水。静压注水速度一般为 0.001 ~ 0.027 m^3/（h·m），动压注水速度为 0.002 ~ 0.24 m^3/（h·m）。若静压注水速度太低，可在注水前进行孔内爆破，提高钻孔的透水能力，然后再进行注水。

（4）注水量。一般来说，中厚煤层的吨煤注水量为 0.015 ~ 0.03 m^3/t，厚煤层的吨煤注水量为 0.025 ~ 0.04 m^3/t。机采工作面及水量流失率大的煤层取上限值，炮采工作面及水量流失率小或产量较小的煤层取下限值。

4. 煤层注水效果

在实际注水中，常把在预定的湿润范围内煤壁出现均匀"出汗"（渗出水珠）的现象，作为判断煤体是否全面湿润的辅助方法。煤层注水使煤体内的水分增加。一般来说，当水分增加1%时，就可以收到降尘效果。水分增加量越大，效果越好。

影响煤层注水效果的因素有如下几个方面：

（1）煤层的裂隙及孔隙的发育程度。

（2）煤层的埋藏深度和地压的集中程度，埋藏越深，地压越集中的地方，煤层的孔隙被压紧，透水性越差。

（二）采空区灌水

采空区灌水是在开采近距离煤层群的上组煤或采用分层法开采厚煤层时（包括急倾斜水平分层），利用往采空区灌水的方法，借以润湿下组煤和下分层煤体，防止开采时生成大量的煤尘，灌水方式同黄泥灌浆。

（三）湿式作业

湿式作业是利用水或其他液体，使之与尘粒相接触而捕集粉尘的方法。它是矿井综合防尘的主要技术措施之一，具有所需设备简单、使用方便、费用较低和除尘效果较好等优点。缺点是增加了工作场所的湿度，恶化了工作环境，能影响煤矿产品的质量，除缺水和严寒地区外，一般煤矿应用较为广泛，我国煤矿较成熟的经验是采取以湿式凿岩为主，配合喷雾洒水、水封爆破和水炮泥以及煤层注水等防尘技术措施。

1. 湿式凿岩、钻眼

该方法的实质是指在凿岩和打钻过程中，将压力水通过凿岩机、钻杆送入并充满孔底，以湿润、冲洗和排出产生的粉尘。

2. 水封爆破和水炮泥

水封爆破和水炮泥都是由钻孔注水湿润煤体演变而来的，它是将注水和爆破连接起来，不仅起到消除炮烟和防尘作用，而且还提高了炸药的爆破效果。

1）水封爆破

水封爆破就是在工作面打好炮眼后，先注入压力不超过 5 MPa（50 kg/cm²）的高压水，使之沿煤层节理、裂隙渗透，直到煤壁见水为止。然后装入防水炸药，再将注水器插入炮眼进行水封，如图 12 - 4 所示。

2）水炮泥

水炮泥是用装水塑料袋填于炮眼内代替黏土使用。它是借助炸药爆炸时产生的压力将水压入煤层的裂隙中而进行降尘的，如图 12 - 5 所示。

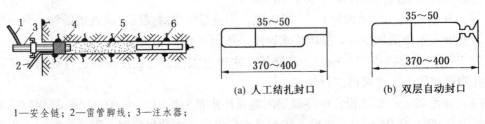

1—安全链；2—雷管脚线；3—注水器；
4—胶圈；5—水；6—炸药
　　图 12 - 4　水封爆破　　　　　　　　图 12 - 5　塑料水炮泥

二、降尘技术

一般采用喷雾洒水来降低浮尘。喷雾洒水
是将压力水通过喷雾器（又称喷嘴），在旋转及
冲击的作用下，使水流雾化成细微的水滴喷射
于空气中，用水湿润、冲洗初生或沉积于煤堆、
岩堆、巷道周壁、支架等处的粉尘。

1. 对产尘源喷雾洒水

（1）掘进机喷雾洒水。掘进机喷雾分内喷
雾和外喷雾两种。外喷雾多用于捕集空气中悬
浮的粉尘，内喷雾则通过掘进机切割机构上的
喷嘴向割落的煤岩处直接喷雾，在粉尘生成的
瞬间将其抑制。较好的内、外喷雾系统可使空
气中含尘量减少 85% ~ 95%。

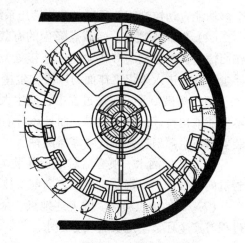

图 12 - 6　采煤机内喷雾示意图

（2）采煤机喷雾洒水。采煤机的喷雾系统分为内喷雾和外喷雾两种方式。采用内喷
雾时，水由安装在截割滚筒上的喷嘴直接向截齿的切割点喷射，可保证在滚筒转动时只向
切割煤体的截齿供水，如图 12 - 6 和图 12 - 7 所示，形成湿式截割。

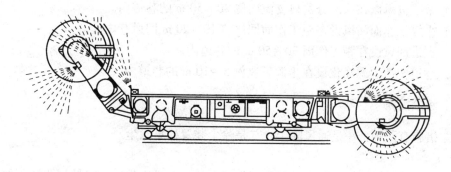

图 12 -7　采煤机外喷雾示意图

（3）液压支架移架和放煤口放煤喷雾洒水（图 12 - 8）。液压支架移架和放煤口放煤
是综采放顶煤工作面仅次于采煤机割煤的两个主要产尘源。采取有效的治理技术加以防治
势在必行。对液压支架移架和放煤口放煤的防尘，主要采取自动喷雾降尘方法，即利用一

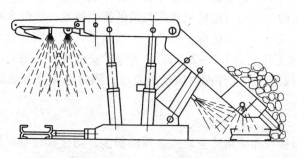

图 12 -8　液压支架喷雾示意图

个多功能自动控制阀并通过与支架液压系统的联动而实现支架移架和放煤喷雾的自动化。

（4）转载点喷雾。转载点降尘的有效方法是封闭加喷雾。通常在转载点（即采煤工作面输送机与运输巷带式输送机连接处）加设半密封罩，罩内安装喷嘴，以消除飞扬的浮尘，降低进入采煤工作面的风流含尘量。

（5）爆破喷雾。爆破过程中，产生大量的粉尘和有毒有害气体，采取爆破喷雾措施，不但能取得良好的降尘效果，而且还可消除炮烟，减轻炮烟的危害，缩短通风时间。喷雾装置有风水喷射器和压气喷雾器两种。

（6）装岩洒水。喷雾器对准铲斗装岩活动区域，射程大体与活动半径一致。随着装岩机向前推进，喷雾器也要随之向前安放。

（7）其他地点喷雾。除上述地点、采煤工艺的喷雾洒水外，在煤仓、溜煤眼及运输过程等产尘环节均应实施喷雾洒水。

2. 巷道水幕净化风流

水幕是净化入风流和降低乏风风流粉尘浓度的有效方法。敷设于巷道顶部或两帮的水管上间隔地安上数个喷雾器进行喷雾可形成水幕。喷雾器的布置应以水幕布满巷道断面、尽可能靠近尘源为原则。净化水幕应安设在支护完好、壁面平整、无断裂破碎的巷道段内。一般安设位置如下：

（1）矿井总进风设在距井口 20～100 m 的巷道内。

（2）采区进风设在风流分岔口支流内侧 20～50 m 的巷道内。

（3）采煤工作面回风设在距工作面回风口 10～20 m 回风巷内。

（4）掘进回风设在距工作面 30～50 m 的巷道内。

（5）巷道中产尘源净化设在尘源下风侧 5～10 m 的巷道内。

三、除尘措施

除尘措施有两种：一是通风除尘，二是除尘装置捕集除尘。

（一）通风除尘

通风除尘是指通过风流的流动将井下作业点的悬浮粉尘带出，降低作业场所的粉尘浓度，因此搞好矿井通风工作能有效地稀释和及时地排出粉尘。

影响通风除尘效果的主要因素是风速及粉尘密度、粒度、形状、湿润程度等。风速过低，粗粒粉尘将与空气分离下沉，不易排出；风速过高，能将落尘扬起，增大矿内空气中的粉尘浓度。因此，通风除尘效果是随风速的增加而逐渐增加的，达到最佳效果后，如果再增大风速，则除尘效果开始降低。排除井巷中的浮尘要有一定的风速。能使呼吸性粉尘保持悬浮并随风流运动而排出的最低风速称为最低排尘风速；能最大限度排除浮尘而又不致使落尘二次飞扬的风速称为最优排尘风速。一般来说，掘进工作面的最优风速为 0.4～0.7 m/s，机械化采煤工作面为 1.5～2.5 m/s。《煤矿安全规程》规定的采掘工作面最高允许风速为 4 m/s，不仅考虑了工作面供风量的要求，同时也充分考虑到煤、岩尘的二次飞扬问题。

1. 一般巷道和工作地点的通风除尘

通风除尘技术是稀释和排出作业地点悬浮的粉尘，防止其过量积聚的有效措施。通风除尘的效果取决于风速和风量。

2. 掘进巷道通风除尘

（1）掘进通风系统。选择合理的掘进除尘系统，是除尘净化技术效果好坏的关键因素。掘进除尘系统有长压短抽通风除尘系统和长抽通风除尘系统两种。

（2）除尘对通风工艺的要求：

①压、抽风筒口相互位置的关系。

②压、抽风量的匹配。

3. 附壁风筒控尘

综掘工作面采用长压短抽混合式通风除尘系统时，通过导风筒直接压入的新鲜风流，常会把掘进机割煤时所产生的煤尘吹扬起来，向四处弥漫，不利于除尘器收尘，影响了除尘效果。为了防止工作面含尘气流向外扩散、停滞，以及瓦斯在巷道顶板的积聚，常在压入式风筒末端安装附壁风筒来改善风流的分布状况。一般常用沿巷道螺旋式出风的附壁风筒，如图 12 - 9 所示。

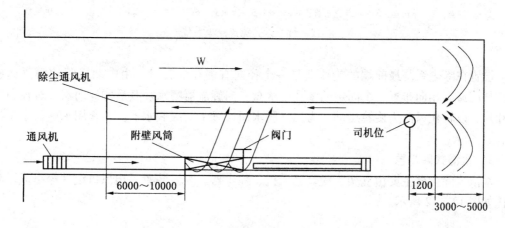

图 12 - 9　附壁风筒控尘布置示意图

（二）除尘装置捕集除尘

所谓除尘装置（或除尘器）是指把气流或空气中含有的固体粒子分离并捕集起来的装置，又称集尘器或捕尘器。多用于煤岩巷掘进工作面。

根据是否利用水或其他液体，除尘装置可分为湿式和干式两大类。

1. 湿式除尘装置

1）湿式振弦栅除尘器

湿式振弦栅除尘器有两种结构形式：一种是固定式振弦栅除尘器，常称为振弦栅除尘器；另一种是旋转式振弦栅除尘器，常称为旋转栅除尘器。

振弦栅结构如图 12 - 10 所示。

旋转栅除尘器只是比振旋栅除尘器多了一个旋转栅，除尘效果有所提高并具有良好的脱水作用，但是工作阻力较大，这是一大缺点。

2）涡流控尘与湿式旋流除尘器

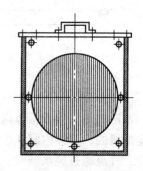

图 12 - 10　振弦栅结构示意图

涡流控尘与湿式旋流除尘器采用涡流控尘和旋流除尘相结合的综合除尘原理来净化机掘（综掘）工作面的含尘气流。

湿式旋流除尘系统主要由电动旋流器、导向装置、脱水器、水箱、污水泵及抽出式局部通风机等组成，如图 12 – 11 所示。

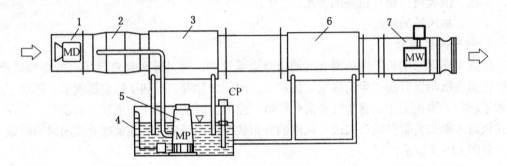

1—旋流器；2—导向器；3—一级脱水器；4—水箱；5—污水泵；6—二级脱水器；7—抽出式局部通风机

图 12 – 11　湿式旋流除尘系统

设置在除尘系统最前端的旋流器是一个径向有多孔的转盘，由电动机驱动而高速旋转，与旋流器相向布置一个固定的多孔喷水盘，向旋流器喷水。其后的导向器装有径向导流叶片，以转化风向为旋转运动。为加强脱水而设置了两级脱水器。喷雾用水由污水泵供给。

3）水浴式除尘器

水浴式除尘器主要由支架、配套通风机、除尘器、喷淋装置、出风口组件等组成，其结构如图 12 – 12 所示。

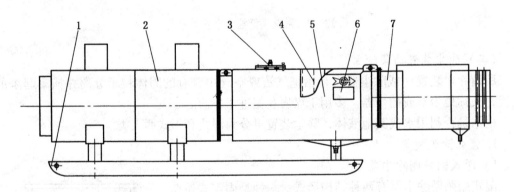

1—支架；2—配套通风机；3—捕尘装置；4—脱水器；5—除尘器箱体；6—铭牌；7—出风口组件

图 12 – 12　水浴式除尘器结构示意图

水浴式除尘器的箱体内设有捕尘装置，使含尘气体通过时与水雾充分融合，达到一级除尘的目的；箱体内同样设有脱水器，通过捕尘装置的气流中含有大量水滴、水雾和少量粉尘，气流通过脱水器时，其中的粉尘被迫与水滴、水雾再次融合，然后由脱水器脱去水滴、水雾，从而达到二级除尘的目的。而外设独特的出风口内设有旋流器，旋流器将剩余部分含尘气体与水滴再次融合，达到三级除尘、净化空气的作用。

2. 干式除尘器

干式除尘是把局部产尘点首先密闭起来，防止粉尘飞扬扩散，然后再将粉尘抽到集尘器内，集尘器将含尘空气中的粗尘阻留，使空气净化的技术措施。常用在缺水或不宜水作业的特殊岩层和遇水膨胀的泥页岩层的干式凿岩及机掘工作面的除尘。

目前，国内矿山使用的干式捕尘凿岩机有带捕尘罩的孔口捕尘凿岩机和不带捕尘罩的孔底捕尘凿岩机两种。孔底捕尘较孔口捕尘的防尘效果高，而且使用方便。干式孔底捕尘又分中心抽尘和旁侧抽尘两种。干式中心捕尘凿岩机工作系统如图 12-13 所示。凿岩时，在干式捕尘器内部压气引射器的作用下，眼底的粉尘被吸进钎杆的中心孔，经过干式凿岩机内的导尘管和输尘胶管，到达干式捕尘器内进行净化捕尘。

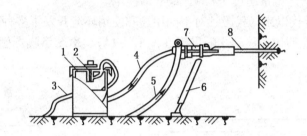

1—干式捕尘器；2—引射器；3—捕尘器压风管；4—输尘胶管；
5—凿岩机压风管；6—气动支架；7—凿岩机；8—钎头
图 12-13 干式中心捕尘凿岩机工作系统

四、防止煤尘爆炸技术

（一）消除落尘

通常情况下，井巷空气中的浮尘一般达不到煤尘爆炸的下限浓度，但当沉积在巷道四周的煤尘，一旦受到震动和冲击再度飞扬起来，将为煤尘爆炸创造条件。据计算，当巷道断面积为 4 m² 、巷道四周沉积的煤尘厚度为 0.05 mm 时，受到冲击波的影响，使其成为悬浮煤尘，即足以达到爆炸下限浓度。《煤矿安全规程》规定：必须及时清除巷道中的浮煤，清扫或冲洗沉积煤尘，定时撒布岩粉；应定期对主要大巷刷浆。从而保证即使沉积的煤尘再度飞扬起来也达不到煤尘爆炸的下限浓度，避免煤尘爆炸事故的发生。

（二）撒布岩粉

惰性岩粉一般为石灰岩粉和泥岩粉。对惰性岩粉的要求如下：

（1）可燃物含量不超过 5%，游离二氧化硅含量不超过 10%。

（2）不含有害有毒物质，吸湿性差。

（3）粒度应全部通过 50 号筛孔（即粒径全部小于 0.3 mm），且其中至少有 70% 能通过 200 号筛孔（即粒径小于 0.075 mm）。

（三）设置隔爆装置

1. 被动隔爆装置

1）水棚

水棚包括水槽棚和水袋棚两种，根据其作用又可分为主要隔爆棚组和辅助隔爆棚组。水棚的设置应符合以下基本要求：

（1）主要隔爆棚组应采用水槽棚，水袋棚只能作为辅助隔爆棚组。

（2）水棚组应设置在巷道的直线段内。其用水量按巷道断面积计算，主要隔爆棚组的用水量不小于 $400\,\mathrm{L/m^2}$（高度大于 4 m 的巷道，应设置双层棚子，上层水棚用水量按 $30\,\mathrm{kg/m^2}$ 计算，下层水棚用水量按 $400\,\mathrm{kg/m^2}$ 计算），辅助水棚组不小于 $200\,\mathrm{L/m^2}$。

（3）相邻水棚组中心距为 0.5 ~ 1.0 m，主要水棚组总长度不小于 30 m，辅助水棚组不小于 20 m。

（4）首列水棚组距工作面的距离，必须保持在 60 ~ 200 m 范围内。

（5）水槽或水袋距顶板、两帮距离不小于 0.1 m，其底部距轨面不小于 1.8 m。

（6）水内如混入煤尘量超过 5% 时，应立即换水。

自 20 世纪 80 年代以来，我国针对不同用途和使用环境开发了多种隔爆水棚，如 PGS 型隔爆水槽棚、KYG 型快速移动式隔爆棚（图 12 - 14）、XGS 型隔爆棚（图 12 - 15）。

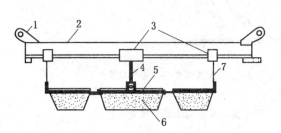

1—单轨吊环；2—单轨；3—移动装置；4—支撑杆；
5—水槽架；6—水槽；7—钢丝绳

图 12 - 14　KYG 型快速移动式隔爆棚

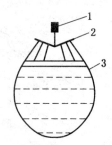

1—夹持器；2—倒"T"形字架；
3—隔爆容器

图 12 - 15　XGS 型隔爆容器

2）岩粉棚

岩粉棚（图 12 - 16）的设置应遵守以下规定：

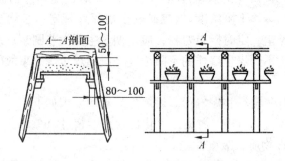

图 12 - 16　岩粉棚

（1）按巷道断面积计算，主要岩粉棚的岩粉量不得少于 $400\,\mathrm{kg/m^2}$，辅助岩粉棚不得少于 $200\,\mathrm{kg/m^2}$。

（2）轻型岩粉棚的排间距为 1.0 ~ 2.0 m，重型岩粉棚的排间距为 1.2 ~ 3.0 m。

（3）岩粉棚的平台与侧帮立柱（或侧帮）的空隙不小于 50 mm，岩粉表面与顶梁（顶板）的空隙不小于 100 mm，岩粉板距轨面不小于 1.8 m。

（4）岩粉棚距可能发生煤尘（瓦斯）爆炸的地点不得小于 60 m，也不得大于 300 m。

（5）岩粉板与台板及支撑板之间，严禁用钉固定，以利于煤尘爆炸时岩粉板有效地翻落。

（6）岩粉棚上的岩粉每月至少检查和分析一次，当岩粉受潮变硬或可燃物含量超过 20% 时，应立即更换，岩粉量减少时应立即补充。

2. 自动隔爆装置

自动隔爆装置是利用传感器探测爆炸信号，触发自带的动力源喷洒消焰剂，形成抑制带。自动隔爆装置主要由传感器、控制仪、喷洒器组成。

1）ZYB – S 型自动产气式隔爆装置

ZYB – S 型自动产气式隔爆装置由实时气体发生器、高压缓冲器、抑爆剂存储器、喷射头、控制盒和 ZW – 1 型紫外线火焰传感器组成（ZW – 1 型紫外线火焰传感器能识别爆炸及燃烧火焰光谱，对日光和矿灯照射等不敏感）。当瓦斯或煤尘爆炸或着火时，火焰传感器接收到火焰信号，并传输到隔爆装置控制盒中，控制盒给出触发信号，实时气体发生器快速产生并迅速释放大量气体，高压气体经缓冲器调整后，在抑爆剂存储器中形成粉气混合物，最后经喷射头喷出形成抑爆粉雾，达到扑灭爆炸火焰阻止爆炸传播的目的。

2）YBW – Ⅰ型无电源触发式隔爆装置

YBW – Ⅰ型无电源触发式隔爆装置（图 12 – 17）由 HWD – Ⅰ型火焰传感器、CQB 传爆器、ST 连接器、WDY 型喷洒器（图 12 – 18）与 JC – Ⅰ型检测器组成。当 HWD – Ⅰ型火焰传感器感受到火焰信号，可将其辐射能转化为电能，触发 CQB 传爆器中的矿用安全电雷管，通过 ST 连接器触发相连的 WDY 型喷洒器中的导爆管雷管，形成水雾抑制带，扑灭爆炸火焰，控制爆炸的传播。

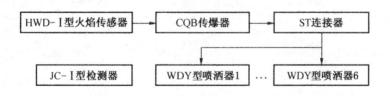

图 12 – 17　YBW – Ⅰ型无电源触发式隔爆装置组成框图

五、矿井防尘措施的检查与落实

1. 粉尘尘源分析

（1）了解掌握生产过程的各个环节、工序的工作状况，在生产现场观察了解粉尘产生状况。

（2）针对井下产尘地点粉尘浓度的大小及对现场情况的掌握，从以下几个方面进行分析研究：

①分析了解生产设备的性能及使用情况，设备防尘装置是否完好。

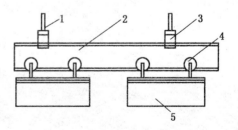

1—锚杆；2—工字钢；3—连接器；
4—滚轮；5—喷洒器
图 12 – 18　WDY 型喷洒器

②现场生产工序是否按照规程规定进行施工。

③工作面通风方式是否合理，风量是否符合作业规程规定。

④防尘措施落实是否到位，防尘设施是否齐全完好。

⑤防尘供水水压是否满足要求。

2. 矿井防尘措施检查与落实

（1）矿井主要运输巷，采区回风巷，运输斜井，带式输送机运输平巷，上、下山，采煤工作面上、下平巷，掘进巷道，溜煤眼翻车机、输送机转载点等处均要设置防尘管路，运输斜井和带式输送机运输平巷管路每隔50 m设一个三通阀门，其他管路每隔100 m设一个三通阀门。

（2）井下所有运煤转载点必须有完善的喷雾装置。采煤工作面进、回风巷，主要进风大巷，进风斜井，以及掘进工作面都必须安装净化水幕。净化水幕安装要求：采煤工作面上、下出口不超过30 m，掘进工作面距迎头不超过50 m，水幕应封闭全断面，灵敏可靠，雾化效果好，使用正常。

（3）采掘工作面的采掘机必须有内、外喷雾装置，雾化效果好，能覆盖滚筒并坚持正常使用；综采工作面设移架自动同步喷雾，放顶煤工作面设放顶煤自动同步喷雾。

（4）采煤工作面应采取煤尘注水防尘措施，符合《煤矿安全规程》第一百五十四条规定时，可以不采取煤层注水措施。

（5）定期冲刷巷道积尘，主要大巷每年至少刷白一次，主要进、回风巷至少每月冲刷一次积尘，采区内巷道冲刷积尘周期由各矿总工程师决定。有定期冲刷巷道的制度，并要有记录可查。井下巷道不得有厚度超过2 mm、连续长度超过5 m的煤尘堆积。

（6）坚持湿式作业，爆破作业时使用水炮泥。

（7）正确使用除尘设备。

（8）隔爆设施安装的地点、数量、水量、安装的质量符合有关规定。

参 考 文 献

[1] 孙杰. 安全仪器监测工（中级、高级）［M］. 北京：煤炭工业出版社，2011.

[2] 袁河津. 矿井井下避灾与救护训练［M］. 徐州：中国矿业大学出版社，2010.

[3] 国家安全生产监督管理总局宣传教育中心. 煤矿班组长［M］. 北京：中国工人出版社，2009.

[4] 国家安全生产监督管理总局宣传教育中心. 通风班组长［M］. 北京：中国工人出版社，2009.

[5] 殷作如，张瑞玺，等. 煤矿操作岗位标准化作业标准［M］. 北京：煤炭工业出版社，2009.

[6] 国家安全生产监督管理总局宣传教育中心. 矿井测风测尘工［M］. 徐州：中国矿业大学出版社，
2009.

[7] 国家安全生产监督管理总局宣传教育中心. 矿井通风工［M］. 徐州：中国矿业大学出版社，2009.

[8] 袁河津. 煤矿"一通三防"知识1000问［M］. 徐州：中国矿业大学出版社，2008.

[9] 宁廷全. 瓦斯检查员［M］. 北京：煤炭工业出版社，2008.

[10] 张振普. 煤矿瓦斯检查工［M］. 徐州：中国矿业大学出版社，2007.

[11] 张国枢. 通风安全学［M］. 徐州：中国矿业大学出版社，2000.

[12] 李耀永. 瓦斯检查工［M］. 徐州：中国矿业大学出版社，2007.

[13] 郭国政，陆明心，等. 煤矿安全技术与管理［M］. 北京：冶金工业出版社，2006.

[14] 煤炭工业职业技能鉴定指导中心. 安全检查工［M］. 北京：煤炭工业出版社，2006.

[15] 薛成悦. 矿井通风工［M］. 北京：煤炭工业出版社，2004.

[16] 张贤友. 矿井防尘工（初级、中级、高级）［M］. 北京：煤炭工业出版社，2006.

[17] 孙树成. 矿山救护工（中级、高级）［M］. 北京：煤炭工业出版社，2005.

[18] 李育泉，王增全. 瓦斯检查工［M］. 北京：煤炭工业出版社，2005.

[19] 靳建伟，吕智海. 煤矿安全［M］. 北京：煤炭工业出版社，2005.

[20] 王永安，李永怀. 矿井通风［M］. 北京：煤炭工业出版社，2005.

[21] 辛广龙. 一通三防［M］. 北京：煤炭工业出版社，2004.

[22] 刘志成. 通防工［M］. 北京：煤炭工业出版社，2004.

[23] 顾毅成. 爆破工程施工与安全［M］. 北京：冶金工业出版社，2004.

[24] 国家安全生产监督管理总局，国家煤矿安全监察局. 矿山职工安全知识读本［M］. 北京：中国社
会科学出版社，2003.

[25] 王显政. 煤矿安全新技术［M］. 北京：煤炭工业出版社，2002.

[26] 胡献伍，展良荣. 矿井测风工［M］. 北京：煤炭工业出版社，1995.

[27] 徐凤银，施展，等. 通风区（队）长［M］. 北京：煤炭工业出版社，1995.

[28] 运宝珍，李跃胜，等. 瓦斯检查工［M］. 北京：煤炭工业出版社，1995.

[29] 杨大明，孙承仁，等. 煤矿通风与安全技术［M］. 北京：煤炭工业出版社，1989.

[30] 任洞天. 矿井通风与安全［M］. 北京：煤炭工业出版社，1984.

[31] 《煤矿通风与安全》编写组. 煤矿通风与安全［M］. 北京：煤炭工业出版社，1979.

图书在版编目（CIP）数据

瓦斯检查工：初级、中级、高级/煤炭工业职业技能鉴定指导
中心组织编审 . —北京：煤炭工业出版社，2012（2023.4 重印）
煤炭行业特有工种职业技能鉴定培训教材
ISBN 978 – 7 – 5020 – 4058 – 1

Ⅰ.①瓦…　Ⅱ.①煤…　Ⅲ. 煤矿 – 瓦斯监测 – 职业技能 – 鉴
定 – 教材　Ⅳ.①TD712

中国版本图书馆 CIP 数据核字（2012）第 094720 号

煤炭工业出版社　出版
（北京市朝阳区芍药居 35 号　100029）
网址：www. cciph. com. cn
三河市鹏远艺兴印务有限公司　印刷
新华书店北京发行所　发行

*

开本 787mm×1092mm¹/₁₆　印张 15
字数 348 千字
2012 年 8 月第 1 版　2023 年 4 月第 9 次印刷
社内编号 6881　定价 33.00 元

版权所有　违者必究
本书如有缺页、倒页、脱页等质量问题，本社负责调换
（请认准封底防伪标识，敬请查询）